国防の地政学

自衛隊最高幹部が明かす

Oriki Ryoichi
折木良一
［編著］

PHP

自衛隊最高幹部が明かす

国防の地政学

目次

第3章 米国の地政学

第4章　欧州の地政学

第6章　新しい地政学

サイバー

兵器・領域・ルールなき戦場

田中達浩（サイバー安全保障研究所代表／第三十三代陸上自衛隊通信学校長）

序章

防衛省・自衛隊が実践する地政学

折木良一（自衛隊第三代統合幕僚長）

■地理と軍事に基づく視座

「揺るぎない事実を私たちに示してくれる地理は、世界情勢を知るうえで必要不可欠である。山脈や河川、天然資源といった地理的要素が、そこに住む人々や文化、ひいては国家の動向を左右するのだ。地理は、すべての知識の出発点である。政治経済から軍事まで、あらゆる事象を空間的に捉えることで、その本質に迫ることができる」

優れた国際ジャーナリストで米オバマ政権時代に国防政策委員会のメンバーも務めたロバート・D・カプランは、2012年に刊行された名著『地政学の逆襲』（邦訳版は2024年、櫻井祐子訳、朝日新書）でこう述べた。テクノロジーの急速な進展により、人・物・金の国境を越えた移動が激しさを増し、あたかも地図や地理の概念が意味をもたなくなってしまったかのように思われたグローバリズムの時代に、カプランは地理の重要性を訴えた。

ポスト冷戦期以降の米国を中心とした比較的安定した国際秩序は、パワーバランスの歴史的変化と地政学的競争が激化して大変動の時代を迎えている。

そのようななかで地政学への関心も強まっており、メディアでは識者が地政学的観点から見解を述べ、書店ではタイトルに「地政学」を冠する書籍があふれている。なかには古典的な地政学視点からの興味深い国際情勢分析もあるものの、多くの場合は地図を使った歴史解説や政治的リスクの言い換えにとどまっている。

地政学的な意味合いは国際情勢や技術的条件などとの関係から大きく変化する。大変動の時代という今日的な条件のなかで、政治・外交、軍事、経済等を左右する地政学上の「要衝《ようしょう》」について具体的に分析・検討していくことは大きな意義がある。筆者が自衛隊で統合幕僚長などを務めるうえでもつねに意識していたことだ。

一方で、そういう重要性がありながら戦後日本では政治、経済においても、地政学的要衝についての認識や軍事面での素養を欠きがちであり、政策や企業経営に十分反映されていないのではないか。日本と海外の指導者の間には、地政学と不即不離の関係にある軍事的知識について大きなギャップがあり、日本の指導者が国際情勢を理解する際の盲点となっているのではないか。

こうした問題意識から、鹿島平和研究所と政策シンクタンクＰＨＰ総研が共同で実施したのが「地政学的要衝研究会」であり、本書は同研究会の成果である。自衛隊ＯＢを中心とした第一級の専門家による報告に基づき、地政学的要衝に関する事例研究を行なった。

なお、本書では「地政学（geopolitics）」を「地理的条件および軍事的観点に基づき、政治・経済・国際関係を捉える視座」と定義し、基本的にこの意味で用いる。

本書の目的はずばり、リアルな軍事地政学の視座を駆使して日本の国防に寄与することである。すなわち、我が国を守るための羅針盤となる書をめざしている。

本書をまず読んでいただきたいのは、国家の防衛に関わる政治家、官僚、自衛隊員である。戦後80年を迎えるなか、世界では依然としてロシア・ウクライナ戦争やイスラエル・ハマス戦争が続き、台湾有事など東アジアでの軍事的衝突も懸念されている。そうした「戦争の時代」にあって、国家の舵取りを担う政治指導者や政策実務者、そして現場の隊員たちに必要なのは、地政学的要衝の現状を確認するとともに、そこにおける安全保障上の普遍的な視点を知ることである。

次に読んでいただきたいのは、グローバルなビジネスを担うビジネスパーソンだ。世界を相手にビジネスで奮闘する読者諸氏は日々痛感していると思うが、経済・経営は政治・軍事に多大な影響を受ける。ある地域で紛争の懸念が広がれば、駐在員の安全確保や今後の投資判断など、否が応でも対応を迫られる。日々の国際情勢や経済ニュースをウォッチすることも重要だが、それ以上に、問題が生起する構造的な背景に対する理解を深めることが、グローバルなビジネスに関わるリーダーにとって必須の条件と言えるだろう。

最後に本書を何よりも読んでいただきたいのは、我が国の平和と安全を願う日本国民の皆さんだ。ロシア・ウクライナ戦争において、国際法を無視したロシアの侵略に対してウクライナが頑強に抗戦しえている源は、ウクライナ国民一人ひとりの意志である。いくら軍事力や経済力が優れていようとも、国民の強固な意志なくして国防は担保されない。本書を機に日本国民の皆さんにも、国を守るために地政学をどう理解し活用できるのか、本気で考えてほしい。

もとより、筆者は「戦争の準備」をことさら煽《あお》りたいわけではない。今後も日本国民が平和で安全に日々の生活を送れることを切に願っている。しかし、平和を祈念すればそのとおりになるほど世界は甘くない。国民の堅固な意志を基盤とした周到な備えがあってこそ、他国による侵略の目論見《もくろみ》や偶発的な軍事衝突を防ぐことができる。そのための「国防の地政学」に、ぜひ本書で触れていただきたい。

誰よりも地政学に向き合う防衛省・自衛隊

先にも触れたように、地政学をテーマにした書籍は世の中にあふれている。本書はそれらの地政学本と何が違うのか。

それはすなわち、学者や知識人ではなく、自衛隊出身者を中心とした国防の最前線を担ってきた〝本当の専門家〟たちが、各々の独自の視点で地政学的要衝について体系的かつ網羅的にまとめている点だ。これはおそらく国内で初めての試みではないだろうか。

防衛省・自衛隊は日々、ほかの誰よりも地政学に向き合っている。それは『国家安全保障戦略』を考え、『国家防衛戦略』を立案し、防衛力整備を進め、実際の作戦を考えるうえでの必須の条件であるからだ。

2022年末に策定された『国家安全保障戦略』にある「自由で開かれたインド太平洋」というビジョンや、『国家防衛戦略』で示す我が国の防衛の基本方針、防衛力の抜本的強化、将来の自衛隊の在り方等の考え方は、地政学的背景を熟考した結果として認識してよいだろう。

もっと身近な地政学的視点での取り組みで言えば、近年の南西諸島への防衛力整備の推進である。防衛省・自衛隊では防衛戦略や作戦行動を多角的に考えるとき、中国大陸から日本を見た「逆さ地図」がよく使用されている。我々は一般的に、メルカトル世界地図の東西南北を軸にした地図を基準として各国間の位置関係を認識しているが、この「逆さ地図」を見ると、中国やロシアにとって日本列島の存在が太平洋への進出を阻《はば》む壁となっており、その戦略的重要性がよく理解できる。

また本論でも述べているが、冷戦時代に戦略的に北日本を重視していた日本にとって、これまで南西諸島は戦略的・地政学的な空白地帯であった。しかし中国の急速な軍事力増強と活動の活発化に伴って戦略的重点が南西諸島に移行し、現在では与那国島をはじめとした主要な島嶼《とうしょ》に警備部隊や対艦ミサイル部隊等が新編され、対応を可能にしつつある。また、南西諸島の壁の先には台湾が存在し、日本・米国・台湾の緊密な連携が安全保障の観点からとても重要であることがわかる。

国際的観点から見ると、冷戦後、自衛隊は1991年の海上自衛隊掃海部隊のペルシャ湾派遣に始まり、カンボジアPKO、イラク人道復興支援活動等の数多くの活動に派遣され、現在ではソマリア沖アデン湾での海賊対処活動が2009年以来続いている。これらはそれぞれ派遣の目的があるにせよ、地政学的要衝での活動そのものだ。結果、世界の平和と安定に貢献するとともに日本の国際的地位を高めてきたことは事実である。

地理は不変であるが、安全保障環境や科学技術の進展に伴ってその意味合いも時代と共に変化している。いままさに、防衛省・自衛隊は新しい地政学的要素である宇宙・サイバー空間も考慮に入れながら日本の防衛のための取り組みを進めている。

本書の構成について説明しよう。

第1章「東アジアの地政学」では、日本にとって死活的な要衝である南西諸島に始まり、中国、台湾、朝鮮半島の地政学について分析する。巷間《こうかん》叫ばれる台湾有事は、紛れもなく「日本有事」になりうる。朝鮮半島有事も同様だ。我が国の安全保障に直結する極東の地政学をまずは押さえなければならない。

第2章「インド太平洋の地政学」では、東南アジア・南シナ海、インド、南太平洋を分析対象とする。2016年に安倍晋三元総理が提唱した「自由で開かれたインド太平洋」ビジョンはその後の政権でも継承され、米国を中心とした同盟・有志国に広く浸透している。この構想で重視されているのが、ASEAN（東南アジア諸国連合）、インド洋、太平洋である。これらの地域に深く関わるのが、同地域への軍事的・経済的影響力を強める中国だ。インド太平洋地域での中国の伸張も踏まえながら、地政学的課題を考察する。

なお、第1章の「東アジアの地政学」で対象とする南西諸島、中国、台湾、朝鮮半島も、範囲としては第2章「インド太平洋」地域に該当するが、本書では両者をあえて区分した。とりわけ日本への安全保障の影響が大きい南西諸島、中国、台湾、朝鮮半島の地政学を踏まえたうえで、東南アジア・南シナ海、インド、南太平洋に目を向けることで、「自由で開かれたインド太平洋」がいかに広範囲に広がり、東アジアの地政学と関連しているかを実感してもらいたいからである。

第3章は「米国の地政学」である。米国は依然として世界最強の軍事力・経済力を有する大国であり、日本にとって唯一の同盟国だ。２０２５年１月には、第２期トランプ政権が始動した。トランプ政権は「米国第一主義」を標榜して世界を翻弄しているが、トランプ大統領とて、米国の宿命とも言える地政学的条件から自由であるわけではない。そんな大国が置かれた状況と歴史を振り返りながら、米国の地政学を読み解く。

第４章「欧州の地政学」で中心的に論じるのはやはり、ロシア・ウクライナ戦争だ。第二次世界大戦後の欧州の地政学は、ＮＡＴＯ（北大西洋条約機構）とロシアにおける対立の歴史でもある。ＮＡＴＯはいかにして役割を拡大させてきたのか、それにロシアはどう反応し、ウクライナへの侵略につながっているのか。ＮＡＴＯとロシアの角逐《かくちく》から欧州の地政学を紐解く。

第５章「中東の地政学」ではまず、ロシア・ウクライナ戦争とともに終わりが見えないイスラエル・ハマス戦争について分析する。なぜパレスチナ問題は解決しないのか。その謎を解くためには、〝中東の最強国家〟とも言えるイスラエルの論理や同国を取り巻く周辺国の状況を、地政学的かつインテリジェンスの観点から捉える必要がある。また、日本にとって中東は経済基盤を支える死活的エネルギー供給源であり、シーレーンの要衝でもある。ソマリア沖アデン湾で海上自衛隊が命懸けで奮闘する海賊対処を通じて、中東の地政学を考える。

第6章「新しい地政学」では、第1章から第5章までのように「地域」による分析ではなく、地政学的に重要な「分野・課題」を論じる。米国・ロシア・中国といった大国が新たなフロンティアとして狙う「北極海」、ウクライナ戦争においてロシアの使用が懸念され、中国や北朝鮮の今後の開発・増強が危惧される「核問題」、武器なき〝見えない戦場〟として重要性を増す「サイバー空間」、冷戦期の米ソ対立に続いて昨今は中国の台頭が著しく、将来の安全保障の命運を握る「宇宙」について、地政学的観点から分析する。

自衛隊の最強メンバーたちが結集して紡がれた本書を読めば、地政学に関する戦略的かつ実践的な見識を養うことができるだろう。執筆陣は皆、筆者が全幅の信頼を寄せ、各分野に精通したエキスパートである。

また何よりも、我が国の防衛を本気で考える「憂国《ゆうこく》の志士」たちだ。彼らの全身全霊を傾けた論考に接していただきたい。まずは関心のある地域・分野の章だけを読み、徐々に世界を広げていっても構わない。

本書により、「地政学的現実に即して国を守ること」に向き合う日本国民が一人でも増え、我が国の防衛に微力ながらも貢献できれば望外の喜びである。

（本書の内容はすべて執筆者の個人的見解であり、各人の所属機関を代表するものではない）

【地政学的要衝研究会とは】

「地政学的要衝研究会」は、日本の対外政策や日本企業のグローバル戦略の前提となる情勢判断の質を向上し、平和と繁栄を考えるうえで不可欠の知的社会基盤を形成することをめざして、鹿島平和研究所と政策シンクタンクPHP総研が共同で組織した研究会です。2021年4月の開始後、ゲスト報告者による発表をもとに、軍事や地理をはじめとする多角的な観点から主要な地政学的要衝に関する16回の事例研究を実施しました。

【研究会メンバー】

大澤淳（中曽根康弘世界平和研究所主任研究員／鹿島平和研究所理事）
折木良一（自衛隊第三代統合幕僚長）
金子将史（PHP総研代表・研究主幹）
菅原出（グローバルリスク・アドバイザリー代表／PHP総研特任フェロー）
髙見澤將林（第二十三代防衛研究所長／元国家安全保障局次長）
平泉信之（鹿島平和研究所会長）

第1章

東アジアの地政学

「日本有事」の最前線として

住田和明（第二代陸上総隊司令官・元陸将）

海洋国家である日本の安全保障にとって、島嶼防衛が必要不可欠であることは言うまでもない。米国と中国という大国がせめぎ合うなかで、狭間に立つ日本、とりわけ南西諸島は重要な意味をもつ。本稿では、そんな南西諸島の地政学について、大国の思惑も踏まえながら見ていく。

■「太平洋の要石（キーストーン）」と呼ばれた沖縄

「南西諸島」と呼ばれる地域は大きく分けて薩南諸島、琉球諸島（沖縄諸島、先島《さきしま》諸島）、大東《だいとう》諸島という3つの地域から成り立っている。沖縄は南西諸島のちょうど中間に位置し、九州南部からは約600㎞、台湾までも約600㎞離れており、約1080㎞の海域

図１　南西諸島の全体図

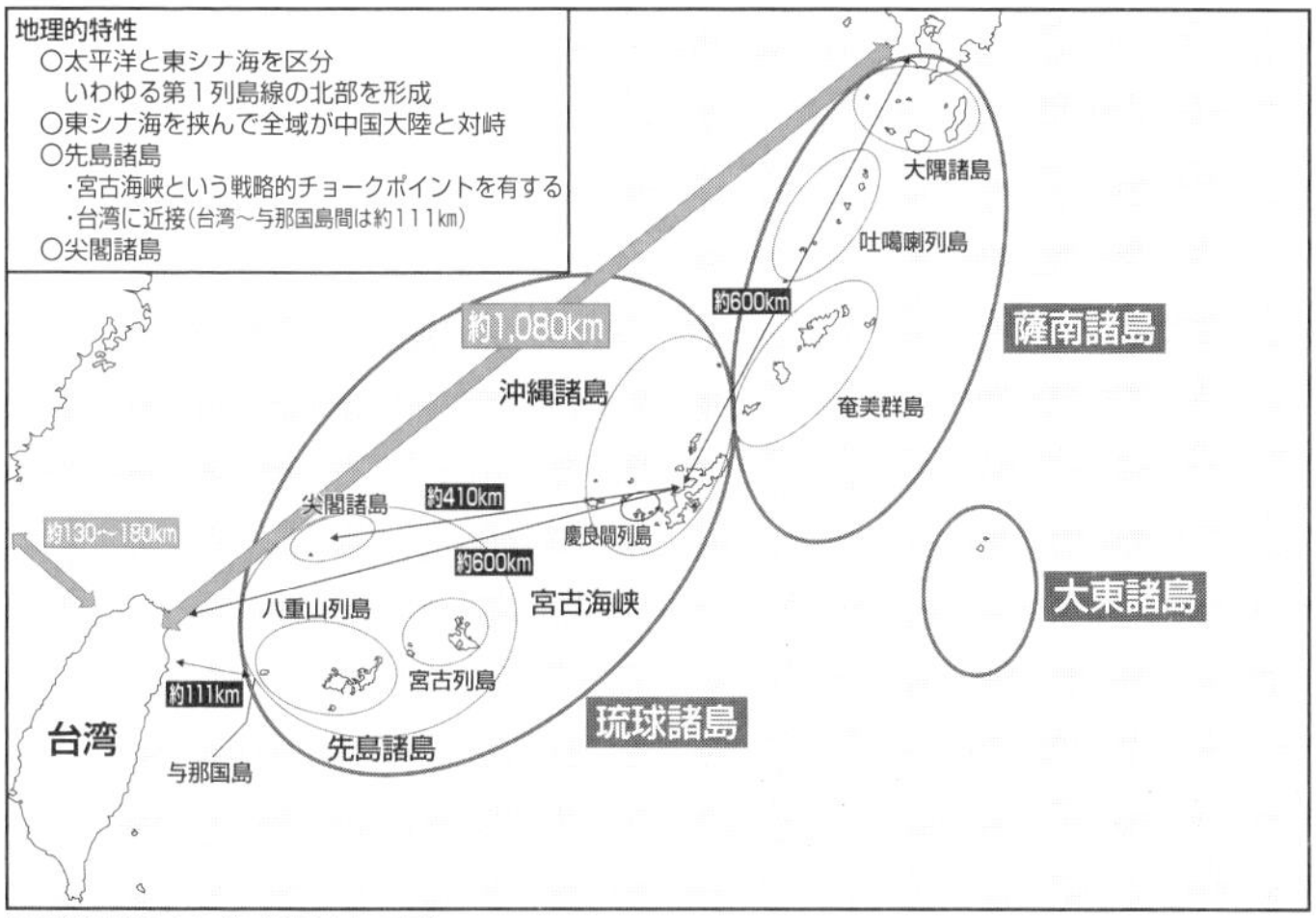

各種資料をもとに作成（図4まで同）

が広がっている。最西端の与那国島と台湾は約１１１kmしか離れておらず非常に近接しており、さらに南西諸島全域が東シナ海を挟んで中国大陸と対峙《たいじ》している（図１）。

では、南西諸島や沖縄は、米国にとってはどのような戦略的価値があるのだろうか。

じつは、太平洋戦争後、米国が日本を占領下に置いた初期の段階では、軍事的な真空状態にあった日本の前進基地という位置づけはあったものの、米軍が沖縄に対していまほど大きな戦略的な価値を見出していたわけではなかった。

それが中華人民共和国の成立（１９４９年）や朝鮮戦争（１９５０〜53年）といった冷戦期国際情勢の変化を受けて、戦略的要衝としての重要性が増していった。米国から見れば、沖縄は米本土からは十分離れているうえ、朝鮮半島や台湾海峡といった潜在的な紛争発生地域に迅速に部隊派遣が可能な距離にある。

沖縄はすなわち、米軍から見れば、極東の潜在的な紛争地に〝近いが近すぎない〟絶好の位置にあるということになり、しばしば「太平洋の要石（キーストーン）」と呼ばれてきた。南西諸島に卓越した軍事的プレゼンスを維持することは、米国のこの地域における抑止力と戦略的自由度の基盤をなしてきたが、近年の中国の急速な軍事力増強と拡張的行動により、こうした地政学的状況は一変した。

■中国が宮古海峡の確保を狙う理由

一方で中国側から南西諸島はどのように見えるのだろうか。青島《チンタオ》、寧波《ニンボー》、旅順《りょじゅん》といった中国の主要な港から太平洋をめざそうとすると、いきなり長い壁のように立ちはだかっているのが南西諸島である（図2）。中国から太平洋に出るには、台湾海峡を下り、バシー海峡を通過するルートや日本海から津軽海峡を通るルートもあるが、最短かつ最も干渉を受けずに出られるルートは、沖縄本島と宮古島の間の宮古海峡である。

図2 中国から見た南西諸島

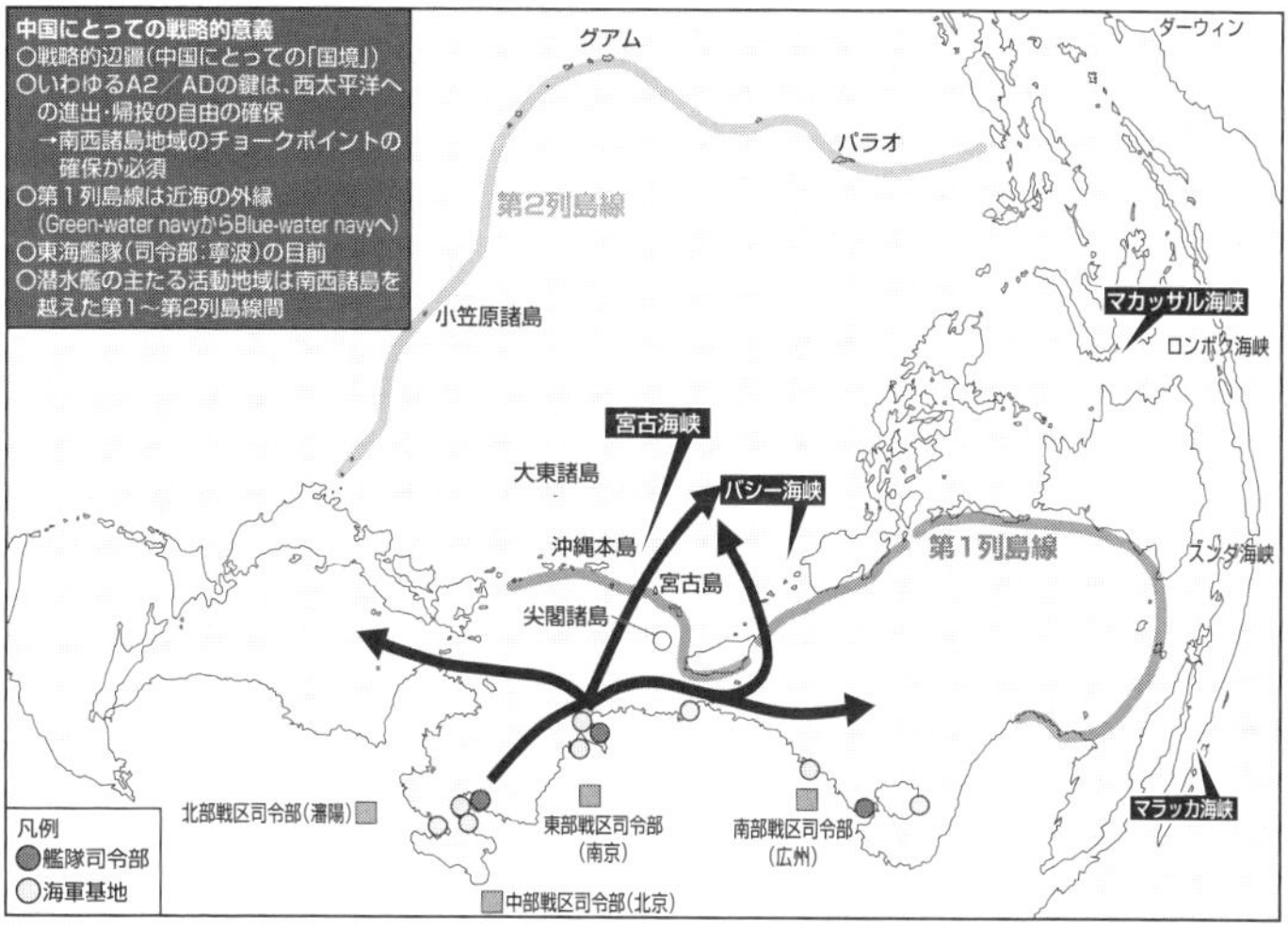

て主に米軍の介入を阻止するため、接近阻止・領域拒否（Ａ２／ＡＤ）戦略をとっているとされる。中国は自国の防衛ラインとして第一列島線、第二列島線を設定し、第一列島線の内側への米軍の接近を阻止し、第二列島線と第一列島線の中間海域における米軍の作戦行動を拒否する態勢の構築をめざしている。

　この中国の軍事戦略のなかで、南西諸島や宮古海峡の重要性は、南西諸島周辺の海底の地形や水深を示した地図を見れば一目瞭然だ。

　日本が主張する排他的経済水域（ＥＥＺ）の境界線に当たる日中中間線より日本側に沖縄トラフが広がっている（図3）。この

図3 日中中間線と沖縄トラフの位置関係（イメージ）

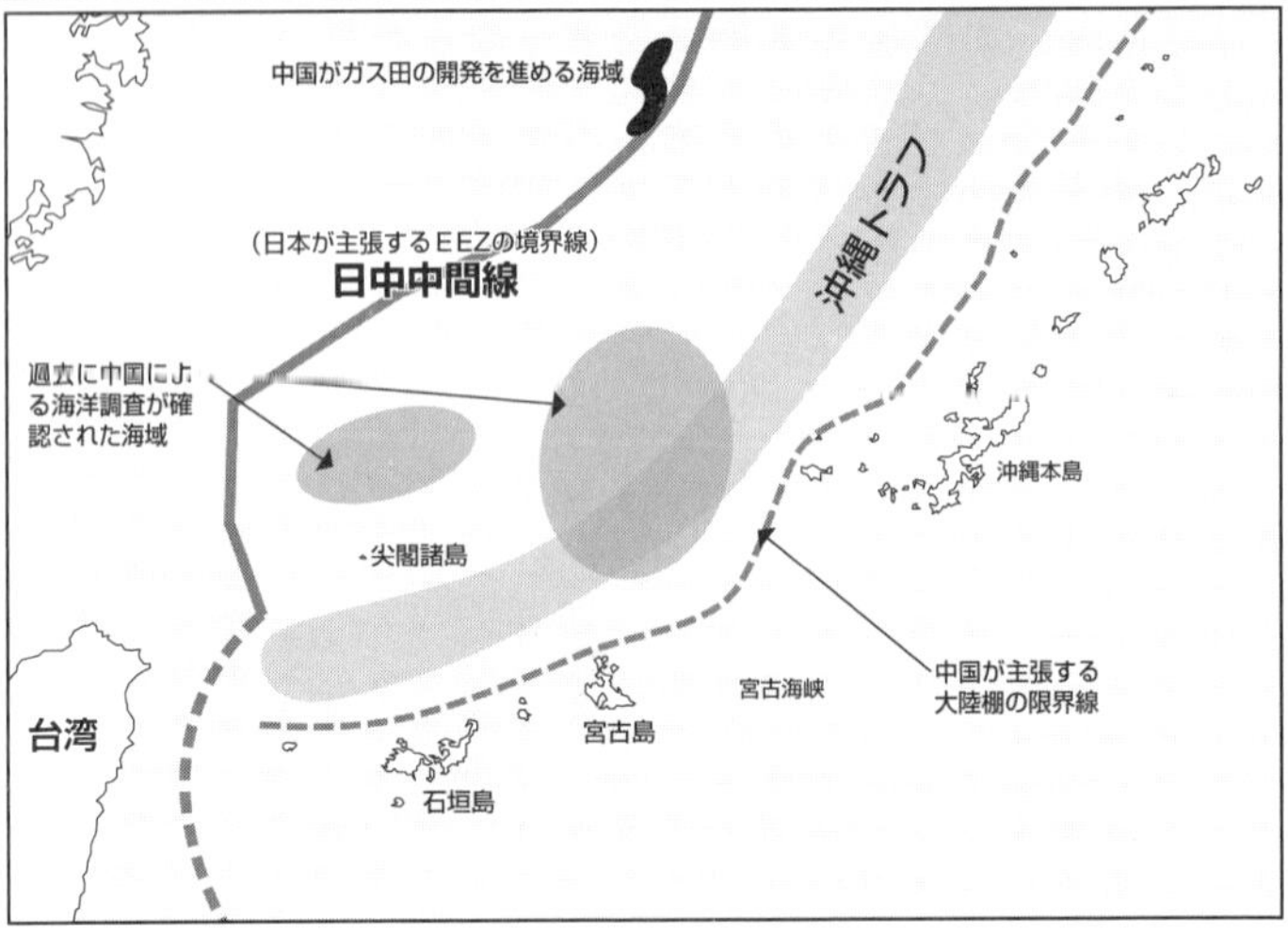

沖縄トラフの西側や北側、すなわち中国側は海底の浅い海である。黄海、東シナ海の沖縄トラフの手前までの海域は、水深が50～100mくらいしかない。

一方、中国側から日中中間線を越えて沖縄トラフに入ると、海底は険しくなり水深も深くなる。さらにそこから南西諸島を抜けると、より水深が深くなっているのがわかる。この海底の状況は、軍事的な観点で言えば、潜水艦の活動に大きな影響を与える。

南西諸島よりも南側に行けば一気に水深が深くなり、西太平洋への潜水艦の行動が容易になる。宮古海峡は、中国海軍が西太平洋に向けて展開するうえで出入口に当たる海域なのである。

中国が、第一列島線と第二列島線の間の海域における米軍の自由な活動を拒否しようとすれば、この海域で潜水艦を自由に行動させることが必要だ。そのためには必然的にこの海域に行くための南西諸島地域の〝チョークポイント〟である宮古海峡の確保が不可欠になるというわけである。

中国は、日中中間線や沖縄トラフより南側の海域まで中国の大陸棚だと主張する。この主張の正当性を確立するためにも、尖閣諸島周辺のこの海域での活動を常態化させ、少しずつ現状変更を積み重ね、さらなる拡大を追求している。

しかしこうした中国の活動の主たる目的は、尖閣諸島の領有に加え、太平洋への出入口である南西諸島や宮古海峡を確保することだと考えるべきだろう。

米国と中国という二大国が太平洋を挟んでにらみ合う時代にあって、南西諸島は、その対立の最前線に置かれることが地理的に宿命づけられていると言ってよい。

米軍における南西諸島の戦略的位置づけの変化

中国がこのような軍事戦略に基づき着々と軍備増強を進めるなか、米軍にとっての南西諸島の戦略的位置づけも変化している。これまでは〝近いが近すぎない〟位置にあると見られてきた沖縄が、いまや〝近すぎる〟存在になってきたのである。

中国のもつ弾道ミサイルの射程範囲を中国の沿岸部を中心に円でマーキングしてみると、DF－21Dという射程約1500㎞の対艦弾道ミサイルが南西諸島を含む第一列島線内をすっぽりとカバーしている。

またDF－26Bという中距離弾道ミサイルは射程約4000㎞に及ぶことから、グアムも射程圏内に収めている。弾道ミサイルという科学技術の進展が、海という自然の障壁を越えて、第一列島線から第二列島線の間の全海域に脅威を与えている。

こうした中国のミサイル能力は、米国にとっての沖縄や南西諸島の位置づけを変えている。米軍は以前、グアムのアンダーセン空軍基地にB－52などの戦略爆撃機を常時配備して戦略的能力を前方に展開させていた。

しかし2018年にはこの方針を転換し、戦略爆撃機の部隊をグアムから1万㎞以上離れた米本土のマイノット空軍基地（ノースダコタ州）、エルスワース空軍基地（サウスダコタ州）やバークスデール空軍基地（ルイジアナ州）まで後退させた。

もちろん、戦略的能力が必要な事態になれば、米本土からグアムまで展開させるわけだが、当然、距離的、時間的な制約が生じることになる。また、沖縄に駐留する米空軍部隊も、有事の際には中国の中距離ミサイルや対艦ミサイルの被害を受けないところまで一度後退してから再度立て直して展開する作戦に変わった。

　こうした米軍の部隊配置からも明らかなとおり、我が国の南西諸島は、東アジアの潜在的な紛争発生地域に「近すぎる」ことから従前に比し部隊の防護を考慮する必要が生じており、有事の際には、中国の中距離弾道ミサイルによる攻撃などを考慮しつつ、米本土、グアムやハワイから戦力を展開する際の最前線の拠点として機能する地域なのである。

　しかし、このような認識のなかにあっても、米軍が海兵隊の部隊をいまも沖縄に駐留させていることは、軍事的には大きなプレゼンスだと言える。沖縄県うるま市キャンプ・コートニーに本部を置く第三海兵遠征軍は、海兵隊のなかで唯一海外に前方展開している部隊であり、有事の際にも沖縄にとどまり、自衛隊と島嶼防衛を分担することになると思われる。

▒脅かされる日本のシーレーン

　我が国にとって南西諸島地域は、国防や安全保障の観点にとどまらない死活的な重要性を有している。日本は全貿易量の99％以上を海上輸送に依存している。物資だけでなく原油や液化天然ガス（ＬＮＧ）といったエネルギー資源の海上輸送交通路、いわゆるシーレ

図4 我が国の主要なシーレーン

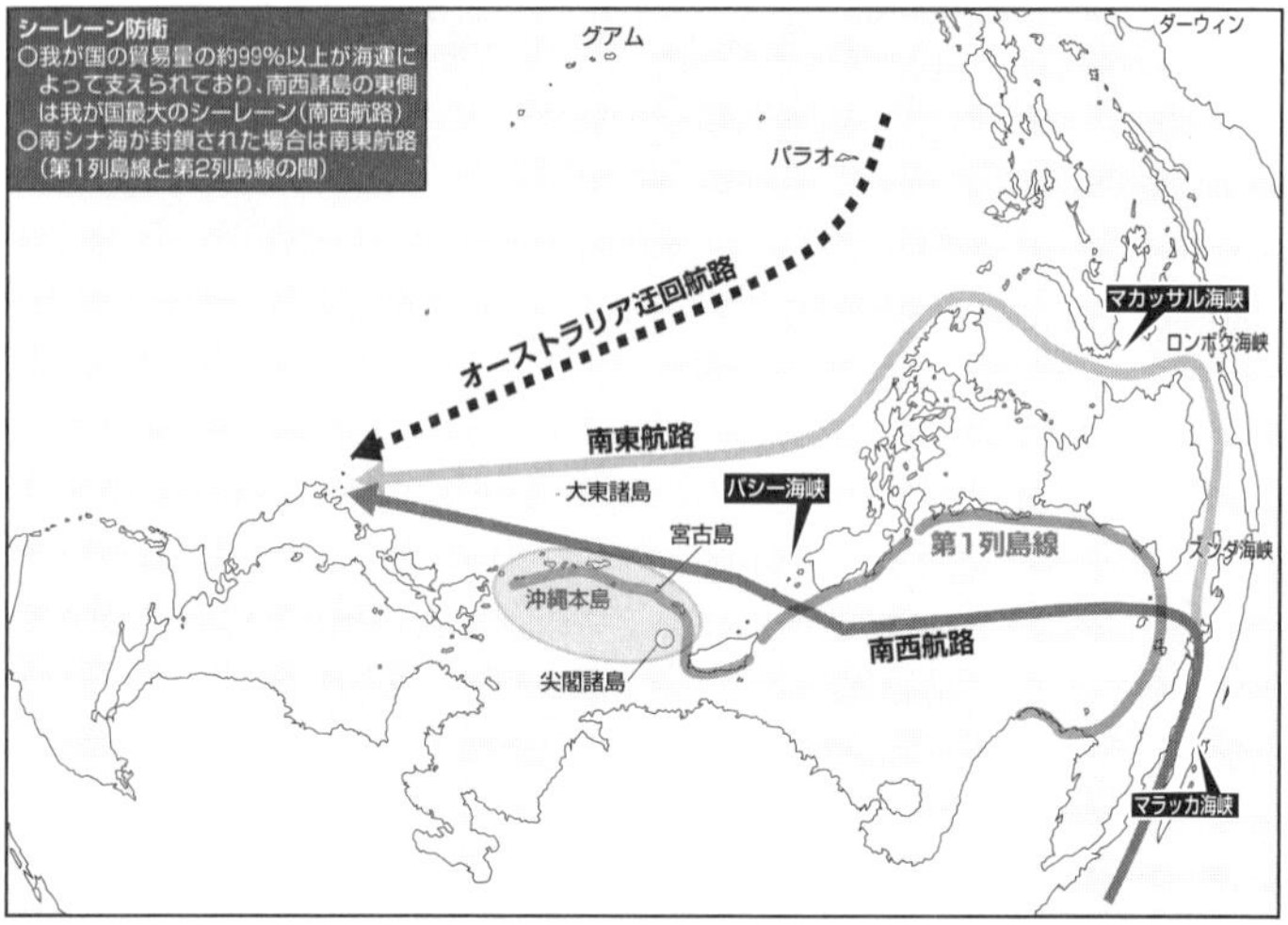

ーンは日本にとって国家の生命線である。

そして、日本にとって最大のシーレーンである南西航路は、マラッカ海峡やバシー海峡を通過して南西諸島のすぐ東側を同諸島に沿って北上して日本の太平洋沿岸に至る（図4）。このシーレーンを安定的に利用するには、南西諸島地域一帯の安全、安定が不可欠であることがおわかりいただけるだろう。

しかしこの地域で不穏な動きが常態化していることは、すでに日本の報道等でも明らかなとおりだ。2012年以降、同諸島周辺海域で中国海警局に所属する船舶等が日本の領海への侵入や接続水域での活動を常態化させている。とくに最近では船の大型化が進み、中国の公船は1年を通じてこの海域にとどまり、プレゼンスを示すようになっている。

また、日本の航空自衛隊によるスクランブル（緊急発進）の状況を見ても、2012年以降は2014年を除き、中国機に対するものがロシア機に対するものを上回っている。ただし、2020年度の航空自衛隊によるスクランブルの回数を見ると、中国軍機に対するスクランブルの回数が2019年度と比べて200回以上も減少した。2021年度は2019年度と同程度の水準に戻ったが、2022年度・2023年度は再び減少に転じた。中国は2020年以降、台湾周辺での飛行回数を増やしていることから、中国軍が台湾正面での活動を活発化させたために、南西諸島周辺に振り向ける航空戦力が不足したのだと推定される。

日本の南西防衛と今後の危機シナリオ

言うまでもなく、この地域において我が国は、軍事面でも米中対立に対して受け身の存在ではなく、当事者そのものである。日本は2016年以降、新たに陸自及び空自部隊を配備するとともに、各自衛隊による警戒・監視態勢を強化している。

南西地域の一翼を担う石垣島（沖縄県）では、陸上自衛隊の警備隊、高射特科部隊や地対艦ミサイル部隊を置くために駐屯地の造成が進み、2023年3月に石垣駐屯地が開設された。

とはいえ、この地域の戦力をすべて合わせても1万人に満たない部隊がいるだけであり、有事の際には、ここにさらに陸海空それぞれ追加の戦力を投入する必要がある。しかもその際に米軍とどのように共同作戦を進めるのかなど、今後さらに米国との間で調整しなければならない部分が多く残されている。南西諸島地域の防衛の抜本的な強化は緒《しょ》についたばかりと言えるだろう。

では今後、南西諸島地域でどのような事態が想定されるのだろうか。南西諸島有事で最も可能性が高いのは台湾有事波及シナリオである。台湾からほど近い南西諸島は台湾有事に際して局外ではいられない。

他方で、偶発的衝突などを契機に、南西諸島が単独で脅かされる可能性もある。米中対峙の最前線である南西諸島はさまざまな形で危機的な状況に陥る可能性があり、複数のシナリオへの備えが必要であろう。

まず懸念されるのは、中国が人民解放軍の活動をさらに活発かつ大胆に展開してくることだ。中国の空母遼寧《りょうねい》はすでに宮古海峡を越えて活動しており、今後は艦隊規模で太平洋に進出し、実弾射撃や実戦的な演習を活発化させることも予想される。

中国はまた、平時における非軍事的な活動も活発化させてくる可能性がある。たとえば、２０２１年1月に制定した海警法に基づいて日本漁船の取り締まりを強化し、法執行の正当性をアピールすると同時に、この海域での活動の既成事実化を進めてくるだろう。

過去に中国は尖閣諸島にある魚釣島《うおつりしま》の詳細な地図を公表しており、次のステップとして、島の資源管理や生態環境の保護を目的に島に上陸してくる可能性もある。あるいはそうした目的のための監視機材の設置や、調査員の一定期間の常駐、そのための警備要員の配置などの動きに出ることも考えられる。

このような活動の１つとして中国は、これまで何度も尖閣諸島周辺にブイを設置しており、２０２４年12月には与那国島南方の排他的経済水域内に新たなブイを設置した。我が国の抗議に対し気象観測が目的だと主張して撤去する気配はない。

さらに尖閣諸島に上陸しようとする不法侵入者を、海上保安庁が取り締まろうとすることに対し、中国側が海警法で取り締まるなどの事態も想定される。

ハイブリッド化する南西諸島の戦略空間

こうした物理的な危機が生じる前に、もしくは同時進行的に世論戦や心理戦を含む認知領域における「情報戦」が展開される可能性もある。

　中国人民解放軍はこれまでも、物理的な戦闘以前に敵の軍事情報システムを攻撃するため、陸・海・空・宇宙・サイバー・電磁波の戦場で主導権を握ることを重視してきたが、最近では「認知領域」も戦場として認識している。敵のセンサーやデータを操作・破壊することで敵の思考をコントロールすることを新たな領域の戦争と捉えている。

　中国が、前述したような尖閣諸島への上陸を企《くわだ》てる際には、フェイクニュースの拡散などを通じて南西諸島の住民に対する世論戦、心理戦が展開され、いわゆるハイブリッド化された情報戦を仕掛けてくることが予想される。南西諸島に関するあらゆる情報やサイバー空間を飛び交うデータが、地政学的状況に影響を与える重要な要素になるとすれば、日本としても看過することはできない。

　自衛隊はこれまで南西諸島に警戒監視のための部隊配備を進めてきたが、軍事情報の収集にとどまらず、民間の漁船やネット上の監視カメラのデータ、ＳＮＳの情報などさまざまな情報アセットを活用し、この地域で何が起きているのかをリアルタイムで把握できる体制の構築が必要になるだろう。

　とくに南西諸島における上空からの情報収集能力の強化は大きな課題である。偵察衛星や無人機による情報収集体制の強化に加え、無人機が収集する情報をビッグデータに落とし込み、それをＡＩ（人工知能）に解析させるなど、リアルタイムでの状況把握能力向上に努める必要がある。

さらに、南西諸島地域では、データ通信のためのインフラも不十分である。現在国際通信の99％を占めるのは海底ケーブルである。南西諸島周辺海域を通過している海底ケーブルはきわめて多いが、沖縄以南の海底ケーブルの敷設状況は非常に脆弱《ぜいじゃく》であり、この海底ケーブルが切断されたり、地上の引揚局が破壊されるなどの障害が発生すれば、この地域の生活に支障が出るだけでなく、日本のアジア地域向け国際通信や自衛隊の作戦にも障害となる恐れがある。

沖縄本島には、中国をはじめフィリピン、シンガポール、マレーシアとつながるＡＳＥ、グアムとつながるＧＯＫＩの2本の国際海底ケーブルのほか、10本程度の海底ケーブルが陸揚げされているが、沖縄本島でさえ冗長性のない海底ケーブルの構成になっている。台湾有事を想定すれば、沖縄と台湾を海底ケーブルでつなぐといったことも、安全保障の観点から国家として取り組むべき課題であろう。

■南シナ海と東シナ海の地政学的連動

中国は東シナ海から南シナ海まで軍事活動を活発に展開させ、２０１０年代前半とは比較にならないほど戦略的な縦深性を深めている。中国の脅威の増大を警戒することは必要だが、一方で、脆弱性が拡大していることにも注目すべきである。中国にとって南シナ海と東シナ海の二正面での軍事的な対応は容易ではないはずだ。

米国もそうした認識のもとで兵力を分散させ、中国の対応を複雑にさせることを検討している。南西諸島を含む東シナ海だけではなく、当面のより緊迫している南シナ海と東シナ海を一体的に捉える地政学的思考が必要なのである。

東シナ海域における中国の行動を抑止する観点から、米軍が沖縄にいることは大きな効果があると考えられる。加えて陸海空の自衛隊も南西諸島地域へのプレゼンスを強化していることを踏まえると、軍事的な抑止の観点からは、南シナ海よりも東シナ海のほうが戦力的なバランスを維持できていると言える。

しかし、米国は東シナ海のことだけを考えているわけではない。中国との潜在的な闘争のエリアが拡大していることで、米国の考えが変わり、沖縄の米軍を動かすようなことがあれば、現在のバランスが崩れ、抑止の構造が不安定化するリスクもある。

日本の現在の防衛能力からすれば、東シナ海と同様に南シナ海まで関与するのは困難だ。両海域が地政学的に連動しているという観点から、南シナ海は米軍中心に、東シナ海は海上自衛隊が主体的に活動するといった役割分担を決め、この地域の防衛は日本が主体的に取り組むことを考えるべきだろう。

台湾有事を含めた南西方面の防衛体制はいまだ着手したばかりであり、日米で台湾有事を想定した役割や任務の分担を明確にし、日米共同作戦に必要な体制を抜本的に強化することが急務である。

■南西諸島経路に依存しない資源・食料確保を

南西諸島は、米中対立の最前線に置かれることが地理的に宿命づけられており、不安定化のリスクを抱えている。急速な技術変化や紛争のハイブリッド化も、南西諸島をめぐる地政学的状況を複雑なものにしている。このようななか、防衛力による直接的な島嶼防衛のみならず、認知領域を含む情報戦などを的確に行ない、平素から領土・領海の防衛に万全を期すことが必要であることは多言を要すまい。

加えて、先にも触れたように日本はこの地域を経由するシーレーンや海底ケーブルに資源、食料、国際通信等を依存しており、国家の存続を左右する生命線が我々の考える以上に脆弱であるとの認識が必要である。今後とも軍事的な対応を通じて安定化が維持されるのであれば問題はないが、それを前提とするのは楽観にすぎる。

日本は、自らの生存に不可欠な食料、燃料、医薬品や医療用品、あるいは国際通信などについて、南西諸島周辺を経由することなく一定程度確保することを考えるべきときではないか。

代替ルートにしても自給力向上にしても追加費用を要するものであるが、本稿で分析してきた南西諸島の地政学的な現実を直視するならば、費用と便益のバランスについて従来と異なる新たな視点で評価し直す必要があるだろう。

中国

陸海空を超えた型破りの「超限戦」

渡部悦和（渡部安全保障研究所所長／元陸上自衛隊東部方面総監）

　ドナルド・トランプ米大統領が再登板し、米中対立がますます深まるのではないかと懸念されている。本稿では、米国との覇権争いを繰り広げる中国の習近平政権がいったいどのような戦略を描いているのかについて考える。

　ただし中国の戦略を見る際に、地理や地形に着目する伝統的な地政学的観点だけでは不十分であり、あらゆるドメイン（戦闘空間）を巡る戦いの様相にフォーカスする必要がある。そこで本稿では、古典的な地政学のみならずオールドメインの視点での中国分析を提唱する。

　オールドメインとは、陸海空に加えて経済やエネルギー、政治、外交、法律、技術、また宇宙やサイバー、電磁波のドメインのことだ（**図1**）。さらに中国は情報のドメインも重視し、従来型のメディアだけではなくソーシャルメディアを使った「戦い」を進め、認

図1　オールドメインとは

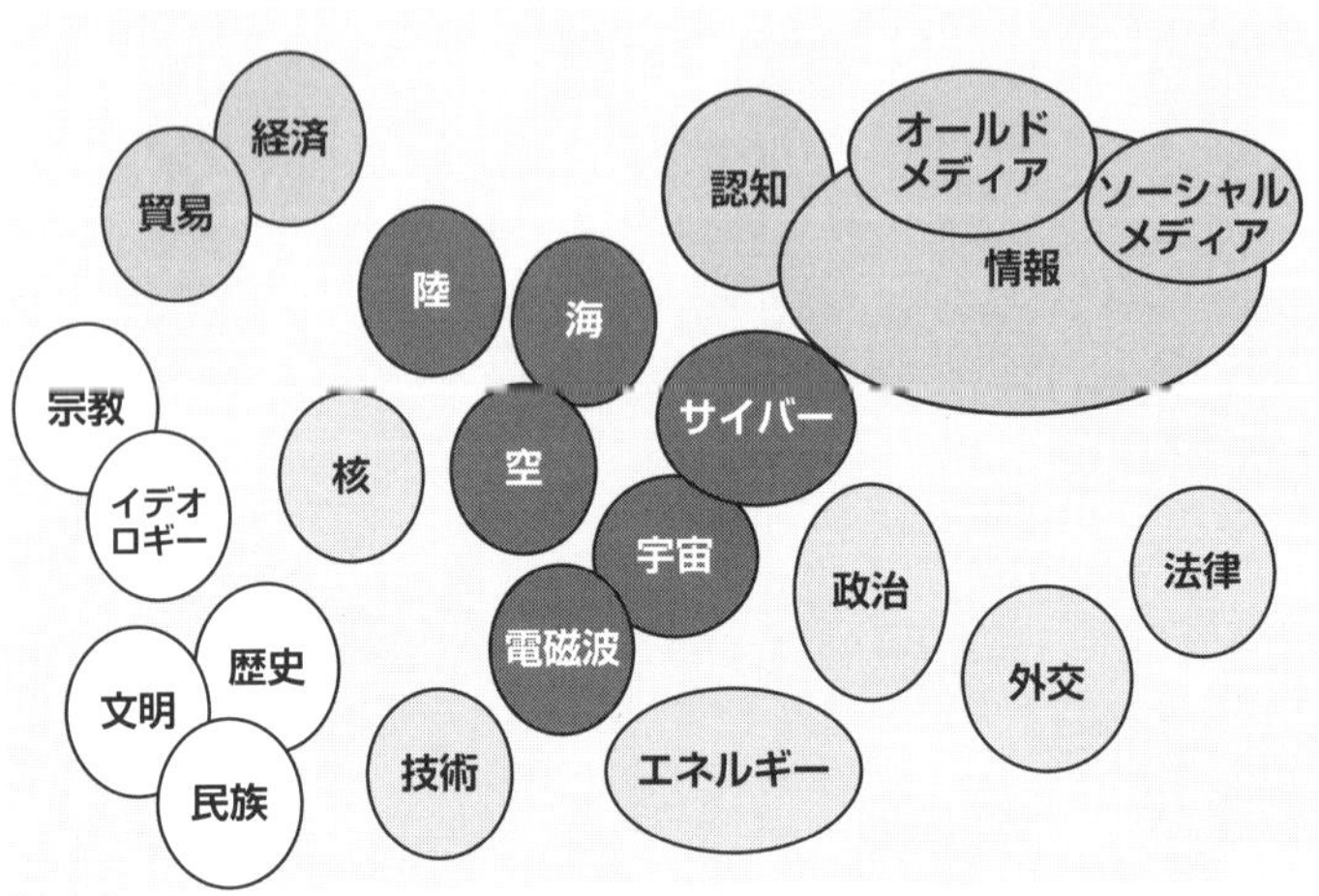

筆者作成

知のドメインを利用した認知戦にまで「戦場」を拡大させている。そこで、グローバルな国際政治や安全保障の世界で起きている現象をオールドメインの観点から分析し、中国の世界戦略や今後の米中関係の行方を考察していきたい。

オールドメインで展開される中国の世界戦略

習近平国家主席は、就任以来「中国の夢」について語っている。「海洋強国の夢」「宇宙強国の夢」「航空強国の夢」「科学技術強国の夢」「ＡＩ（人工知能）強国の夢」「サイバー強国の夢」。これら習氏の発言から「中国の夢」とは、「中華民族の偉大なる復興」を成し遂げることであり、過去１００年の屈辱を晴らして清朝最盛期の大中華帝国を回復することだと考えられる。つまり米国と肩を並べる大国になり、最終的には米国を追い抜いて世界の覇権を握ることが「中国の夢」である。

その「夢」を実現するための中国の壮大な計画について詳しく見ていくが、まずは古典地政学的な観点から中国の戦略を整理してみよう。古典地政学の大家とはハルフォード・マッキンダー、ニコラス・スパイクマン、アルフレッド・マハンの３人である。

マッキンダーはイギリスのシーパワー（海上権力）論を基本にしており、ランドパワー（陸上権力）を脅威と見なし、その脅威は中軸地帯、いわゆるハートランドから来るという理論を提唱した。マッキンダーは、「東欧を制するものがハートランドを制し、ハートランドを制するものが世界島を制し、世界島を制するものが世界を制する」という有名な言葉を残した。

現代に当てはめてみると、ハートランドはロシアであり、ロシアが東欧を制圧しようとしてウクライナを攻撃しているように見えなくもないが、いささか単純すぎる視点であろう。

次のスパイクマンは、ハートランドが脅威であるが、シーパワーとランドパワーがぶつかり合うリムランドが係争地になるという理論を打ち立て「リムランドを制するものが世界を制する」と主張した。たしかに現在の世界においても中国やイランなど、米国にとっての脅威がいずれもリムランドに位置しており、問題国家がリムランドで出現するという理論には一定の説得力があるようにも思える。

古典的な地政学の観点から見ると、現在の国際情勢をすべて説明できるわけではないものの、さまざまな現象を単純化して説明する際に非常に便利な道具ではある。

中国の戦略に最も影響を与えているのは、マハンの地政学であろう。中国近代海軍の父とされる劉華清《りゅうかせい》は、マハンのシーパワー論に傾倒し、マハンの理論に沿って中国海軍を建設し、これだけ大きな海軍に育て上げたと言われている。

中国の脅威認識と海軍建設の根源にマハンの地政学があり、「海を制するものが世界を制する」というマハンのシーパワー論に基づき、シーレーン防衛やチョークポイント（戦略的に重要な海上水路）の回避といった中国の安全保障観が形成され、「一帯一路」という海のシルクロード建設の発想につながったものと考えられる。

次に、列島線と地政学との関係を見ていきたい。よく知られているように、中国は第一列島線、第二列島線、そしてハワイにかけて第三列島線を引いている。この「列島線」という考え方は、中国のランドパワー的な発想から生まれているように思われる。シーパワーであれば、海は制約のない空間だという認識をもっているはずである。制約のない地域

図2 九段線と地政学

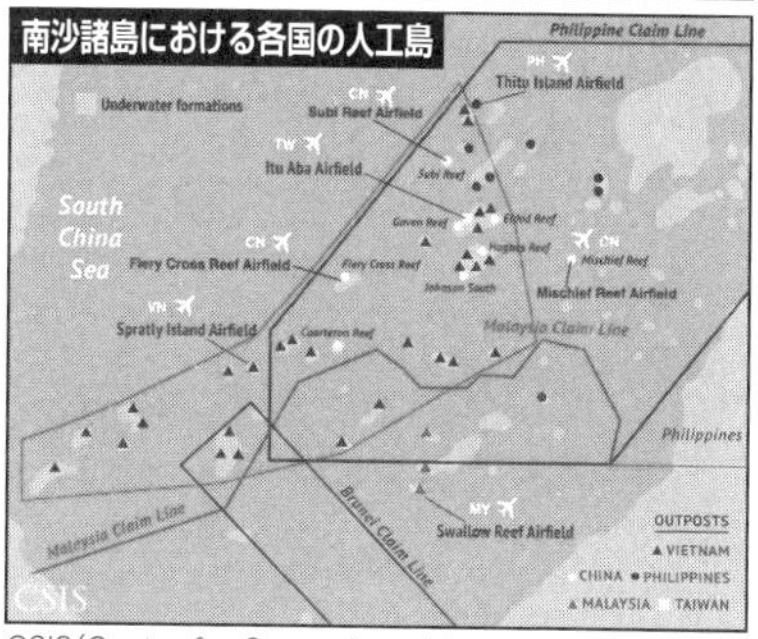

CSIS(Center for Strategic and International Studies)

ASIA TIMES MAPS, TADONKI

にわざわざ列島線という概念をもち込むのは、極めてランドパワー的な考え方だと言えるのではないか。

　もっとも、これはさまざまな戦略を立てるうえでは非常にわかりやすい発想だ。同じことは「九段線《きゅうだんせん》」についても言える。中国は広い南シナ海に九段線という線を引き、「このなかは全部自分たちの領海だ」と主張してしまう。この乱暴なランドパワー的発想の結果、九段線のなかに人工島を多くつくり、人工島を中心に南シナ海を実質的に中国の海にしようとしている（図2）。こうした列島線や九段線を、目に見えないサイバー空間や宇宙にまで広げていくのが中国人民解放軍の発想である。

　一帯一路構想は、もともと中国がシーパワ

ーとランドパワーの両方を追求していることの表れだと考えられたが、その後、陸と海に氷上の航路も加わり、さらに「デジタル・シルクロード」という構想が打ち出されてサイバー・デジタル空間にまで概念が広がった。

そして宇宙のドメインで中国は、衛星測位システム「北斗」の衛星通信、5Gの通信ブロードバンド接続を拡大してサイバー空間を通じた電子商取引、デジタル化経済を強力に推進している。今後はさらにそこにAIやドローン、ロボットなど無人化技術を導入することでスマートシティを建設。またこれらをセットにして売り込むのが中国の戦略である。

中国は、古典的な地政学をベースにしながらも、従来の地理的概念にとどまらず、宇宙やサイバー空間など目に見えないドメインを含めたまさにオールドメインで物事を捉えた壮大な世界戦略を描いている。

■「中華民族の偉大なる復興」とは

次に「中国の国家戦略」「安全保障戦略の目標」「軍事戦略」「作戦ドクトリン」、そして中国人民解放軍の正式なドクトリンではないものの重要な戦略コンセプトである「超限戦」について考えてみたい。

２０４９年の中華人民共和国建国百周年をめざして世界一流の軍隊をつくり、「社会主義現代化強国」を実現し、中華民族の偉大なる復興を成し遂げて世界覇権を握ることが、中国の国家戦略目標である。

しかし近年は２０３５年という中間目標を設定したため、２０４９年の完成をめざしていた世界一流の軍隊の建設計画の目標が前倒しで２０３５年になった。また２０２７年は人民解放軍の建軍１００周年に当たることから、この年を「奮闘目標の実現」の年と設定した。抽象的な表現で具体的な目標は不明なものの、２０２７年が中国共産党にとって節目の年となることは間違いない。

このため２０２７年を結節として台湾を統一するのではないか、という憶測が生まれている。いずれにしても中国は、このように目標年度を明確にしながら達成すべき目標に向けて突き進むという恐るべき習性がある。

中国が国家目標として掲げる「中華民族の偉大なる復興」が意味することは、毛沢東が念頭に置いていた「大中華帝国」、すなわち清朝最盛期の版図《はんと》を回復するという壮大なる夢だと考えられる。

■「戦略的辺境」という独特の概念

ここで確認しておかなければならないのは、中国の「戦略的辺境」という独特の国境概念である。中国にとって国境とは固定的な国境線によって規定されるものではなく、中国の力の増大によって移動しうるものと捉えられている。つまり、国力に応じて領土、領海、領空や宇宙を含めた立体空間も拡大するという発想である。

中国はこのように極めて立体的な発想をもち、中国の実力が増大すればするほど戦略的辺境も増大していくと認識している。これがまさに中国の一帯一路等の膨張政策の背景にある根本的な考え方だと言えるだろう。

こうした前提で、中国の安全保障戦略の目標は大きく4つに整理できる。1つ目は「中国共産党の支配を永続させること」、2つ目は「国家の尊厳及び領土的統一を防衛すること」、3つ目は「中国の大国としての地位を確実にし、究極的には地域覇権を再び握ること」であり、最後が「中国の海外権益を擁護すること」である。

これらの目標を達成するための軍事戦略として、中国は「アクティブ・ディフェンス（積極防御）」「情報化条件下における局地戦争」、そして「人民戦争論」を挙げている。とくに中国の人民解放軍は情報化を重視している。中国人民解放軍は、冷戦後の米国の戦争、とりわけ湾岸戦争やイラク戦争等を観察するなかで、現代戦の本質は情報化であると捉え、情報化条件下における局地戦争の能力強化に躍起《やっき》になった。

そして現在は情報化から知能化、とくにＡＩを活用した知能化を強調している。また「人民戦争論」とはいわゆる人海戦術に当たる。中国はあらゆる戦いにおいて人民戦争論を展開する。たとえばサイバー戦においても、サイバー能力の高い民間人たちを有事の際には「サイバー民兵」として使うという構想をもっている。

中国の作戦ドクトリンは「一体化統合作戦」、あるいは「接近阻止／領域拒否（Ａ２／ＡＤ）」と呼ばれるものである。また台湾侵攻作戦においては「短期限定・短期激烈作戦」、そして「非対称戦・混合戦」が想定されている。混合戦というのはいわゆる「ハイブリッド戦」を中国語で言い換えたものだ。

たとえばいまや有名となったＡ２／ＡＤ。これは三層にわたり米海軍・米空軍の接近を阻止して領域を拒否するという戦略である（図３）。中国はこの戦略に基づいて軍事力を整備しており、とくに弾道ミサイル、大陸間弾道ミサイル等を中核に据えながらこの能力を確実に高めている。

このＡ２／ＡＤという概念は、サイバー空間においても適用されている。中国は日に見

図3 接近阻止／領域拒否(A2／AD)

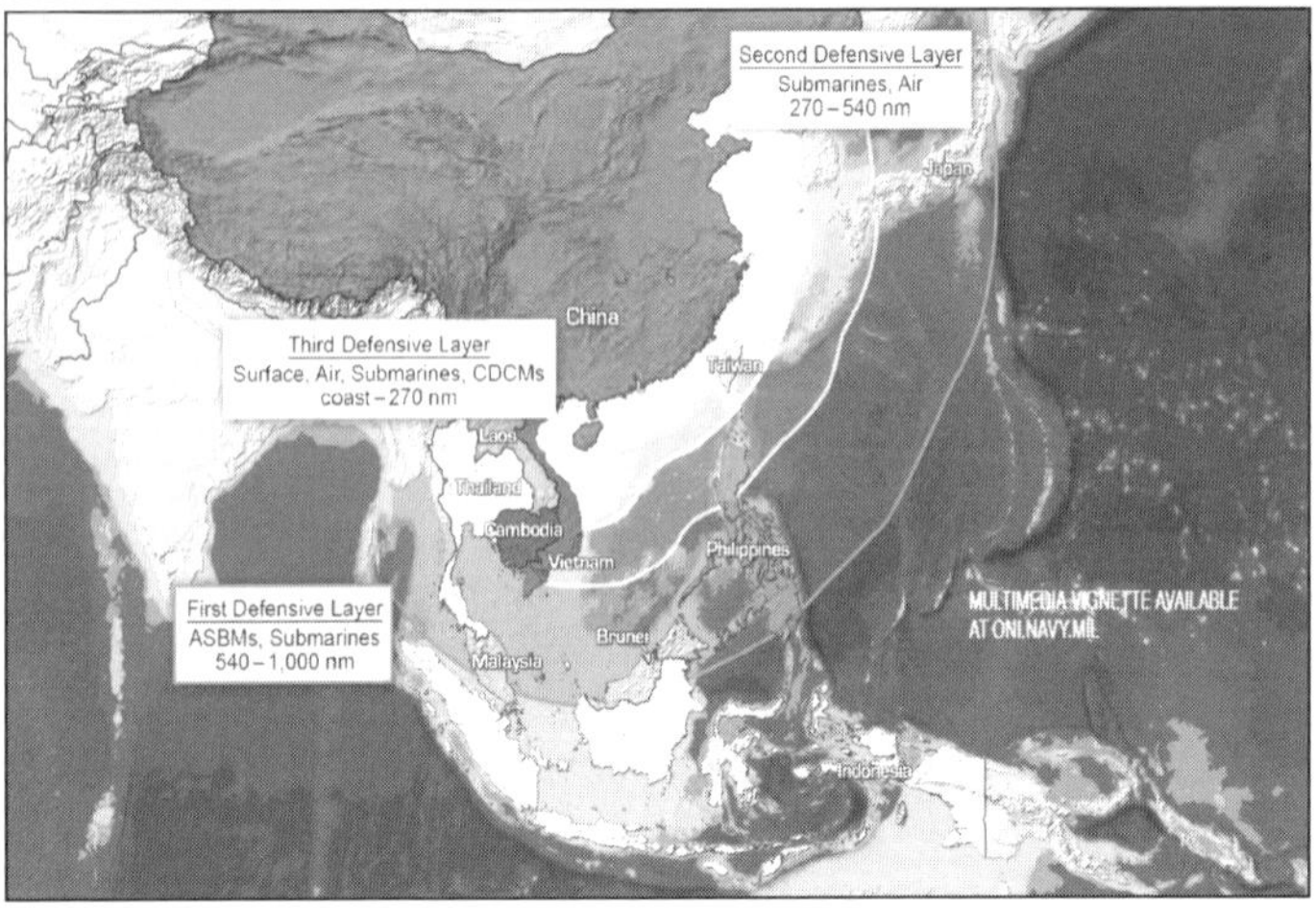

"THE PLA NAVY", OFFICE of NAVAL INTELLIGENCE

えないサイバー空間をあたかも領土・領海・領空であるかのごとく扱っている。その1つが中国全土に敷かれているインターネット検閲・ブロックシステム「金盾（グレート・ファイアウォール）」である。これはサイバー空間における攻撃システム「グレート・キャノン」と双璧を成しており、サイバー空間への侵入者には金盾で防御し、それでもさらに侵入してきた場合はグレート・キャノンで撃退する仕組みであり、サイバー空間のA2／ADだと言える。

　こういう発想がさらに宇宙空間でも展開されており、たとえば中国は月の探査を積極的に実施している。中国は月においても、月の南極地域を押さえ、他の国々が中国の支配地域に接近することを拒否する戦略を考案しているとされる。中国人民解放軍は、宇宙空間においても自分たちが使いたい空間を占拠し、そこへの他国からの接近を拒もうとする。

これは中国の長い歴史のなかでつねに外敵から身を守るために城壁を築いてきた経験、その最たる例が万里の長城になるわけだが、こうした考え方が長い歴史のなかで中国人に根づき、外からの脅威に対しては城壁を築いてそのなかの領域を守るという発想につながっているものと考えられる。中国はこのように、オールドメインでＡ２／ＡＤ戦略を進めてくるのである。

■「超限戦」とは掟破りのオールドメイン戦

次は公式な戦略ではないものの、中国が展開しているとされる「超限戦」について触れたい。１９９９年、中国人民解放軍の当時の空軍大佐２人、喬良《きょうりょう》と王湘穂《おうしょうすい》が『超限戦　21世紀の「新しい戦争」』（邦訳、角川新書、２０２０年）を書いてベストセラーになった。

戦争論として同書のほとんどの内容に同意できるが、１点だけ同意できない点は「すべての境界と限界を超える」という著者の主張である。これは目的達成のためには何をやっても許されるという考え方であり、人権も法律も守らず一切手段を選ばなくてよいという主張は、民主主義国家として受け入れることはできない。

要するに、戦争において目的を達成するためには、倫理や国際法や基本的人権などは完全に無視して、それらを超えた戦い方をやりなさいというのが『超限戦』の主張である。まさにいまウクライナでプーチン・ロシアが行なっていることを考慮すると、習近平氏の中国が台湾を統一する際にもこうした超限戦を展開してくる可能性があると考えるべきだろう。

超限戦の本質はオールドメインでの戦いである。さらに本質を突き詰めていくと、「努めて平時に決着をつける」という点に行き当たる。「戦わずして勝つ」とは、孫子の兵法でも有名だが、中国は、努めて戦争には至らない、有事には至らない段階で目的を達成することを狙うはずである。そのために情報戦を実施し、政治戦、影響工作、心理戦、外交戦、核の威嚇等を行ない、破壊工作、転覆、サボタージュ、誘拐、要人暗殺、暴力的デモ、浸透工作といった平時における戦いを展開することになろう（表1）。

この段階では有事にはなっていない。そして次の段階の封鎖作戦においても、たとえば電子戦やサイバー戦を仕掛けてくることになり、ここでもまだグレーゾーンの戦いであり有事とは言えないだろう。さらに進んで海上封鎖、航空封鎖あたりになるとグレーの色が

表1 中国の超限戦

- **情報戦**
（政治戦、影響工作、心理戦、外交戦、核の威嚇）
- **破壊・転覆**
（サボタージュ、誘拐、要人暗殺、暴力的デモ、浸透工作）
- **封鎖作戦**
（電子戦、サイバー戦、海上・航空封鎖、宇宙戦）
- **離島攻撃**
（東沙、太平、澎湖島）
- **火力打撃作戦**
（航空打撃・弾道ミサイル打撃）
- **本格的な着上陸侵攻**

筆者作成

かなり濃くなり、有事に半分足を踏み入れたような状態になることが予想される。

そして次の段階で離島攻撃、火力打撃作戦、そして本格的な着上陸侵攻とエスカレートしていくが、ここまできて初めて有事の作戦に該当する。

中国としては、サイバー攻撃ぐらいの段階で目的を達成したいと思っているのだろう。しかしそれが叶わない場合、実力を行使して、火力をもってこれらの作戦をエスカレートさせていくと思われる。

中国がいつ台湾を攻撃するかの予測は困難だが、2027年が1つの結節になる年であると予想される。3期目の任期中に台湾を統一したいというのが習近平氏の夢だと考えられるからである。

毛沢東でさえ実行できなかったことを習近平氏は「偉大なる指導者」として２０２７年までに達成する、これは十分に考えられるシナリオであろう。

さらに台湾の邱国正《きゅうこくせい》国防部長が、「２０２５年までに人民解放軍が最小限の代償で本格的に台湾に侵攻する能力をもつ」と警告した点も重要である。

台湾侵攻時の上陸地点については、適地が限定されていることが軍事専門家の共通認識になっているが、想定されているような上陸作戦が行なわれる可能性に疑問を呈する米国の研究者もいる。

中国はすでにいくつかのコンテナ港を実質的にコントロールしているとされており、人民解放軍の攻撃命令と同時にこれらの主要な港を押さえてしまえば、あとは中国の民間船を動員して大量に物資や人員を輸送できるというのだ。すでにさまざまな買収等によってコンテナ港の支配を進める工作が中国によって着々と進められている可能性は排除できない。

海上封鎖や航空封鎖も行なわれ、インターネット等デジタル空間から台湾を完全に遮断してしまうような作戦も行なわれるだろう。２０２３年2月上旬にも、台湾本島と馬祖《ばそ》列島などを結ぶ通信用海底ケーブル2本が相次いで切断される事件が発生したが、こうした海底ケーブルは、台湾危機において非常に重要なドメインになると考えられる。

いずれにしても、中国はこのようなさまざまな手段を使いながら台湾侵攻作戦を進めてくる可能性があるということを認識しておくことが肝要である。

日本の防衛と民主主義国家の超「超限戦」

中華民族の偉大なる復興を国家目標に掲げ、オールドメインで超限戦を仕掛けてくる中国に対して、民主主義陣営のなかに位置する日本はどう対抗すべきなのか。

まず軍事的には、中国が進めるＡ２／ＡＤや列島線といった地政学的発想を逆手に取った戦略をとることが考えられる。実際に米軍は、中国海軍をチョークポイントのなかに閉じ込める、とくに潜水艦を太平洋地域には出させないための戦略を考案している。トランプ政権時代に出されたインド太平洋戦略はまさに、第一列島線防衛を通じて中国のチョークポイントを押さえてしまうという発想に基づいている。

この戦略に沿って日本の自衛隊は、第一列島線に存在する中国の大きなチョークポイントである南西諸島の防衛を強化している。中国のＡ２／ＡＤは、第一列島線の外側に入ってきた米海軍等の接近を阻止し、この地域での活動を拒否する戦略だが、第一列島線を構成する日本をはじめとする国々が、第一列島線において中国人民解放軍に対してＡ２／Ａ

Dを行なうことで中国に対抗することが重要である。

日本にとっても米国にとっても、列島線を中心とした中国の考え方を逆手に取った防衛戦略を進めることは有効だと考えられ、日本はまさにこうした構想の下で南西諸島における防衛力整備を進めている。

また中国がオールドメインの超限戦を仕掛けてくることに対し、日本を含めた民主主義陣営は超「超限戦」で対抗すべきである。超「超限戦」とは、民主主義国家としての価値観を守りながら中国の超限戦に対抗するという戦略である。その好例は現在のロシア・ウクライナ戦争で見られる。

ロシアはウクライナ戦争で超限戦を仕掛けており、国際法や兵士の人権などまったく無視した手段を選ばない戦いを行なっている。嘘にまみれた偽情報戦なども展開しているが、必ずしもロシアが狙ったような効果は出ていない。

他方ウクライナは、一部ロシア国内での民間人暗殺作戦などを実施してはいるものの、概ね民主主義国家の価値観、兵士の人権や民間人の人道的配慮などをしながらロシアに対する戦争を進めている。

情報戦についても、「ゼレンスキー大統領が逃亡した」という初期の偽情報が、ゼレンスキー大統領本人のSNS投稿で簡単に否定されたように、デマに基づく偽情報よりも最終的には真実に基づいた情報が強いことを証明している。

中国の脅威を下げ、さらなる強大化を防ぐために、経済的にも外交的にも中国を弱体化させるためにさまざまな手段を講じるべきだが、人権も法律も無視して手段を選ばないようなやり方をしてしまえば、中国と倫理的な土壌で同等と見なされてしまう。そこで日本はあくまで法律を遵守し、民主主義の価値の範囲内での超限戦を展開することで、モラル・ハイグランドに立った戦い、すなわち超「超限戦」を展開すべきである。

中国は世界一の大国になることをめざしており、ランドパワーやシーパワーのみならず、あらゆるドメインでの最強パワーの確立を目論んでいる。中国とはそのような日本人が到底及ばないようなスケールで物事を考え実現しようとする大国である。彼らの戦略的発想のスケールの大きさには、日本人もある意味で見習うべき点すらある。

習近平国家主席が「中国の夢」を達成するために最も重要な組織として認識しているのが人民解放軍であり、彼らの思想と行動をさまざまな観点から分析することの重要性と、危機への備えの必要性を強調したい。

経済的規模で比較すれば中国よりもはるかに小さいロシアがウクライナを侵攻したことが、これだけ世界経済に影響を与えたことを考えても、中国による台湾侵攻や中国発の危機が世界経済に及ぼす影響は計り知れない。

「台湾有事」の議論のなかでは軍事的なリスクシナリオに基づいた議論が多く見られるが、戦いの舞台がオールドメインで展開することを考慮しなくてはならない。経済的なリスクシナリオについても、サプライチェーンやエネルギー輸入など影響は多岐にわたる。日本政府は国家安全保障局などを中心に総合的なリスクシナリオを検討し、対応策を練ることが急務である。

台湾

日本にとっての「台湾防衛」の意味

小野田　治（日本安全保障戦略研究所上席研究員／元空将）

2024年12月、米国防総省は議会向けに作成された「中国軍事力報告書」を公表した。中国は、台湾周辺での海軍のプレゼンスを強化し、両岸の中間線を越えた台湾の防空識別圏の空域への進入を増加させ、台湾近海で大規模な軍事演習を実施するなど、台湾に対する外交、政治、軍事的圧力を強めていると警戒を露《あら》わにした。

米中対立の激化に伴い、近年台湾周辺での中国軍、米軍双方の軍事的な活動も活発化しており、いわゆる〝台湾有事〟に対する懸念も強まっている。英『エコノミスト』誌は2021年5月にこの地域を「地球上で最も危険な場所（The most dangerous place on Earth）」と呼び、世界の注目を集めた。

本稿では、緊張高まる台湾をめぐる地政学的な現状と中国による武力侵攻の可能性や想定される危機シナリオについて考察していきたい。

■守る側に有利な地理的条件

台湾本島は、南北に370㎞、東西に180㎞ほどで、九州本島とほぼ同程度の面積である。南北に急峻な山岳地が展開し、最高峰は標高3952mの「玉山《ぎょくさん》」、北部の楽山《らくさん》(標高2620m)山頂には、弾道ミサイル探知・識別用レーダーが設置されている。

国民の多くは島の西側の平野部に集中して居住しており、東側は急峻な山地となっている。この地理的条件から、台湾軍の防衛構想の基本は、いかにして中国による第一撃をかわすかにある。

その際、海軍の艦艇は東方に退避して戦力を温存。空軍は山の中に多数掘られたトンネルに機体を移動させて防護。仮に飛行場の滑走路が破壊されても、高速道路で離発着が可能なように都市設計されている。また、陸軍は都市に布陣して政府機構と住民を守るのが主要な任務とされている。

台湾海峡は、両岸の幅は130~260㎞、長さは380㎞に及ぶ(図1)。台湾本島の西、約40㎞には澎湖《ほうこ》諸島が位置する。日清戦争勝利によって台湾割譲を得た日本は、1895年にまず澎湖諸島に進出。その後、台湾北部に上陸し、台南への進出に合わせて澎

図1 台湾の地理関係基本データ

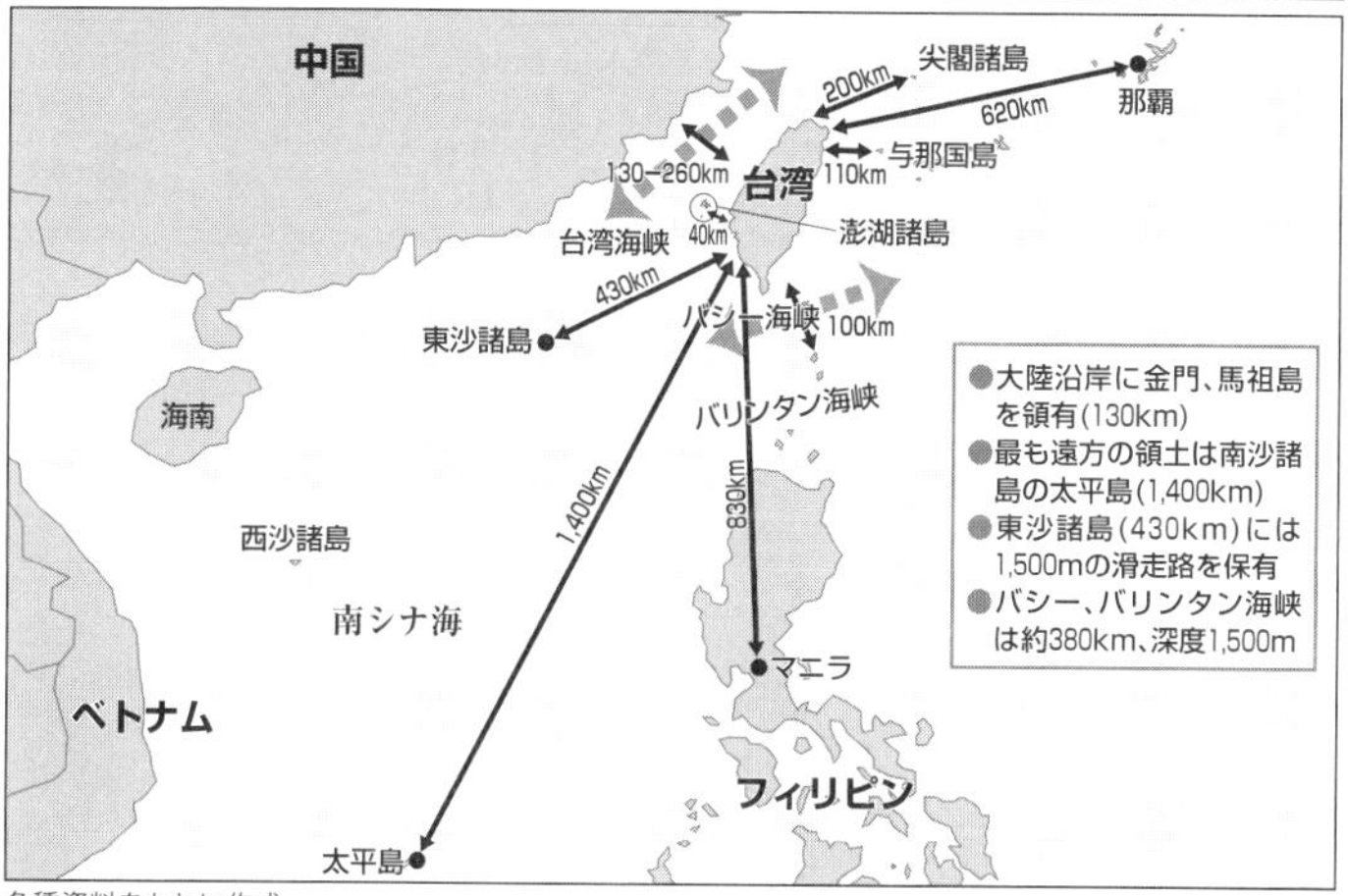

各種資料をもとに作成

湖諸島から戦力を投射し、８カ月で台湾を平定した。

そのほか台湾本島の西方４３０㎞の東沙諸島、南シナ海のスプラトリー（南沙）諸島内の太平島を領有している。この周辺では周辺諸国の領有権主張にもかかわらず、中国が一方的に大規模な埋め立てを強行して７つの人工島を造成、３つには２０００ｍ以上の滑走路を建設している。

中国による台湾への武力侵攻の可能性を考えるうえでは地理的な特質、とくに縦深性を理解することが重要だ。中国はかつて内陸奥深くまで逃げ込んで日本軍を疲弊させる戦術をとったが、台湾にはこうした地理的縦深性は乏しく、代わりに山岳地帯を活用する必要がある。

国共内戦に敗れて台湾に逃れた国民党政権だが、現在では「大陸反攻」を放棄して、自分たちの価値と自由で民主的な体制を守ることを目的とした防衛に徹する戦略をとっている。中台の軍隊が保有する兵器体系を見ても、中国は、上陸して島全土を平定することに必要な兵器体系を整備し、他方の台湾は、大陸を一部攻撃することはあっても基本的には防御目的中心の兵器体系を整えるという対照的な軍事力の構築をめざしている。

両岸の経済力を比較すればその差は歴然だが、軍事的に見ると〝守る側の優位〟という要素は大きい。中国による武力侵攻を考える際にポイントとなる能力は3つ。

1つは「海上・航空優勢をいかに獲得して行動の自由を得るか」。2つ目は「大規模な兵力を機動する能力」。3つ目は「米軍の介入が間に合わない態様とスピードで作戦を遂行する能力」であり、この3つの能力を中国がいかに獲得できるかを精査していく必要がある。

ちなみに湾岸戦争で米国は、イラクによるクウェート占領から米軍による航空作戦開始まで約6カ月かけて準備。航空攻撃を1カ月間実施し、地上戦は約1週間でクウェート解放という軍事目標を達成した。また日米の沖縄戦では、台湾の30分の1の面積しかない沖縄を、当時米軍は地上戦闘部隊が約18万人、支援部隊を含めると総勢約55万人で、防御する日本側は兵力約10万人で戦ったが、全島攻略に3カ月間を要した。

こうした事例を見ただけでも、沖縄の30倍の面積のある台湾を武力で制圧するには膨大な時間と兵力が必要となり、簡単な作戦ではないことが容易に想像できるだろう。そこで、中国が考える統一戦略では、軍事力よりもむしろ非軍事的な手段が中心となり、統一戦線工作、すなわち情報工作や懐柔と脅迫を駆使して台湾内に親中勢力を拡大させ、台湾における親中世論を醸成することが重要になる。

また民進党のように独立を標榜する政党に対して、独立を阻止するために台湾を国際的に孤立させ、軍事的な圧力をかけるという手段をとっている。

国際社会に対しては、台湾問題に介入させない、〝介入すればケガする羽目になるぞ〟と脅《おど》し牽制することで、「一つの中国」原則を尊重するように圧力をかける政策を進めている。

■活発化する中国軍の活動の意味

一方で中国は、武力侵攻のために必要な前記３つの能力を獲得するために着々と準備を進めている。ここでは、最近活発化する米中の軍事活動、とりわけ中国軍の活動の意味を軍事的観点から分析していきたい。

図2 2020年1月～5月、台湾周辺における主要な軍事活動

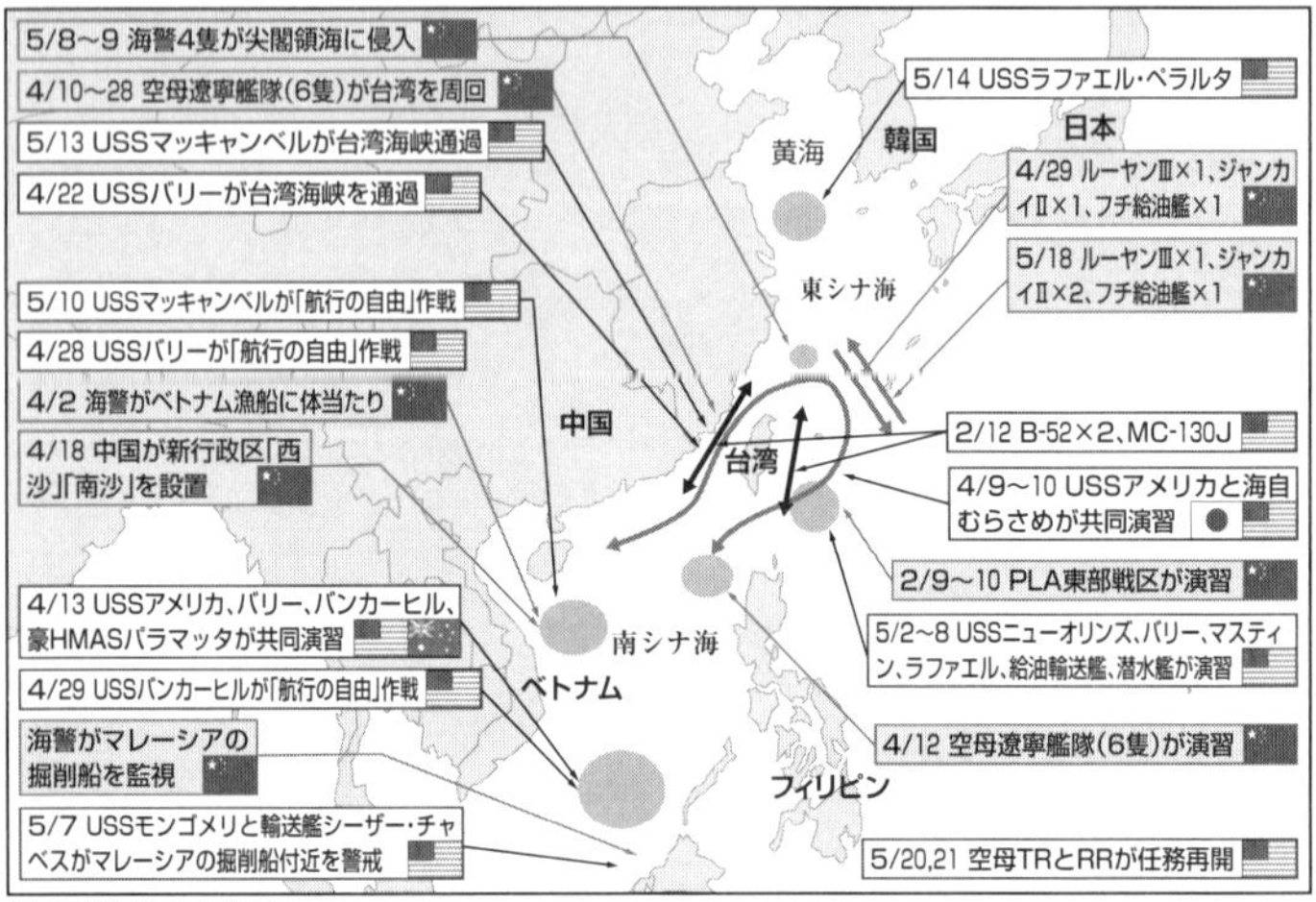

各種資料をもとに作成

図2は、2020年1月～5月の台湾周辺における米中双方の軍事活動の様子を示したものである。この期間は、南シナ海にいた米海軍の空母「セオドア・ルーズベルト」内で新型コロナウイルスの感染が拡大し、同艦が任務を遂行できない状況に陥った時期に当たる。セオドア・ルーズベルトは3月31日にグアムに寄港してそのまま任務から離脱したが、同艦は当時米海軍第七艦隊下にある唯一の空母だった。

米海軍の保有する11隻の空母のうち、任務遂行中のものは中東海域で活動する空母1隻のみで、アジア太平洋地域には空母が1隻もいないという危険な状況が生まれた。そんななか、4月10日から28日にかけて中国の空母「遼寧」が台湾を周回し、台湾南西海域で訓練をした後に同じルートを通り帰還した。

米空母不在による〝力の空白〟を突いて中国が冒険的行動に出ることが懸念されたが、当時米海軍はこの空白を埋めようと必死にプレゼンス回復のために活動を展開した。4月9日から10日には大型の強襲揚陸艦「USSアメリカ」が東シナ海で海上自衛隊と共同演習を実施し、そのまま南シナ海に移動して豪フリゲート艦「HMASパラマッタ」と共同演習を実施するなど、強襲揚陸艦が空母の不在を補うように活発に活動を展開したのである。

こうした米側の動きを受けたものなのか、もともと計画されていたものかは不明だが、中国はこの時期、東部戦区、南部戦区、北部戦区が渤海《ぼっかい》、東シナ海あるいは南シナ海で同時に大規模な訓練を実施。こうして米中双方の軍事的な活動が活発になり緊張が高まったが、この状況は2020年5月で収まったわけではなく、その後も同じようなペースと密度で展開されている。

2021年10月4日には、中国の戦闘機や爆撃機計56機が台湾の南西域の防空識別圏（ADIZ）に進入したことが、日本のメディアでも大きく報じられた。同年9月から10月に台湾のADIZ内を飛行した中国軍機数と機種を見ると（図3）、戦闘機と爆撃機が顕著に増加しているとともに、対潜水艦作戦用の航空機が毎日飛行していた。多数機の戦

図3 中国機の台湾ADIZ内飛行機数(2021年9月-10月)

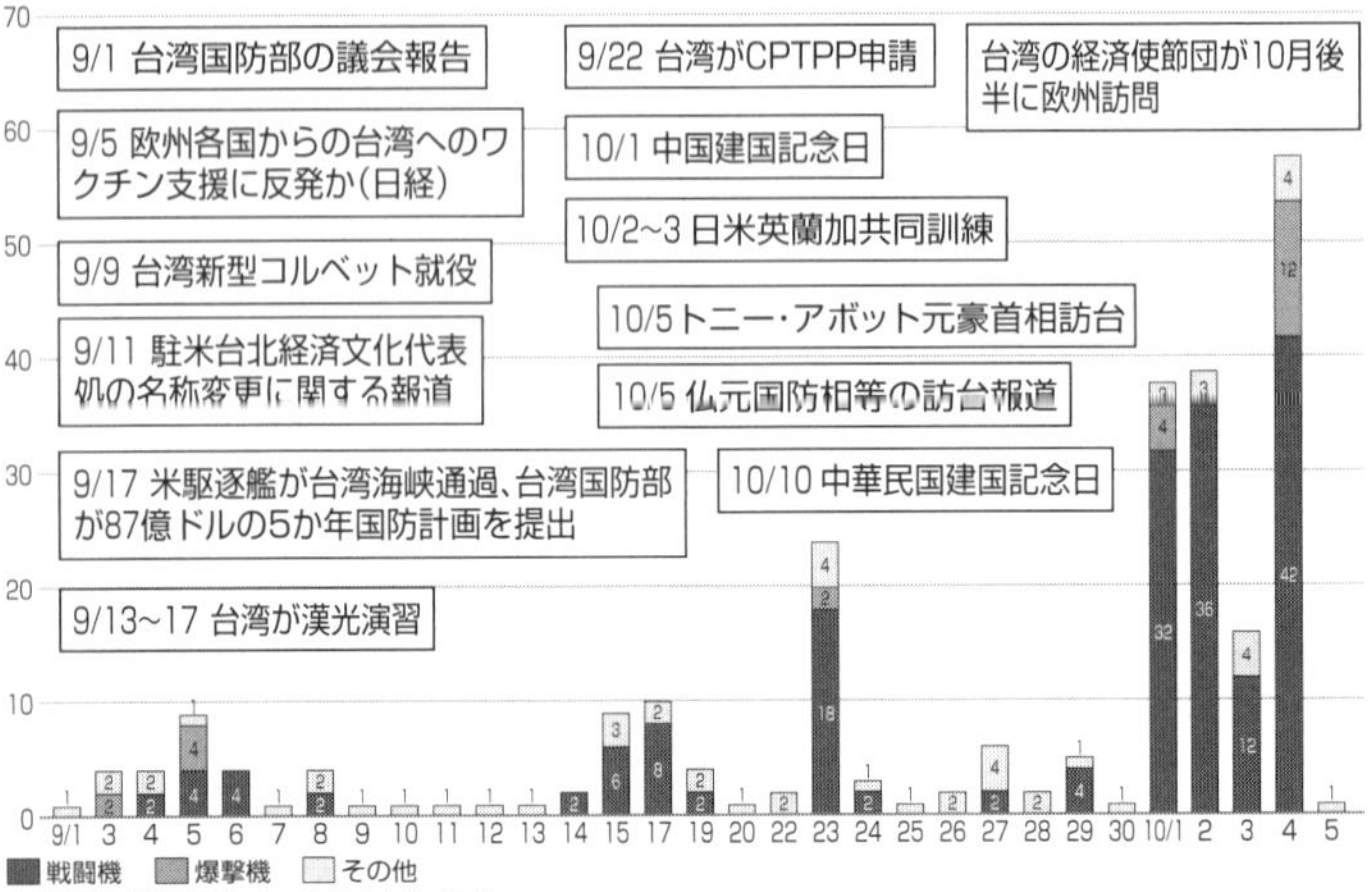

台湾国防部発表のデータをもとに作成

闘訓練や爆撃機との連携、米軍の潜水艦の探知などに注力していたと考えられる。

台湾ADIZ内での活発な軍事活動を、この時期の政治的なイベントと比較してみると、10月1日は中国の建国記念日で、10月2日〜3日には、日米英蘭加新による共同訓練が実施されていた。これに合わせて中国機の飛行数が増加していた可能性がある。この共同訓練は今回初めて行なわれたもので、米海軍の空母、日本のヘリコプター搭載護衛艦、英海軍の空母など6カ国合計17隻による大規模な訓練だった。

この共同訓練に合わせるように、中国軍も同じ時期に台湾南西域で大規模な訓練を実施していた。つまり、台湾を挟んで東側では日米英蘭加新の6カ国が、西側では中国軍がそ

図4　近年の中国軍用機の高密度な活動の意味

◆訓練科目の拡充（航法、対戦闘機戦闘、対艦攻撃、戦爆連合、対潜戦、夜間戦闘）
◆東部戦区と南部戦区の協同
◆情報収集（台湾空軍の対応能力、艦艇、航空機、地上施設の電波情報など）
◆台湾に対する軍事的圧力と台湾南西空域の航空優勢確保（海空連携、戦区連携）
◆台湾空軍の消耗

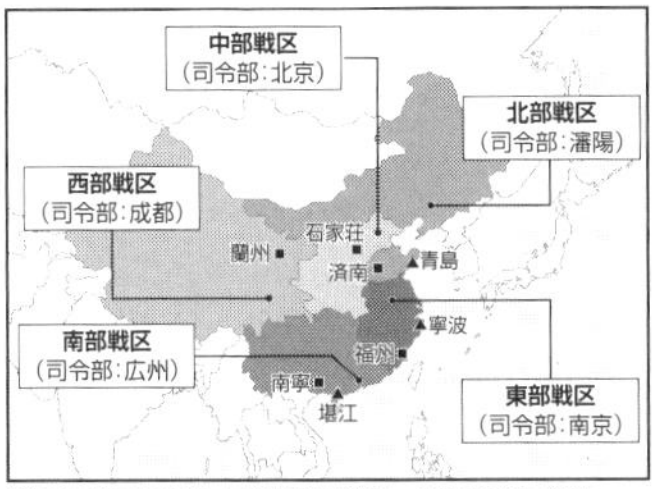

（注1）●戦区司令部　■戦区陸軍機関　▲戦区海軍司令部
（注2）戦区の区割りについては公式発表がなく、上地図は米国防総省報告書や報道等を元に作成
防衛白書をもとに作成

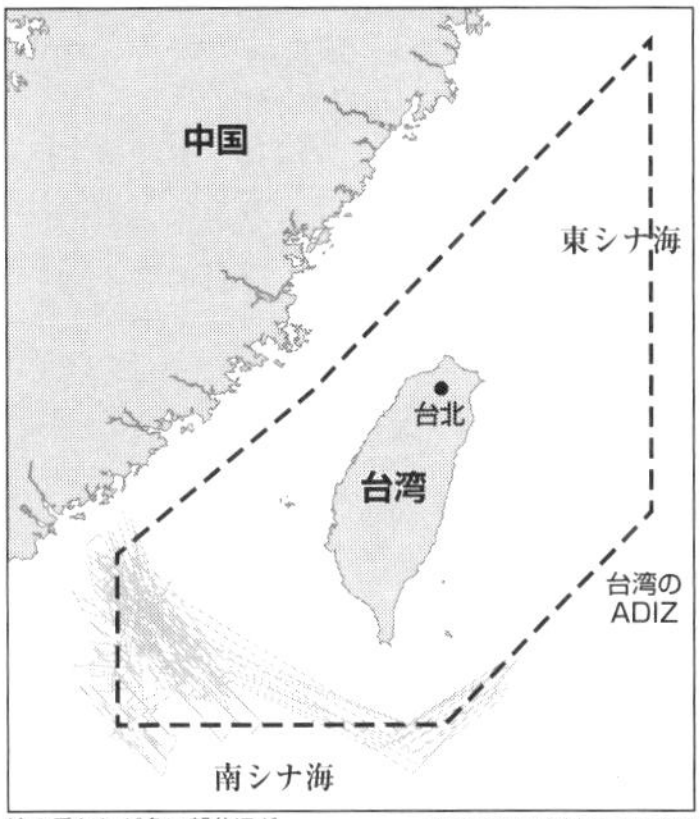

線の重なりが多い部分ほど、中国軍機の航跡が激しい
出典：CNN資料を元に作成

れぞれ激しい訓練を展開していたのだった。

図4の中国軍機の航跡を見ると、東部戦区と南部戦区の境界辺りから出現しており、両戦区の複数の基地から発進しているものと考えられる。これは中国軍の航空機の戦力が整ってきており、多数の航空機による組織的な訓練が可能になったこと、またそうした訓練が必要になっていることを示している可能性がある。

通常、航法や単一の飛行大隊の訓練では多数の航空機は使わない。対艦攻撃についても、比較的少数の航空機で訓練が可能であり、対潜戦の任務も通常1～2機で実施する。夜間戦闘訓練の場合は、危険が伴うため多数の航空機を使うことは考えにくく、また夜間戦闘訓練の場合は沿岸付近で沖合まで出てくることはなかった。

一方、戦爆連合のような実戦的な訓練の場合はより多くの航空機が必要になる。この航跡は、中国軍が大規模な戦闘機対戦闘機の戦闘訓練や、戦爆連合による対艦／対地攻撃の訓練など、きわめて実戦的で高度な訓練を実施していること、また中国軍の練度も向上していている可能性を強く示唆するものである。

もう1つの可能性は、東部戦区と南部戦区の空軍もしくは海軍航空隊が、統合訓練を行なっていると見られることである。東部戦区と南部戦区には多数の航空基地があり、4つの機種の戦闘機（J－10、J－11、J－16、Su－30）が配備されているが、さまざまな基地の部隊が訓練に参加し、戦区をまたがる統合訓練が進んでいる可能性がある。

こうした訓練を繰り返すことで、台湾に対する軍事的圧力を強め、台湾南西空域の航空優勢確保のために海空の連携、戦区間の連携を強めているものと思われる。

さらに、こうした軍事訓練が、台湾ADIZの南西の境界付近で実施されているのも興味深い。言うまでもなく、この境界付近まで台湾空軍がスクランブル飛行するには時間も労力もかかる。台湾空軍の航空機運用数に限りがあることを考慮すれば、この空域でのスクランブル回数が増えれば台湾空軍の消耗が激しくなることが予想され、中国側がそれを狙っていることも考えられる。

■蓋然性が高いクリミア併合型のハイブリッド侵攻

２０２４年3月20日、米インド太平洋軍のジョン・アキリーノ司令官は、米下院軍事委員会で中国軍が２０２７年までの台湾への侵攻を準備しているとの見方を示した。ここでは、中国による武力侵攻を可能にする能力の評価と、統一に向けて中国が取りうるシナリオについて考えてみたい。

先に挙げた中国による武力侵攻を考える際にポイントとなる3つの能力のうち、「台湾南西空域の航空優勢の獲得能力」については、中国はすでにその能力を保有している可能性がある。台湾単独はおろか、米軍であってもこの空域で一時的な航空優勢は奪取できたとしても、長期にわたる航空優勢を確保することはすでに困難になっている。

今後重要になるのは残りの2つであり、とりわけ大量の兵員を送るなど部隊の機動能力について、中国は十分な能力を獲得している可能性がある。現在中国は、2万5000トン級の強襲揚陸艦を8隻、4万トン級のドック型揚陸艦を4隻運用しており、2024年12月に4万トン級の新型強襲揚陸艦が進水した。こうした揚陸艦のほかに、中国はRO-RO船と呼ばれる平積みのフェリーを、民間船として大量に運航している。有事の際にはこうした民間船を徴用する計画をもっており、すでに軍民間での訓練も実施している。

こうした点から、3カ月以上の地上戦を支える渡海後方支援能力は民間船の徴用などを含めて可能であると見られ、軍事的に台湾に侵攻するための能力は獲得しているものと考えられる。

あとは、米軍の介入を拒否できるかどうかの成算だが、もし中国が沖縄やグアムにミサイルを撃ち込むなど先制攻撃をすれば、日米との全面戦争に突入してしまうため、「台湾を占領する」という戦略目標の達成がより困難になるだろう。そこで中国は、〝台湾に集中するために日米を介入させないような条件を作為する〟可能性が高いと考えられる。

そのような条件をつくるうえで最も有効かつ蓋然性が高いシナリオは、台湾内部の統一派と連携し、彼らを扇動して、台湾内部の騒乱のように見せかけていく作戦だ。すなわち、クリミアをロシアが併合したようなハイブリッド侵攻のような形態であろう。非軍事的な工作活動と軍事的な圧力のハイブリッド侵攻を通じて民進党政権を台北から追放し、傀儡《かいらい》政権を樹立して中台統一を世界に宣言し民進党政権を非合法化する。こうして統治権を奪取してしまえば、当然人民解放軍は台湾内に入りやすくなり、逆に米軍の進入は困難になる。

中国軍は台北の防御を固め、航空優勢と海上優勢を維持して接近阻止・領域拒否（A2

図5 中国軍機の台湾ADIZ内飛行数(2021-2024年)

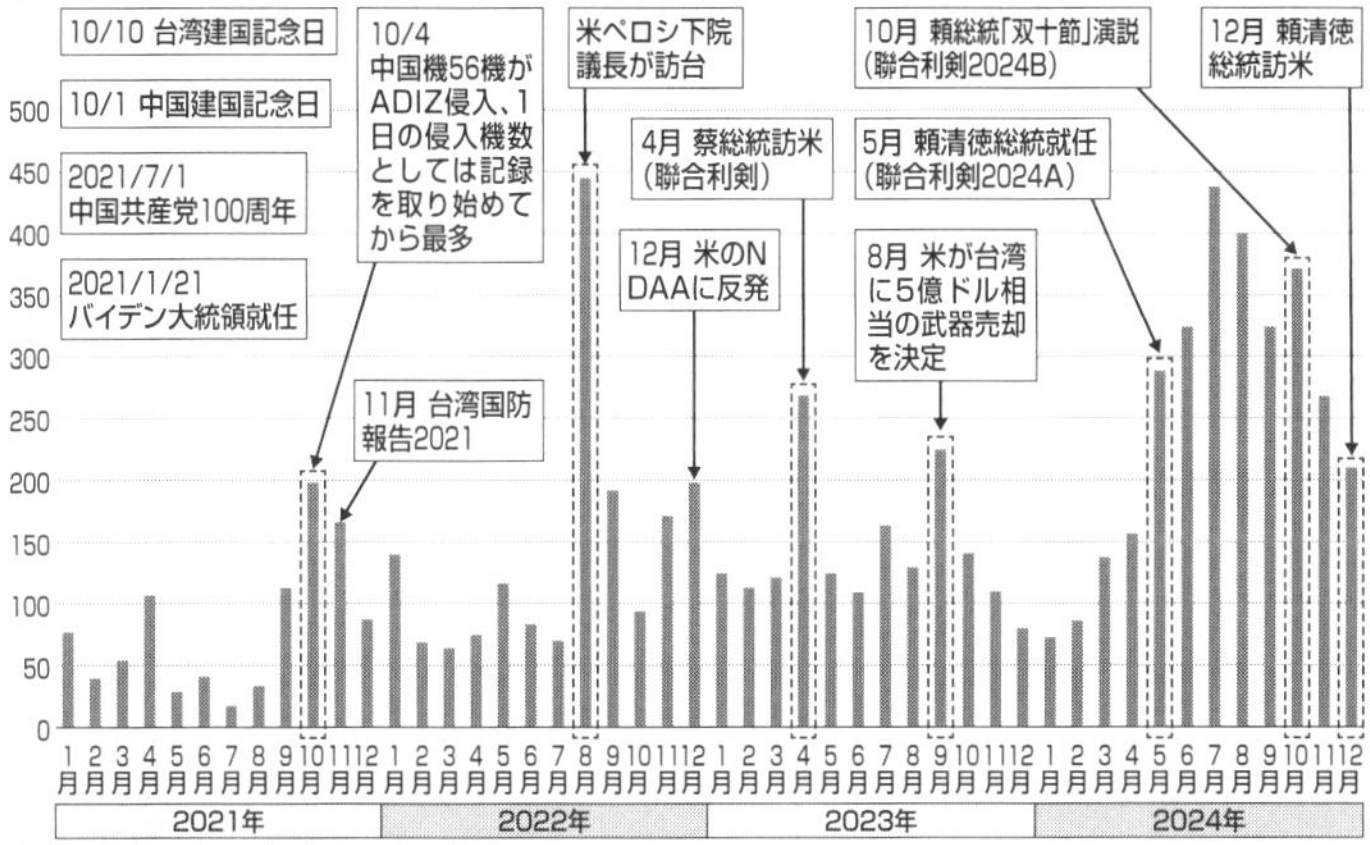

台湾国防部発表のデータをもとに作成

／AD）能力により米軍の来援を拒否しようとするだろう。このようなクリミア型のハイブリッド侵攻のほうがはるかにコストも安く済むことから、蓋然性が高いと考えられる。

先に2020年、21年の中国軍の活動を分析したが、それ以降の中国軍の活動を見ると、政治的なイベントに合わせて台湾を取り囲む大規模な演習を展開していることがわかる（図5）。2022年8月のペロシ米下院議長の訪台時、2023年4月の蔡英文《さいえいぶん》総統の訪米時、2024年には、頼清徳《らいせいとく》総統の就任時（5月）、頼総統の「双十節《そうじゅうせつ》」演説（10月）後、さらに頼総統の訪米時（12月）などである。

演習の態様では、台湾を取り巻く海上に演習区域を設定してミサイル射撃を含むさまざまな訓練を行ない、2023年には海警を加えて海上封鎖や臨検を想定した「聯合利剣」演習を行なった。2024年は「聯合利剣2024A」に続いて10月には「聯合利剣2024B」演習を展開した。

さらに12月には、演習の発表をせずに大きな戦力を台湾周辺で活動させた。軍だけでなく海警も動員したこれらの演習の狙いは、第1に軍と海警を統合的に運用して台湾を海上封鎖することによって台湾の人びとの独立志向を挫《くじ》くこと、第2に迅速に実戦に移行して米国の直接的な介入を回避するとともに、台湾に防衛態勢への移行の暇を与えぬこと、第3に前記2点の効果を活用して台湾内の親中勢力によって現政権を打倒することである。これらはまさにグレーゾーンを利用したハイブリッド侵攻のアプローチだと言えよう。

■現状変更を抑止するための米国の軍事戦略

次に、これに対して米国がどのように台湾を守ろうとしているのかについて見ていきたい。2018年2月に第1期トランプ政権が策定した「インド太平洋における戦略的枠組み」では、「紛争時に第一列島線内での中国の持続的な空・海優勢を拒否すること」が謳《うた》われている。また「台湾を含む第一列島線にある同盟諸国を防衛」し、「第一列島線外の全領域での優勢」を確保することも明記されている。

より具体的に米インド太平洋軍の作戦構想を分析すると、第一列島線上の島々に統合精密打撃ネットワーク、とくに地上配備の対艦、対空ミサイルを配備するとともに、艦艇は艦隊を組まずに分散して行動する。第二列島線上では、中国のミサイル攻撃に対する防御力を高めるために「統合防空ミサイル防衛（ＩＡＭＤ）能力」を重点に置いている。

米軍がこのような軍事戦略を進めるのは、「中国が力の空白を利用して短期間のうちに武力紛争レベル以下の行動で一方的に現状を変更しようと試みる」リスクが最も高いと分析しているからである。インド太平洋地域各所に展開している地対艦ミサイルを第一列島線上に配備することで、南シナ海、東シナ海の主として敵の艦艇を破壊する。この攻撃により敵の海軍力を無力化し海上優勢をとらせない作戦である。加えて沿岸部にある航空基地に打撃を与える作戦が構想されている。

また、空母機動艦隊は中国の精密ミサイルの標的にされるため、米海軍は、さまざまな艦艇をバラバラに配置し、敵の攻撃を１カ所に絞らせないように分散させることを狙った「分散海洋作戦構想（Distributed Maritime Operation：ＤＭＯ）」をとる。当然空母はリスクの高い海域には進入せず、対空戦能力が高いイージス艦などが艦隊を組まず分散して行動することで、敵に予測をさせないような作戦展開が考えられている。

さらに米海兵隊は海軍と共に島々に機敏に展開し、地対艦ミサイルを発射したら速やかに次の場所に移動するというように機動力を利用し、相手に狙いを絞らせないような戦い方を想定している。米国は、このような作戦構想の下で中国による一方的な現状変更を抑止しようと考えているが、ハイブリッド侵攻がじわじわと進められた場合、対応は困難になるだろう。

台湾の安保関係者が最も懸念しているのは、中国による情報・浸透工作である。中国は台湾メディアを買収して、発信内容をコントロールし、浸透工作を行なってきた。

頼清徳政権は、中国によるこうした工作に強い危機感を抱いている。しかし2024年1月の総統選で頼清徳氏の得票率が40％程度だったことを考慮すれば、台湾人のなかに少なからず親中派がおり、中国の組織的な浸透工作に脆弱である可能性は否定できない。

また、2期目のトランプ政権が台湾に関してどのような政策を展開するのかは不透明だ。筆者も台湾政府関係者から、「中国の武力侵攻に際して米国が台湾を見捨てるようなことが起きた場合、日本はどのように動くのだろうか」と真剣なまなざしで問いかけられたことが何度もある。

私の回答はこうだ。トランプ政権の方向性を考えるうえで大事なのは、彼が強さを背景にディールを仕掛ける性向があることだ。彼の1期目の安全保障戦略のキーワードが「力による平和」だったことを思えば、2期目の方向性が「強さの追求」であることは当然で、1期目以上に自信をもって米国の利益を追求し、利益にならないことには手を出さないという姿勢が一層鮮明化するだろう。

中国だけが右肩上がりで、米国経済が減速していくことをトランプ氏はあらゆる手を使って食い止めようとするのは明らかだ。注意すべきは、たとえばウクライナ停戦や中東の安定化、北朝鮮の非核化などに中国カードを使おうとするようなケースだ。その取引が台湾統一の許容とならぬよう、日本はあらゆる外交カードを使って米国を説得しなければならない。台湾を取引の材料にすれば、アジアにおける米国のコミットメントが崩壊し、米国が著しい利益を失うことを説明しなければならない。

日本にとって台湾の防衛は死活的に重要

万が一中国が台湾を占領し、統一に成功してしまった場合、その後どんな状況が考えられるのか。

台湾はいまだに技術的には中国より勝っている分野が多く、中国は半導体産業を中心とした台湾の進んだ技術を手に入れることになる。次世代技術の獲得競争の鍵を握る半導体の供給を中国が政治的にコントロールできるようになれば、世界経済や米国との技術覇権をめぐる競争にも決定的な影響を与えることになるだろう。

我が国は、バシー海峡やバリンタン海峡を通過するシーレーンの安全を確保できなくなる事態も想定される。このような状況に立ち至れば、再びフィリピンに大規模な米軍が駐留するようなことにならない限り、両海峡のシーレーンの安全確保は著しく困難になる。

また地政学的な軍事バランスが変化するとともに、東シナ海と南シナ海の一体化がより進むことになるため、中国は南シナ海の軍事化にとどまらず、軍事力を発揮して同海域のコントロールを強化する可能性も高まる。米海軍がこれまでどおり「航行の自由作戦」を継続すれば、中国の妨害行動は先鋭化し、米空母の活動は難しくなるかもしれない。

台湾が中国に取られ、米中対立が続く状況下においては、日本が安定的に中東からのエネルギーを輸送することは当然視できなくなる。またエネルギー政策に止まらず、日本企業の生産を支える東南アジアのサプライチェーン（供給網）の見直しや、それに伴う産業構造の転換も余儀なくされるきわめて甚大な影響を我が国に及ぼすことを意味する。

当然、日本の尖閣諸島のコントロールも風前の灯火となるのは間違いない。また台湾が陥落《かんらく》すると、台湾の空軍基地10カ所を人民解放軍が利用可能になるため、沖縄の防衛が難しくなる。日本防衛にとっても台湾の防衛は死活的に重要だとの認識をもつ必要がある。

日本は、台湾で万が一戦端が開かれるような事態が発生した際に政府としてどう対応すべきか、何ができるのかについての検討が遅れている。自衛隊内だけでなく政府全体として台湾有事について、また、万が一中国が台湾の占領と支配に成功した場合の対応について、軍事面だけでなく、長期的な経済・社会的影響まで含めた検討を早急に進めるべきである。

日本は朝鮮半島有事の最前線

磯部晃一（磯部戦略研究所代表／元陸将）＆鈴来洋志（陸修偕行社現代戦研究会座長／元韓国防衛駐在官）

２０２４年10月31日午前7時11分ごろ、北朝鮮は日本海に向けて大陸間弾道ミサイル「火星砲-19」型1発を発射。ミサイルは、首都平壌《ピョンヤン》近郊から発射され、最高高度約７０００km、飛距離約１０００kmで日本の排他的経済水域（ＥＥＺ）外の北海道の西方約２００kmの日本海に落達したと報じられた。北朝鮮は、「火星砲-19」型を最終完結版の大陸間弾道ミサイルと報道した。米国の大統領選挙5日前に発射された「火星砲-19」型は、大統領選挙の結果如何にかかわらず、北朝鮮が核兵器開発を進めていく決意を示したものと考えられた。

本稿では、朝鮮半島を軍事地政学的な観点から見直すことを通じ、北朝鮮や韓国がめざす国家の進路や、朝鮮半島に利害を有する大国の思惑や複雑な関係を整理・分析し、我が国の進むべき道を考察していきたい。

■中国と朝鮮半島の関係は「歯と唇」

朝鮮半島の国土は、韓国と北朝鮮を合わせて日本の約58％、南北の距離は近い所で約７００㎞、遠い所で約１１００㎞、東西の最短距離は約２００㎞の台形状の小さな地域である。半島の南西部は平野で、東側には山脈が連なる。河川は東西に流れ、気候は温帯から亜寒帯に属し、「亜寒帯」である点が軍事的には重要だ。

韓国は温暖で河川が凍ることはないが、北朝鮮では冬季には河川が凍る。これによって冬季の軍隊の機動が容易になるため、朝鮮半島では「北朝鮮にとって軍事侵攻は冬季が有利」と評価されている。加えて朝鮮戦争（１９５０～53年）の教訓から「米軍は冬に弱い」と信じられており、北朝鮮軍の主要な訓練は冬季に行なわれている。

また、朝鮮半島は歴史的に多くの侵略を受けており、中国の冊封体制の下で生きてきた経験から、〝強い者からの圧政に耐えながらも自分たちのほうが正しい〟という民族意識が極めて強い。こうした意識が、韓国の「正しい歴史認識」へのこだわりや「恨《ハン》の思想」に表れている。

人口は、両国合わせて日本の約64％に当たる約７８００万人。政治体制は、北朝鮮が労働党一党支配で、韓国は直接選挙による大統領制。制度は異なるが、一人の絶対的な権力者が中央集権的に政治を行なう点は共通している。経済や天然資源に関しては、北朝鮮が多種類の鉱物資源を有しているのに対し、韓国は、そのほとんどを輸入に依存している。

朝鮮半島は、北京から海洋への出口である渤海湾と黄海を包み込むような形で伸びており、中国の海洋進出を阻むような地形になっている（図1）。かつて毛沢東は、朝鮮戦争への参戦にあたり「唇滅びて歯寒し」という言葉を引用して北朝鮮支援の重要性を説いたという。筆者は、中国と朝鮮半島の地理的な配置「形」から「歯と唇」の関係が表れていると考えている。遼東半島と山東半島が上下の歯だとすれば、これを朝鮮半島の唇が覆うように見える。言うまでもなく、唇がないと「歯寒し」、つまり中国は脆弱になることを意味する。

歴史的経緯を振り返れば、中国は何度も朝鮮に兵を送ったが、この半島の制圧には幾度も失敗し、最終的には朝鮮と冊封体制を維持することによってこの土地を支配した。よって中国の政治指導者は、〝朝鮮は一地方政府〟という認識をもっている。

朝鮮戦争が勃発したとき、中国は建国後間もなかったにもかかわらず、北朝鮮を助けるために参戦した。その理由はいまだに歴史家の研究テーマの1つだが、多くの研究者が指摘するのは、中国国境まで米軍の進軍を許すことはできないという点だ。

図1　中国にとっての朝鮮半島の価値

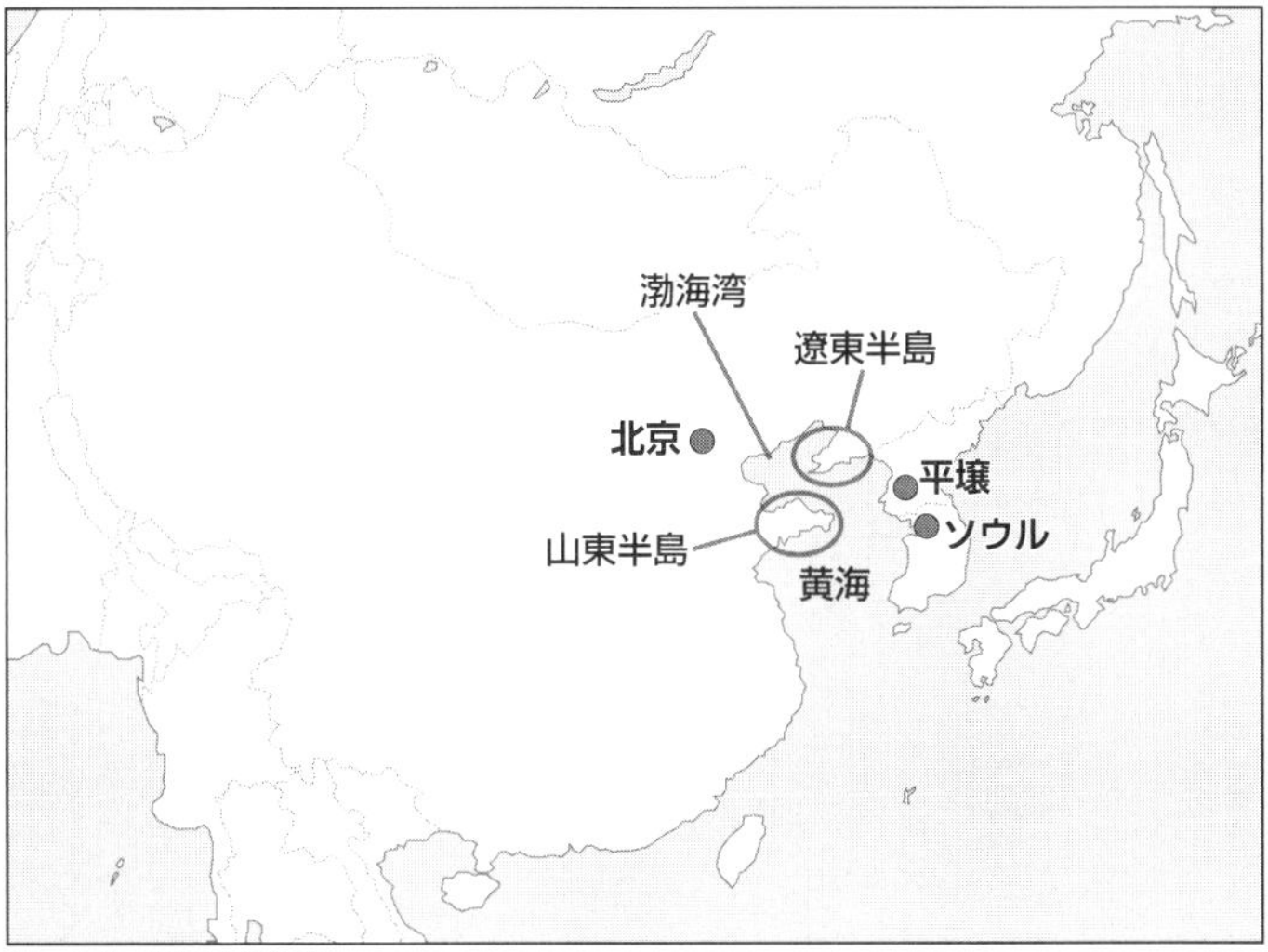

Google Earthをもとに作成

朝鮮戦争に参戦した中国は、この戦争の休戦協定の当事国である。また1961年に締結された中朝友好協力相互援助条約によって、北朝鮮が攻撃される場合には防衛のため参戦する旨が明記されている（自動参戦条項）。

中国は現在、朝鮮半島政策について、①朝鮮半島の非核化、②朝鮮半島の平和と安定、③対話と協議を通じた問題解決という3つの基本方針を謳っている。

一方で、北朝鮮の中国に対する感情は複雑である。故金正日《キムジョンイル》氏の遺訓には、「歴史的に我々を最も苦しめた国は中国。中国は現在我々と最も近い国だが、今後最も警戒すべき国となる可能性がある」という中国への根深い警戒心が含まれている。

中国軍は、朝鮮半島の北部地域に第七八集団軍と第七九集団軍、山東半島に第八〇集団軍を置いている。また青島には北海艦隊司令部があり、中国の最初の空母である「遼寧」や漢《ハン》級原子力潜水艦、そして駆逐艦「南昌《なんしょう》」が配備されている。渤海湾は、戦略的に極めて重要であり、中国のもつ射程12000㎞、米国本土まで到達可能な潜水艦発射弾道ミサイル「JL―3」を搭載する潜水艦を沈めておく海域の1つとされている。

さらなる「核武力」の増強に邁進する北朝鮮

次に、北朝鮮の軍事戦略や態勢を見ていきたい。2024年1月、金正恩《キムジョンウン》総書記は、最高人民会議で、韓国を「第1の敵国」に定めるべきだと述べた。そして、有事においては、短期に勝敗を決する「速戦即決」を基本方針とし、特殊作戦やミサイル・核戦力を軸とした「非対称戦」を重視するものと思われる。

地上戦力は、約110万人で、兵力の約3分の2を非武装地帯（DMZ）付近に展開。四軍団、二軍団、五軍団と一軍団をDMZに張りつけておき、首都防衛のための平壌防衛司令部が平壌一帯を防御するという部隊配置は、基本的に冷戦時代から変わっていない。

海軍は約７６０隻の艦艇を有しているが、前方に兵力を浸透させるためのホバークラフト、小型潜水艦の他、ミサイル艇、魚雷艇など米艦隊の接近を阻止するための機能を整え、東西海岸の防衛のために配置している。もっとも、海軍が東西に分かれていることは、戦力を合一できない弱点とも捉えられる。

空軍の戦闘機は、平壌から元山《ウォンサン》ラインの南に40％を配置し、防空部隊は各種対空兵器の特性に応じて重層に配備されている。とくに、平壌地域には地対空ミサイルと高射砲を集中配置し、複数の対空防御網を形成している。また、約20万人規模の特殊戦部隊や新たに戦略軍が創設された。

図2　北朝鮮の韓国に対する砲撃の脅威

North Korea Military Powerをもとに作成

　さらに北朝鮮のサイバー部隊は、偵察総局隷下に２００９年に再編され、数千人の人員が、情報収集、破壊工作、情報工作、外貨獲得等に従事していると思われる。

2021年の朝鮮労働党第8回党大会では、核抑止力のさらなる強化を図ることが謳われ、①戦術核の開発、②超大型核弾頭の生産、③極超音速滑空飛行弾頭の開発導入、④水中・地上固体燃料推進の大陸間弾道ミサイルの開発、⑤原子力潜水艦の開発といった戦力を増強する方針が打ち出された。

2016年、北朝鮮人民軍最高司令部は重大声明を発表した。そのなかで第一次打撃目標は「青瓦台《せいがだい》（韓国の当時の大統領府）と反動統治機関」で、第二次打撃目標は「アジア太平洋地域の米帝侵略軍の対朝鮮侵略基地」と「米本土」だと表明した。韓国全土を同時制圧できる圧倒的火力と半島南部まで到達できる機動戦力により短時間で韓国を占領できる戦力と、核戦力を含む打撃力で在韓・在日米軍そして米国本土を射程内に置き、米国の朝鮮半島への関与を拒否する能力を確保することが、北朝鮮の目標である。

昨今、北朝鮮は盛んにミサイル発射実験を行なっているが、これは第8回党大会で定められた目標を達成するために計画に沿って実験が進められているものである。北朝鮮は2024年4月、新型中長距離固体燃料弾道ミサイル「火星砲-16ナ」型の初の発射実験を実施。これにより異なる射程のすべての戦術、作戦、戦略級のミサイルの固体燃料化、弾頭操縦化、核兵器化を実現したと、その成果を誇示した。

経済制裁下に長年置かれていたため苦しい経済状況のなか、北朝鮮が核及びミサイル開発については確実に前進させていることは驚異的だが、サイバー攻撃を含めたさまざまな違法活動などで獲得した資金をこの分野に集中的に投入することで、目標に突き進んでいるものと考えられる。

金正恩氏は当初、経済建設と核武力建設の「並進路線」を推進していたが、並進路線とは言いながらも、同氏の究極的な狙いは核武力を建設して国家の基盤を固めたのちに経済建設を図ることであろう。

２０１７年11月には大陸間弾道ミサイル（ＩＣＢＭ）「火星砲-15」型の発射に成功し、これにより北朝鮮は核武力の完成を宣言し、経済建設に集中する路線に移行することを考えた。そして、金正恩氏は２０１８年６月、金日成《キムイルソン》氏も金正日氏も成し遂げることのできなかった米朝会談をトランプ米大統領と実現。これこそ核武力建設の成果と考えられたのだが、結果は上手くいかなかった。

そして、２０１９年の米朝ハノイ会談の挫折を受けて金正恩氏は、さらに強力な軍事力をもって米国に挑まなければならないと考え、「正面突破戦」を宣言。主体的に状況を好転させるべく、一層の軍事力の増強を図り、長期的な闘争に突き進む決意を表明した。金日成氏は「思想強国」、金正日氏は「軍事強国」としての国家建設に努めたが、金正恩氏が最終的にめざしているのは核武力を背景にした「経済強国」だと思われる。

しかしながら、北朝鮮は、度重なる核実験やミサイル発射により経済制裁を科され、経済状況は好転しなかった。そのようななかで勃発したウクライナ戦争は、北朝鮮にとって僥倖《ぎょうこう》と言えるだろう。北朝鮮は開戦当初から外交面でロシアを支持した。戦争2年目となってロシアの弾薬や兵器の欠乏が現れると、これらを積極的に支援した。

2024年には24年ぶり2度目のプーチン訪朝が行なわれ、露朝が包括的戦略パートナーシップ条約を締結し、兵員までも派遣するに至った。北朝鮮はロシアへの軍事支援で、ロシアの軍事・政治的な後ろ盾を強固なものにすると共に、得られた経済的利得により軍事力の近代化を図るものと考えられる。

■戦略兵器の開発を着実に進める韓国

一方の韓国軍は、歴史的に北朝鮮の脅威に対する防衛を主任務とし、DMZ付近への軍の配備を最重要視してきたが、現在の韓国は「全方位の安保体制」をとっており、「韓国の主権、国土、国民、財産を脅かし、侵害する勢力を我々の敵と見なす」と規定している。また、韓国は、戦力強化のなかで、「先進国として侮《あなど》られない軍事力」を保持したうえで、「作戦統制権を移管する条件」を整備して、自主国防を推進している。つまり、北

図3　韓国軍の弾道ミサイルの射程

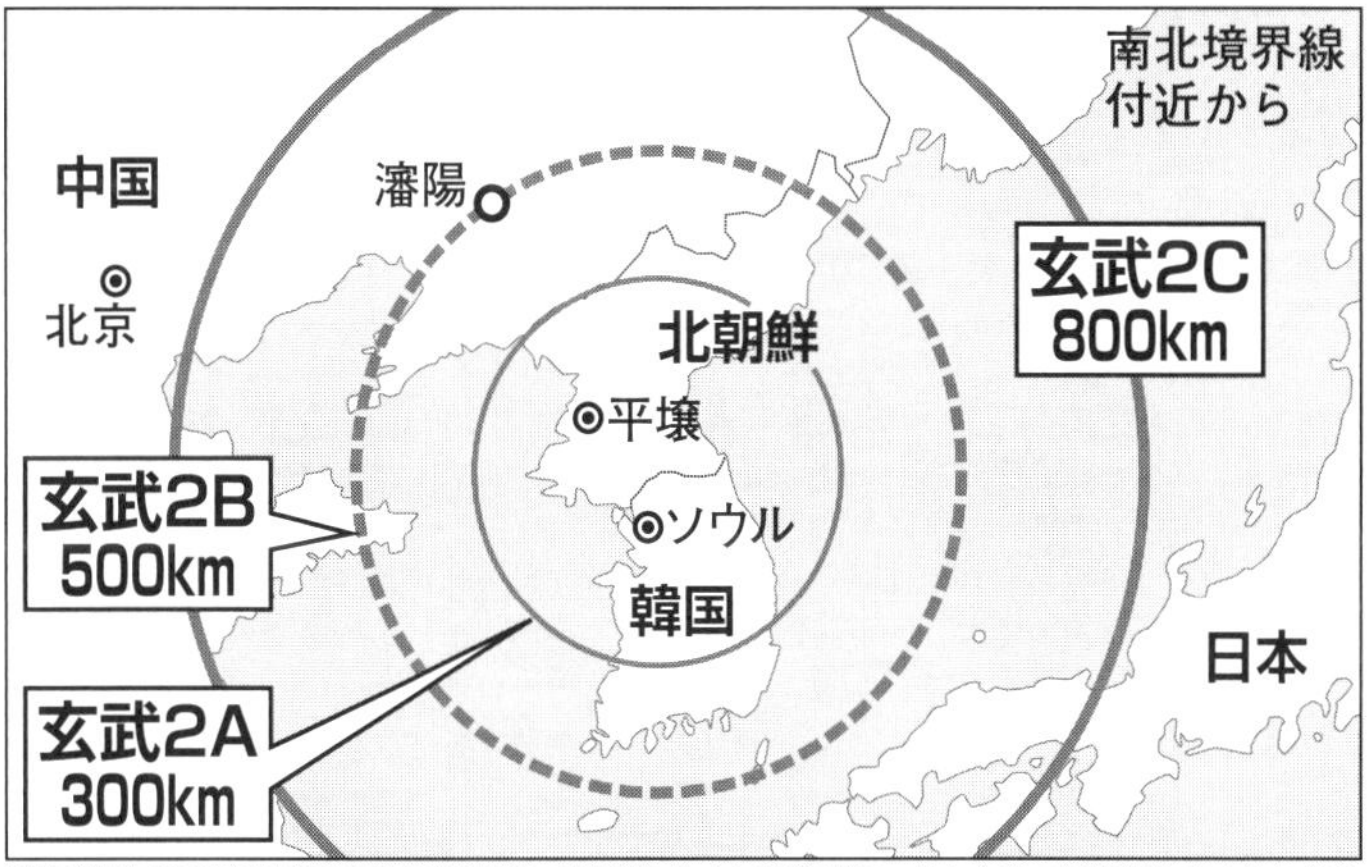

『朝日新聞』2021年5月29日記事「韓国が中長距離ミサイル開発可能に　米と合意で指針撤廃」をもとに作成

朝鮮だけでなく、覇権を拡大する中国を潜在的な脅威と認識している可能性がある。また、日本とも竹島をめぐる領土問題を抱えている。

韓国は近年、戦略兵器の開発を進めており、「玄武《ヒョンム》」系列のミサイルを開発し、射程を延ばすことに成功（図3）。もともと1979年の米韓ミサイル指針により、韓国軍が保有できるミサイルの射程は180㎞、弾頭500㎏に制限されていた。ソウルから平壌への距離が約200㎞であり、韓国が暴走して平壌に手を出さない程度のミサイルの保有にとどめるよう米国が制限していた。

北朝鮮が軍事力を増強していくなか、韓国の要求を受け入れる形で米韓は同指針を4回にわたり改訂し、2021年5月には同指針を全廃することが決定された。米国は、この地域におけるミサイル能力の不足を補う目的で、韓国の能力向上を容認する方向に切り替えたものと考えられる。文在寅《ムンジェイン》大統領が登場してからも、韓国は2018年に「国防改革2・0」を打ち出し、軍事力の増強を強力に推し進め、当時のドル換算での実質的な軍事費は日本と同等レベルとなった。

2021年9月には潜水艦発射弾道ミサイル（SLBM）の発射実験に初めて成功したことも発表し、原子力潜水艦の建造も視野に入れている可能性がある。そして、韓国は、2024年の「国軍の日」の軍事パレードで弾頭重量約8トンもの貫通弾頭をもつ短距離弾道ミサイル「玄武5」を登場させた。北朝鮮の核やミサイル開発にばかり目がいきがちだが、じつは韓国も着実に戦略兵器の開発を進めているのである。保守と革新の政治的分断が根深いにもかかわらず、着実に軍事力増強を進めてきた韓国の姿勢に注目すべき点は多い。

第20代韓国大統領に就任した尹錫悦《ユンソンニョル》氏は、北朝鮮の脅威に対して米韓同盟を再構築し、日本を含めた3カ国の協力を推進した。そして、3カ国によるフリーダム・エッジ演習も開始された。しかし2024年12月に尹氏が弾劾されたことで、築かれた3カ国連携が不活発化する可能性がある。

在韓米軍の役割は韓国の防衛にとどまらない

次に、米軍の北東アジア地域における展開状況を確認しておきたい。この地域を管轄するのは、米軍のなかで最も広範囲の領域をカバーし、文字どおり最大の軍事力を誇るインド太平洋軍である。総兵力は約12・９万人で、陸軍が約３・５万人、海軍は約３・８万人、空軍と海兵隊はそれぞれ約２・９万人と約２・８万人。陸軍はハワイの第二五歩兵師団と日本の第一軍団前方司令部に合わせて１・５万人ほどが駐留しているが、約２万人規模の地上兵力を韓国の第八軍が占めている。

海兵隊は、沖縄にある第三海兵遠征軍が主力で、朝鮮半島には大きな部隊を置いていない。海軍は、横須賀（神奈川県）に司令部を置く第七艦隊が中心となっており、韓国には大きな海軍の部隊は配置されていない。空軍は、横田基地（東京都）をベースにする第五空軍と（韓国の）キャンプオサンを本拠地とする第七空軍があり、この下に二個の戦闘航空団が群山《クンサン》と光州《クアンジュ》に配置されるなど、実戦部隊を朝鮮半島に置いている。

在韓米軍の配置を見ると、２００４年に在韓米軍を再編して全国80カ所の米軍基地を韓国に返還する動きが始まり、最終的には平沢《ピョンテク》地域と南の大邱《テグ》地域に基地を集約する計画が完成段階にある。ついに2022年には、米韓連合軍司令部が平沢のキャンプハンフリーズに移転した。

キャンプハンフリーズは在外駐留米陸軍基地のなかで最大級を誇り、2000m級の滑走路がある。北にはキャンプオサン、西には韓国海軍第二艦隊の港もあり、地理的に中国を意識した配置ではないかと考えられている。

こうした部隊の運用については、北朝鮮の全面南進攻撃を受けてから反撃する従来の「作戦計画5027」をベースに、2015年に「作戦計画5015」を策定。米韓連合軍が北朝鮮によるミサイル発射の兆候をつかんだのち、30分以内に北朝鮮内にあるミサイル発射拠点や司令部、レーダー基地など約700カ所の戦略目標を攻撃する方針が盛り込まれた。

2023年4月、米韓は核・ミサイル開発を加速させる北朝鮮をにらみ、米国の核戦力を含む軍事力で韓国を防衛する「拡大抑止」の強化を盛り込んだ「ワシントン宣言」を発表した。ワシントン宣言では、拡大抑止の運用を話し合う「米韓核協議グループ」を新設。朝鮮半島有事に備えた米国の核戦略に韓国側の関与を強めることになった。

歴史的に見て、朝鮮半島情勢は、近隣の他地域における紛争と連動して拡大する可能性があることにも留意が必要だ。

朝鮮戦争は１９５０年６月25日に勃発し、直ちに朝鮮国連軍16カ国が参戦したが、米国は第七艦隊を台湾海峡に派遣。同時に情勢が不安定だったインドネシアにも軍事顧問団を派遣して、戦火のドミノを阻止しようとした。

ベトナム戦争でも、同戦争の大きな変換点となった１９６８年１月30日のテト攻勢と合わせるように、北朝鮮は１月21日に青瓦台襲撃未遂事件、１月23日プエブロ号事件を起こしていた。また同年11月には、韓国東海岸に約１２０人のゲリラを投入してベトナム戦争の第二戦線を韓国で展開した。韓国は米国の要請を受けて師団規模の部隊をベトナムへ派遣していたので、韓国の兵力の間隙を北朝鮮が狙ったという側面もあったと考えられる。近年の台湾海峡をめぐる状況からも、この地域における有事が朝鮮半島を巻き込む可能性が高いことを認識する必要があろう。

在韓米軍は、陸軍第八軍と第七空軍を主力に総勢２万８５００人の兵力になるが、すでに在韓米軍の偵察機は中国大陸に対する偵察飛行を実施している。２０２０年12月10日には、米空軍の高高度偵察機Ｕ－２が１機、中国の防空識別圏（ＡＤＩＺ）を通過し、中国東部の沿岸地帯から51海里以内に進入したことが報告された。また、同機が韓国のソウルを出発し、台湾海峡に進入するといったこともたびたび報じられている。

在韓米軍司令官を務めたポール・ラカメラ氏は２０２１年５月、就任前の米上院の人事

図4　対馬海峡の自衛隊の配備状況

Google Earthをもとに作成

聴聞会で「私は在韓米軍の部隊と能力をインド太平洋陸軍司令部の緊急時対応計画と運用計画に含めることを推奨する」と述べており、在韓米軍の役割がたんに韓国の防衛にとどまらず、インド太平洋軍のなかの戦力の1つとして運用されることを物語っている。よって今後、台湾海峡をめぐり緊張が高まれば、それを見越して北朝鮮が朝鮮半島のなかで在韓米軍を牽制・抑留するような動きをとる可能性がある。

そして朝鮮半島有事においては、かつての朝鮮戦争と同じように、我が国が後方支援の基地としての役割を担うことになる。

対馬《つしま》と韓国の距離は約50㎞。陸上自衛隊は第四師団の四個連隊を北部九州に張りつけており、対馬には対馬警備隊を置く。海上自衛隊は佐世保基地に3つの護衛隊、航空自衛隊は新田原《にゅうたばる》（宮崎県）に第五航空団、築城《ついき》（福岡県）に第八航空団が配置されている（図4）。

米軍は佐世保に強襲揚陸艦アメリカをはじめとする揚陸艦隊がおり、針尾島弾薬集積所や赤崎貯油所やドライドックのような兵站《へいたん》拠点が置かれている。

万が一朝鮮半島で有事が発生したときは、韓国の大邱にあるキャンプキャロル一帯が在韓米軍にとって最大の集積地域になっているため、軍需物資が日本から対馬海峡を渡り釜《プ》山《サン》港に送られることになる。ここから兵站連絡線がキャンプハンフリーズ、そして空軍基地のキャンプオサンへとつながる。

こうした点から九州北部と対馬海峡は、朝鮮半島有事においては極めて重要な役割を担う地域になることを認識しておくべきだろう。

▒日本は朝鮮半島有事の最前線に

ここまで見てきたように、米国は、在韓米軍を朝鮮半島限定の作戦運用から中国との競争戦略のなかで活用することを考えている。実際、２０２５年度国防授権法でも、「中国との戦略的競争で米国の比較優位を高めるため、韓国、日本などとの協力を強化しなければならない」と明らかにするなど、日米韓防衛協力強化の必要性を強調する内容も盛り込まれた。また、議会の法案にも在韓米軍約２万８５００人の兵力を維持することが明確にされている。

在韓米軍は朝鮮半島有事のために現地に張りつけておくという従来の限定運用の考え方から、米政府や議会の認識に変化が見られている。しかしその一方で、米国でトランプ政権が誕生したため、再び「限定運用」の考え方に戻ってしまう可能性も排除できない。

第1期トランプ政権では従来型の考え方が強かったように、政権が変わるたびに朝鮮半島の防衛ライン、在韓米軍の位置づけが変化する可能性がある。こうした不確定要因があることにも留意すべきであろう。

ここで、昨今世界が重視している気候変動問題が、朝鮮半島の戦略的な位置づけを変化させる可能性がある点にも触れておきたい。今後温暖化の影響で北極海の氷が解け、北極圏航路が活用される可能性が高くなるとすれば、中国にとって欧州地域との交易ルートとして北極圏ルートの重要性が極めて大きくなる。上海からスエズ運河経由で欧州までおよそ40日要するとされているが、北極圏ルートだと半分の20日程度に短縮される。

また北極圏ルートを使うためには、上海から出発するよりも豆満江《とまんこう》を出発すればさらに3〜4日短縮することができるため、今後中国は北極圏ルートへの進出港として豆満江一帯の開発を進めることが予想される。現に、2024年10月、中国海警局の船舶が北極海の海域に到達し、北極海でロシアと合同パトロールなどの訓練を行なった。東シナ海、南シナ海に続き、中国にとって日本海の重要性がより高まれば、安全保障面での緊張が高まる可能性も想定される。

こう考えていくと、米国と中国がいずれも、北朝鮮と韓国を自らの勢力下に置くことが得策だと考える可能性がある。こうした将来の大きな戦略構図を描きながら、我が国の安全保障戦略を考える必要がある。

「朝鮮半島が南北に分断されていれば韓国が緩衝地帯となり、日本の国益も守られる」という考え方はすでに過去の話になりつつある。北朝鮮の核及びミサイルは、直接的に日本に脅威を与えており、韓国も全方位からの脅威に備えて着々と軍備増強を進めている。

もはや日本は朝鮮半島有事の際の安全な後方地域ではなく、脅威の最前線に立たされている。韓国では米国の核抑止力維持のための施策に対して深い関心をもち、国内での真剣な議論がなされている。また朝鮮半島だけでなく、台湾海峡を含めて北東アジア全体の情勢が複雑に絡み合って脅威を増大させていることを念頭に、我が国の安全保障のあり方を問い直すべき時期が到来している。

第2章

インド太平洋の地政学

地理が歴史を繰り返させる

武居智久（第三十二代海上幕僚長）

「地理は最も永続的であるため、国家の外交政策における最も基本的な要素である。大臣が来て大臣が行き、たとえ独裁者が死んでも山脈は動じない」

これは国際政治学者であったニコラス・スパイクマンが、1942年に『世界政治におけるアメリカの戦略』のなかで書いた言葉である。権力者が代わっても、地理は永続的に続き、そのうえで繰り広げられる政治活動、外交政策に影響を与え続ける、という地政学の本質を見事に言い表している。言い換えれば「地理が歴史を繰り返させる」ということである。

東南アジアは、島嶼部と大陸部にまたがる広大で多様な地域である。インドと中国という大国の間に位置するこの地域は、過去何世紀にもわたって海洋交易の中心だった。周辺の港湾都市には富が集まり、マラッカ、リアウ、アチェ、バタビア（ジャカルタ）などの港湾都市は交易で大いに栄えた。ベンガル湾から中国に向かうには、狭いマラッカ海峡を通過しなければならず、かねてからこの海峡を制した者が、東西のパワーバランスを制すると言われてきた。

21世紀になっても、マラッカ海峡の経済的な重要性は変わっていない。米戦略国際問題研究所（ＣＳＩＳ）の報告書によれば、２０１６年時点で南シナ海を通過する貿易量は、金額で年間３兆３７００億ドル、世界貿易の21％に相当する。世界の貿易量の約80％は海上輸送だが、このうち60％がアジアを経由している。南シナ海は世界の海運の約５割を担っている計算になる。

現在の戦略環境に置き換えれば、「マラッカ海峡を制した者が、インド太平洋のパワーバランスを制する」と言っても過言ではないだろう。本稿では、東南アジアや南シナ海をめぐる安全保障情勢を、海洋地政学的な視点から分析していく。また、海洋地政学を考えるうえで、水平面と垂直面の三次元の要素に加え、四次元の時間的要素を加えた新たな視点で考察していきたい。

四次元の海洋地政学とは？

市販の地図では、海洋部分を平たく二次元で捉えている。こうした地図には地表の形状がわかる等高線が用いられるのが一般的だが、海は一様に青い色で塗られており、海の深さや海底の形状はわからない。

国連海洋法条約が定義する領土や領海は、海岸の低潮線を基準に定めるとされているため、主権の及ぶ領海を決めるには二次元の地図で十分である。

しかし、船舶が航行するには、水深や障害物の有無など、海面下の情報が不可欠だ。海面の上に海面の下を加えた「三次元の地理」が、海域としての「価値」を決めることになる。

海洋地政学の重要な要素の1つに「チョークポイント」があるが、その条件は「国際的に海上交通に使用」され、しかも「重要な航路が集束」していることである。陸地に挟まれた海峡部分では、これに「船舶が安全に運航できる十分な水深があること」が加わる。

また海峡の「周辺地域に石油など重要な資源」があればさらに付加価値がつく。中東のホルムズ海峡はその代表例である。同海峡の奥にあるペルシャ湾は、この地域に石油が発見されて以来、世界の関心を集め欧米諸国が関与。この海域には１日に約２０００万バレルの石油が通過し、世界の石油生産量の20％を占めている。ホルムズ海峡は、ペルシャ湾の唯一の出入り口であり代替性が低い分、戦略的な価値はきわめて高い。

船のサイズには、利用する航路にあるチョークポイントの名称をとって、「マラッカマックス」「スエズマックス」など大きさの制約がある。たとえばスエズ運河を利用する船舶には「スエズマックス」と呼ばれる制限があり、最大喫水が20・１ｍ以下とされ、また途中のスエズ運河大橋の高さが70ｍであるため喫水線から上の高さが68ｍに制限されている。よってタンカーの積載量は最大１００万バレルで、ＶＬＣＣ（載貨重量20～32万トンの超大型タンカー）に代表される「マラッカマックス」型の半分しかない。パナマ運河を通航するタンカーは、閘門《こうもん》のサイズと水深の制約からさらに小型で、50万バレルが上限になっている。

マラッカ海峡は十分な航行幅はあるが、航路の途中に水深22・５ｍの浅瀬があるため、巨大なＵＬＣＣ（載貨重量32万トン以上の超大型タンカー）は通航できない。そこでＵＬＣＣはロンボク海峡を使うことになるが、日数にして約３日間、費用にして１０００万円ほど余分にかかるため、ＵＬＣＣは普及しなかった。

マラッカ海峡とシンガポール海峡との間には、航海上の難所で、かつ海賊や武装強盗に

図1 インドネシアの海峡周辺の海流

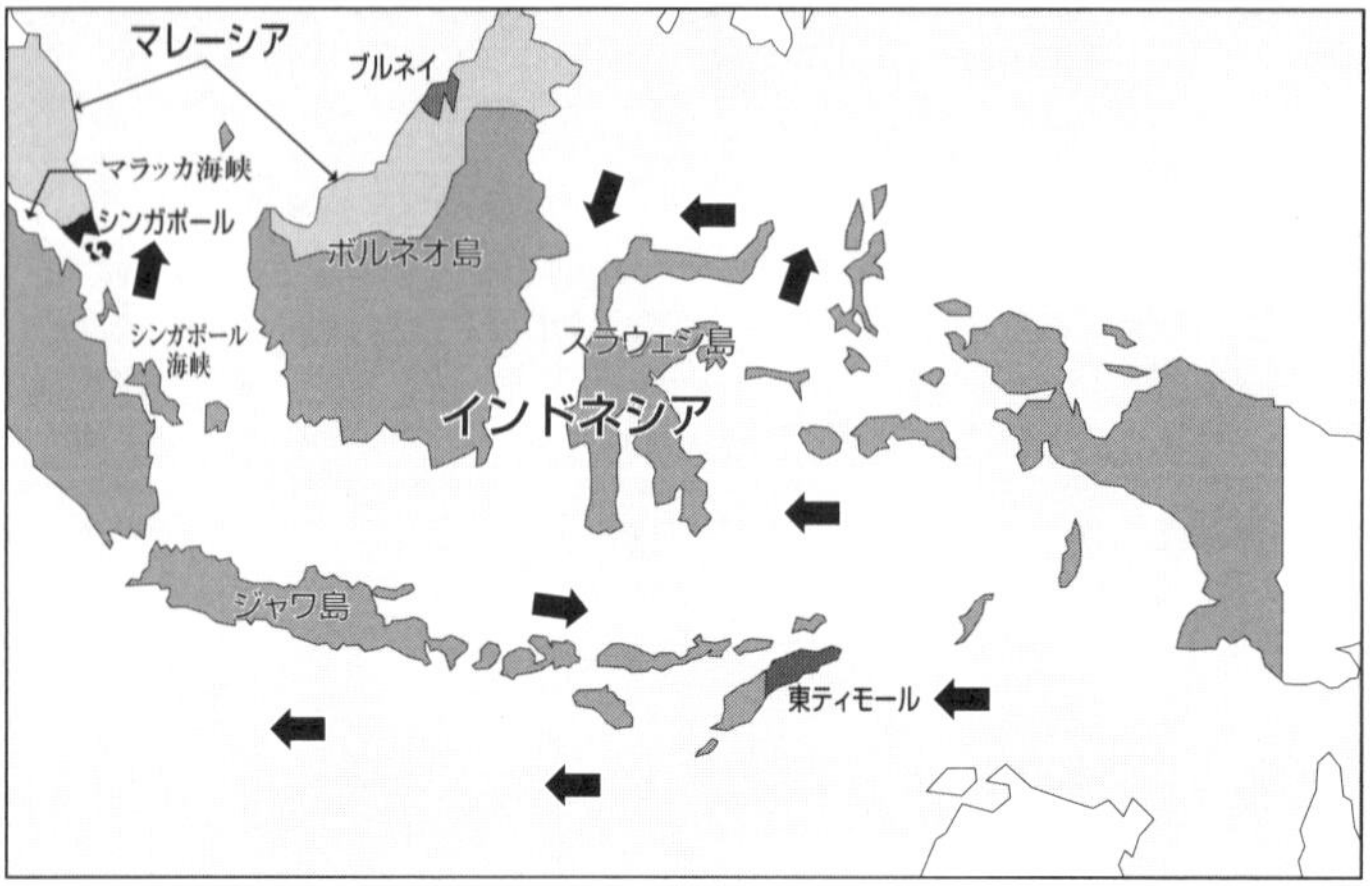

Earth NullSchool Ocean Currents Map をもとに作成

襲われやすい、大きく屈曲し狭《きょう》隘《あい》な航路があるにもかかわらず、中東方面からのタンカーがマラッカ海峡を好んで使うのはこのためである。こうした三次元の地理に加え、地球、月、太陽の位置によって、海は休みなく変化を続けている。こうした動的な要素も考慮する必要がある。

図1はインドネシアの海峡周辺の海流を示している。シンガポール海峡には、ボルネオ島とジャワ島の間を流れてきた海流がぶつかり、強い北流が生じる。スラウェシ島の北側は地球の自転と貿易風の起こす海流が複雑に渦を巻いている。海流や風は地球と月の位置関係、あるいはエルニーニョなど大きな気象変化によって時に蛇行し、これらが海水温や海水密度を変化させ、海軍の作戦に大きな影

響を及ぼす。

風も軍事的な活動に不可欠な要素であり、対流圏の上空を吹く強い偏西風、ジェット気流の軍事的な利用は古くから行なわれている。四次元の海洋地理とはつまり、海洋のもつ海流、風、海水温度、海水密度などの「動的要素」をデータとして蓄積し、そのデータを分析・モデル化して、未来の状況を予察する地理を指す。

海軍の作戦には、変化する気象・海象が大きく影響する。有事において、海洋の状況を正確に予察できれば、相手より作戦を優位に進めることができる。とくに水のなかの情報は予察が難しく、常時持続的な基礎データの蓄積と、その海域に適した予察モデルの開発が、潜水艦戦、対潜水艦戦の成否を左右する。ある海域で将来の海軍作戦をする計画があるのであれば、その海域において平素からの徹底した海洋観測が不可欠である。

さらに気象・海象に加えて、現在では、海上交通路のチョークポイントに集中する海底ケーブルの重要性と脆弱性への懸念が高まっている。また、海底ケーブルを流れる膨大なデジタルデータは、新たな動的要素と位置づけることも可能である。

高度化する通信技術と海底ケーブルの脆弱性

世界の国際通信の約99%は、海底ケーブルを経由していると言われている。東南アジアでは、マラッカ海峡には約10本、シンガポール海峡には約20本の海底ケーブルが走っている。今後ASEAN諸国の経済発展が継続すれば、とりわけ発展著しいインドネシアの主要都市に、海底ケーブルが集中して陸揚げされることになろう。南シナ海の海底の地政学的地図は年々変化していると考えてよい。

海底ケーブルが事故等によって使用不能になった場合、衛星通信ですべてをカバーすることは不可能だ。通信技術は日進月歩で高度化し、4Gの10倍以上の通信速度をもつとされる5G規格の通信技術が一般化し、データ量は飛躍的に増大しており、大容量海底ケーブルの交換時期がさらに早まる可能性もある。

その一方で、海底ケーブルの脆弱性が抜本的に改善される見込みは低い。海底ケーブルは広大なエリアに敷設されており、EEZ（排他的経済水域）内といえども常時監視することは難しい。公海上の海底ケーブルにいたっては「無外装」で意図的な破壊に対する脆弱性が高く、監視も不可能なことから、たとえ破壊行為があったとしても犯人の特定は困難である。

■酷似する、旧日本軍の作戦構想と現代中国の海洋戦略

産業革命以降、東南アジアを舞台に、近代国家が総力をあげて行なった戦争は大東亜戦争しかない。したがって、地理が歴史を繰り返させるのであれば、次にこの地域で起こる大国間の戦争は、大東亜戦争に類似した作戦の形態や経過をたどる可能性がある。そこで1941年以降の日本の蘭印作戦と戦略要地の攻略方針を振り返り、将来への示唆を探っていきたい。

シナ事変後の日本は米国が石油の対日輸出を禁止する事態に備えて、地理的に近く、需要を賄える豊富な産油地である蘭印（オランダ領東インド諸島：インドネシア）の石油を確保し、我が国の長期的な安全を図ろうと考えた。

1941年（昭和16年）7月の我が国の南部仏印進駐により、米国から石油の対日禁輸という対抗措置を招き、日本は南方作戦を開始。第一段作戦では、作戦上の要地を攻略して基地を建設することが目標とされた。

海軍は、**図2**の▲に中間航空基地を建設し、その航空兵力を使って前方の要地を攻略。

図2 対米英蘭攻略戦における海軍基地構想（第1段作戦）（1941.11.5）

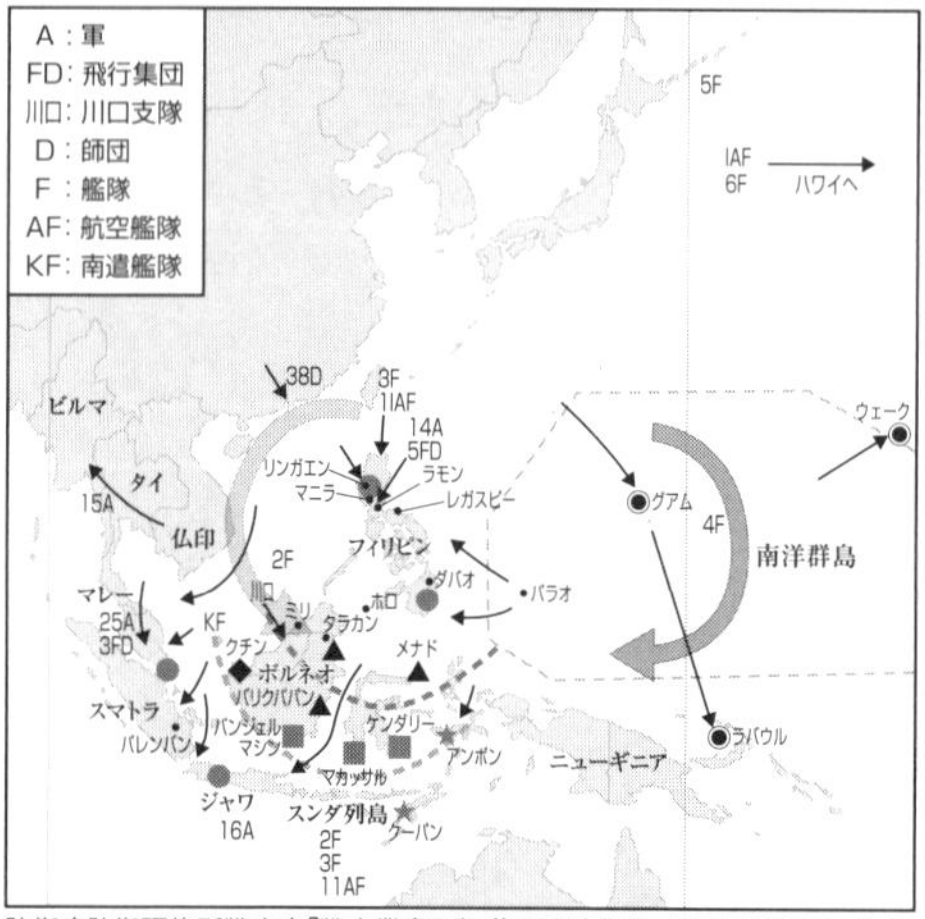

防衛庁防衛研修所戦史室『戦史叢書3巻 蘭印攻略作戦』付録“付図第2-海軍主要部隊及び部隊司令部の所在”、1967年1月、朝雲新聞社をもとに作成

【凡例】
● 要地（要塞、総督府等）
▲ 中間航空基地
■ ジャワ島攻略基地
★ 豪からの支援遮断基地
◆ 南部スマトラ、西部ジャワへの航空作戦基地
◉ 米からの支援遮断基地

陸軍は**「左回り案」**。対ソ連情勢を考慮して、マレー方面を重視し、担当するシンガポール要塞の攻略を優先、**連合国陸海軍のインド洋からの増援に備える**構想。

海軍は**「右回り案」**。**米太平洋艦隊の主力の来攻に備える**ため、速やかにフィリピンとジャワの攻略を主張。

折衝ののち、陸軍第55師団の3分の1の兵力をもってグアム攻略の後、ラバウルを攻略、爾後反転して蘭印作戦に参加する折衷案を採用。

海軍歴史保存会「對米英蘭戦争帝国海軍作戦計畫 昭和16年11月5日」『日本海軍史第8巻』第一法規出版、1995年、248-258頁。

南部スマトラ島とジャワ島にある要地を占領。同時に、オーストラリアからの支援を遮断するために、スンダ列島線（★）のアンボンとクーパンを攻略して、防衛線を形成する構想を立てた。また第二段作戦では、その外側地域を攻略して、①防備を固め、②英国を屈服させ、③米国の戦意を破《は》摧《さい》することを意図した。

図3は、海軍が基地を構築した地点を示している。まず第一段作戦では、我が領域にあって防御する地点（●）と占領地のなかで防御すべき地点（▲）及びその周辺に大小の基地（★）を建設し、戦略的要地の防御態勢を固めた。次に第二段作戦では「不敗の戦略体制」を強化・確立する目的をもって、オーストラリアと米英を遮断す

図3 南方海域の海軍主要部隊の所在（1943.4.1）

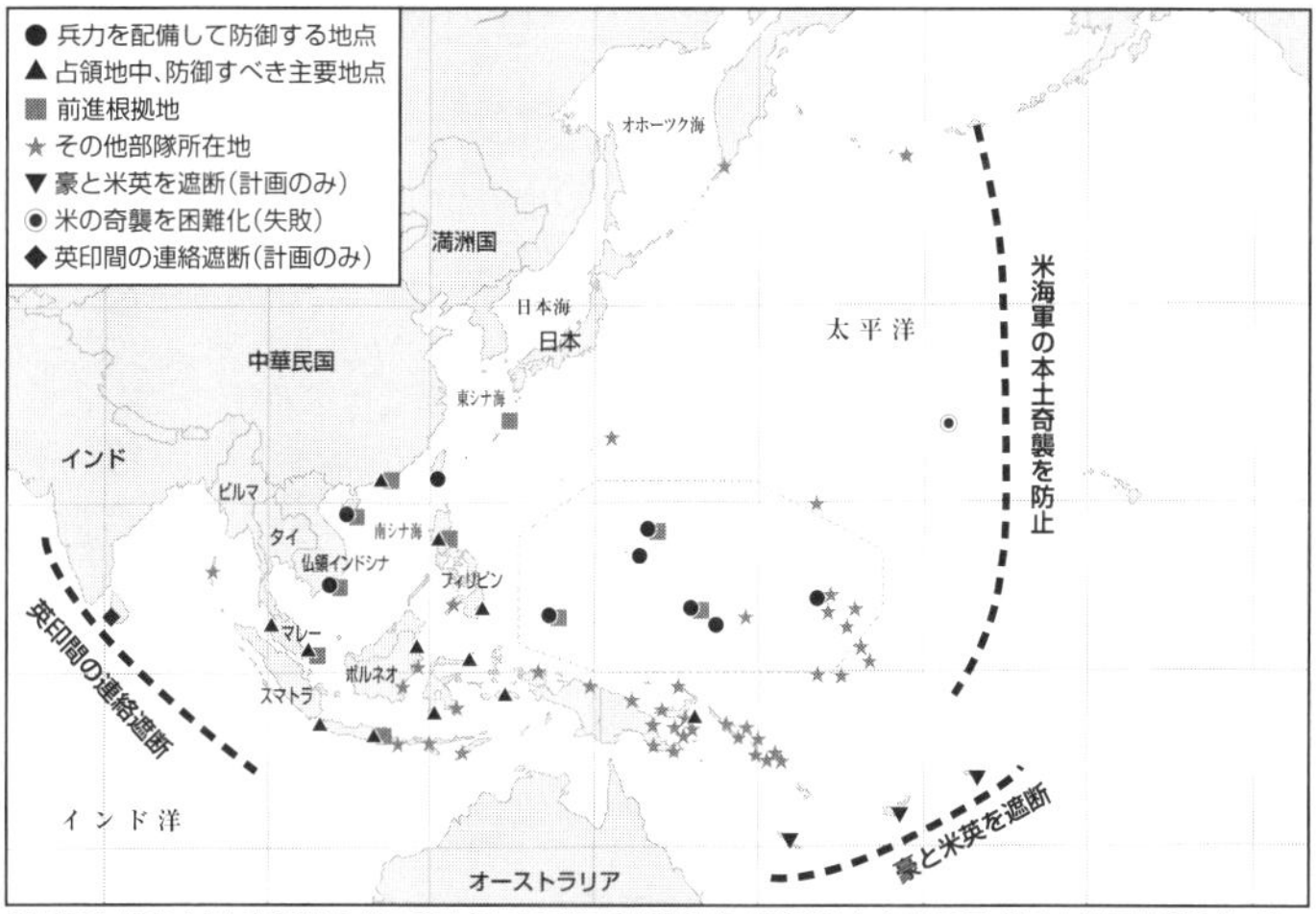

海軍歴史保存会「大東亜戦争第二段作戦 帝国海軍作戦計畫 昭和17年4月16日」『日本海軍史第8巻』第一法規出版、1995年、298−300頁をもとに作成

る位置にあるニューカレドニア、フィジー、サモア（▼）、英印間の連絡を遮断するセイロン（◆）、そして米艦隊による本土奇襲を防ぎ偵察拠点とするミッドウェー（◉）の攻略を計画したが、ミッドウェー海戦で大敗したため、いずれも計画だけで終わっている。

ミッドウェー海戦の敗因として、北太平洋には航空機による偵察活動の基地となる島嶼がなく、また米海軍の優れた対潜能力が我が潜水艦の行動を妨げ、米空母部隊の動静把握に必要な情報収集をできなかったことがある。

■台湾海峡危機における中国の戦略的課題

これらの歴史を踏まえて、現在の東南アジアから太平洋地域を見てみたい。中国は一帯一路構想のもと、持続的な経済発展とオイル・ルートの安全確保を目的に南シナ海からインド洋の要域への関与を強め、またスリランカから太平洋島嶼国に至る広範な地域に積極的な投資や支援を進めている。

将来、東南アジアと南シナ海を舞台に大国間の衝突があるとすれば、台湾海峡危機に起因して中国と西側諸国との対立が武力衝突にエスカレートする場合が考えられる。その際、彼我の勝敗に影響すると思われる要因は蘭印攻略戦と同じく、太平洋に浮かぶ島嶼の帰属と情報収集であろう。**図4**は、この地域の中国の投資先に、人民解放軍が設定する防衛線である第一列島線、第二列島線と、中国海軍の新型爆撃機H‐6Jに搭載した対艦巡航ミサイルの到達圏（2900㎞）を重ねたものである。

この図から明らかなように、第二列島線と対艦巡航ミサイルの射程範囲が重なっており、中国はミャンマー、マレーシア、インドネシアなど、インド洋から中国本土に至る海上交通の要所に投資を集中、第二列島線の外側にも積極的に投資している。

図4 中国の縦深防御と投資先の意義

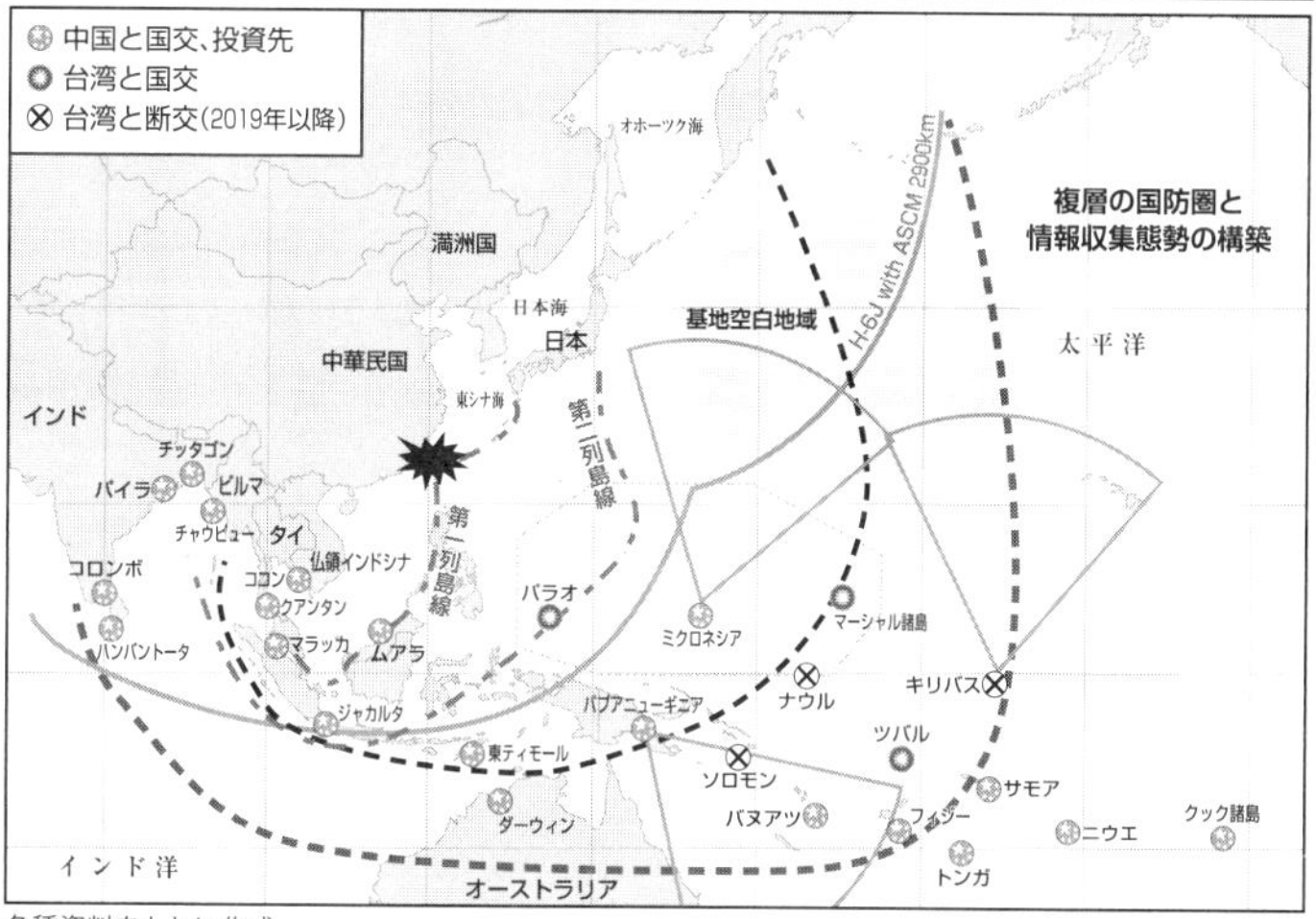

各種資料をもとに作成

中国はさらに、日本海軍が第二段作戦で攻略できなかった南方のフィジー、サモアにも進出し、ニューカレドニアに代わってバヌアツに進出している。一方、日本海軍が重視し防御を固めたマーシャル諸島には、台湾との関係から進出できていない。これは、第二列島線の要衝であるパラオも同じである。

中国にとっての第二列島線は、かつて日本海軍が第一段作戦で獲得をめざした地域に該当し、その外側に広がる地域は第二段作戦で獲得をめざした地域、すなわち防御に縦深性を与え、米国やオーストラリアからの支援を遮断するエリアに相当すると見ることができる。中国が第二列島線の内側で優位を保とうとすれば、外側の海域の情報優越を得ることが不可欠となる。日本海軍敗北の直接的な原因となった、北太平洋の基地及び情報の空白地域をどう埋めるかが、台湾海峡危機において中国にとっての大きな戦略的課題になるということである。

現代では、偵察衛星と合わせて、島嶼国から滞空型大型無人偵察機を用いれば、図4に扇型で示すように、米国来援兵力の正確な位置情報を取得できるようになり、情報の空白地域を埋めることができる。また数機を運用すれば、オーストラリアからハワイに至る広域の常時持続的な情報収集も可能になるだろう。

仮に中国が太平洋島嶼国の海底ケーブル上陸地点の機器を自国社製のものに置き換えることができれば、ケーブルを流れるすべてのデータをモニターし、改竄《かいざん》できることになる。

また、無人機で収集したロー・データをここから流し込めば、中国本土でリアルタイムに北太平洋地域の海洋状況を把握できるようになる。さらにオーストラリアと北米を結ぶ海底ケーブルを切断すれば、両者の連携を遮断することができる。

■米中闘争の主戦場になる海底ケーブル事業

以上見てきたように、台湾海峡危機において、太平洋の島嶼国の戦略的価値は米中双方にとって極めて高い。太平洋島嶼国のなかでいまも台湾と外交関係を維持しているパラオ共和国、マーシャル諸島共和国、ツバルに対しては、米国も非常に手厚い支援を提供しており、これらの国々が中国に取り込まれる可能性は低いと考えられる。

また、中国と国交を結んでいる国のなかからも、再び台湾との国交回復に興味を示す国が出てくる可能性もある。そのためにも太平洋の島嶼国に影響力をもつ日本、米国、オーストラリア、フランス、ニュージーランドの5カ国が、統一した戦略の下でこれらの国々に対し、より効果的で彼らのニーズに対応した支援を展開していく必要があるだろう。

中国は、太平洋島嶼国への海底ケーブル事業への参入を狙っているが、日米豪が協力して海底ケーブル事業への資金提供をするインフラ投資パートナーシップを進めて対抗している。米国はグアムを経由する海底ケーブル事業から中国企業を排除するなど、中国資本の入ったケーブルの敷設を阻止する動きを強めており、この分野は現在、米中闘争の主戦場になっている。

前述したように、海底ケーブルはデジタル化時代における戦争の絶好のターゲットになりうる。しかし、核の相互抑止と同様、ある一定のところは敵対国同士でも海底ケーブルに対する攻撃をしないようにする国際的な取り決めが必要である。戦略的安定性の観点から、自由主義陣営は、グローバルに海底ケーブルの透明性を高める取り組みを進めることで、公共財としての海底ケーブルの保全に関するルールづくりで主導権をとるべきだろう。

それだけでなく、中国の影響力の強い地域やマラッカ海峡のようなチョークポイントを通らず、地政学的リスクを避ける代替海底ケーブルの敷設についても検討が必要ではないか。民主主義の国々と価値を共有する国々だけを結ぶ海底ケーブルを敷設し、参加する国や企業から〝保険料〟のように資金を集め、資金を出した国や企業にはこの代替ケーブルを使用する権利が与えられるという仕組みも考えられよう。

■マラッカ海峡外側では西側諸国が戦略的優位を維持

もし中国が軍事的に台湾を制圧する、もしくは軍事力で長期的に台湾を意に従わせようとするならば、米国や西側諸国がマラッカ海峡を通じて接近することを防ぐために、同海峡を軍事的に封鎖する必要がある。

一方の米国も、中国の石油供給を断つためにマラッカ海峡を押さえようとするだろう。マラッカ海峡は、米中双方にとって軍事的にコントロールする必要のある要衝である。

マラッカ海峡を制する主体はどちらになるのか。現状では同海峡の外側では西側陣営が優位にある。理由の1つは、インドがQUADの枠組みに入り、日米豪と歩調を合わせていること。2つ目は、中国が整備を進めるスリランカのハンバントタ港の戦略的価値を打ち消すようにインドの海軍基地が存在し、戦略的な要衝であるディエゴガルシア島を西側諸国が押さえている点だ。

さらには、オーストラリアが、安全保障面で中国に非常に厳しい姿勢をとっている。米英豪の軍事同盟AUKUSの枠組みでオーストラリアにも戦略原潜が導入されれば、西側陣営の能力は飛躍的に高まるだろう。

今後はマラッカ海峡の内側、とりわけ同海峡を囲むシンガポール、マレーシア、インドネシア、そして東ティモールといった国々との情報共有や安全保障上の関係強化が課題となる。西側諸国は、戦略的に重要な国々への経済的関与を強め、これらの国々が中国の投資に依存しないように支援することが重要である。

現在、東南アジア全域に潜水艦が拡散しており、南シナ海の海中の安全確保が懸案となっている。すでにシンガポール、ベトナム、インドネシア、マレーシアが潜水艦を保有しており、タイは中国から調達中であるため、潜水艦同士の事故防止の観点から海中情報共有のニーズがある。

自由で開かれたインド太平洋構想に賛同する国々で連携して海中情報の共有に努め、東南アジアの国々に対しても、各国が収集したデータの提供への協力と引き換えに共有データへのアクセスを認めるといった仕組みを構築することは、南シナ海内側の海中の透明度を高め、海中の安全管理に資するだろう。

さらに自由主義陣営での潜水艦のデータ共有が進めば、中国に対しても一定の抑止効果が生まれる可能性がある。こうした取り組みを主導することにより、日米が南シナ海におけるプレゼンスをさらに高めることが望まれる。

かつて太平洋を舞台に英米との戦争に向かい南方作戦を進めた日本と同じように、現在中国は東南アジアから太平洋の島嶼国に進出し、米国と対抗しようとしている。しばしば「歴史は繰り返す」と言われるが、「地理が、人をして、歴史を繰り返させている」のが南シナ海の地政学的本質と言える。

今日においても、南シナ海が再び波立てば日本の存立基盤はたちどころに揺らぐことになる。中東の石油は、ホルムズ海峡、インド洋を経て、マラッカ海峡、南西諸島周辺を通過して日本に運ばれており、日本のシーレーンは南シナ海の緊張に対してきわめて脆弱である。

北東アジアの安定やインド太平洋における米中の覇権競争の帰趨《きすう》も、南シナ海をどの勢力が握るかに相当程度左右される。地理という不変の現実を直視し、歴史を振り返ることで、日本の命運がこの地域に懸かっているという冷厳な現実を再認識することが必要なのではないだろうか。

対中牽制の鍵を握る非同盟国

中村幹生（陸修偕行社安全保障研究委員会研究員／元パキスタン防衛駐在官）

インドは、ウクライナ戦争で欧米諸国との関係を悪化させるロシアと軍事的、経済的な関係が強く、中国を警戒する一方で米国主導の対中軍事同盟への協力には慎重である。米中戦略的競争の最大の焦点であるインド太平洋地域において、インドの役割が今後の国際秩序の行方を左右すると言っても過言ではない。

本稿では、軍事地政学的観点からインドを分析し、同国の脅威認識や中国との闘争の歴史を振り返り、インド太平洋を取り巻く新たな戦略環境を踏まえて、このアジアの大国の重要性や同国との付き合い方について考えてみたい。

■インド洋シーレーンの要衝として

図1 インド洋シーレーンの戦略的要衝

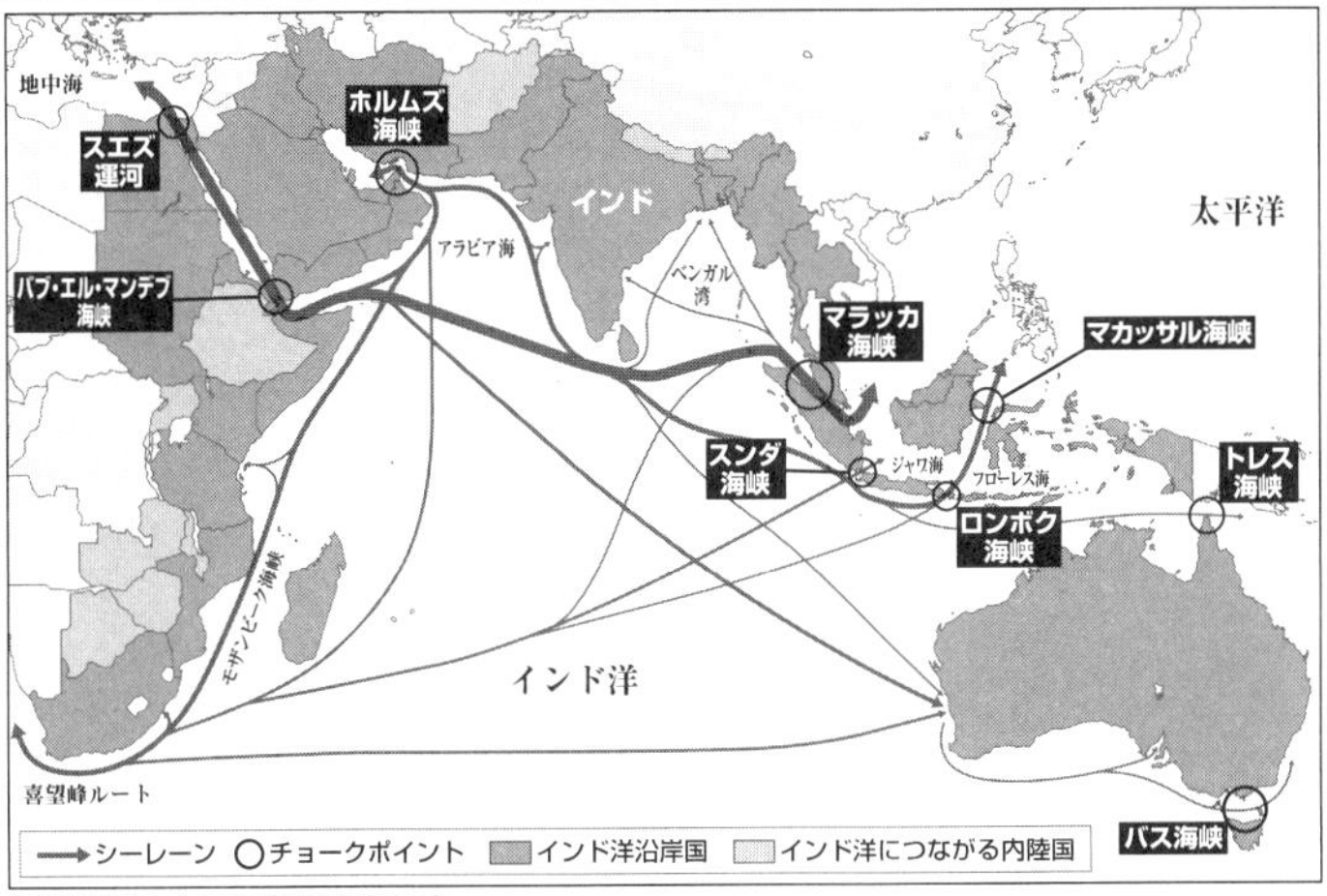

各種資料をもとに作成（図3まで同）

まずは地政学的に見たインドの重要性について確認しておきたい。インドは、面積が約328万km²で世界第7位、日本の約9倍に当たる広い国である。国境は西がパキスタン、北が中国、ブータン、ネパール、東にバングラデシュ、ミャンマーの6カ国と接している。

北東部にヒンドスタン平原と言われる平原地帯があり、ここに人口、経済、政治のほとんどが集中。インド半島の中央部にデカン高原があり、ここは高地だが、東側は東ガーツ山脈、西部は西ガーツ山脈に挟まれた半島国家である。

西のスエズ運河から紅海、バブ・エル・マンデブ海峡、アデン湾やペルシャ湾からホルムズ海峡を越えて東に向かう航路は、インド洋に角を突き出したような逆三角形のインド半島の南を通り、マラッカ海峡、南シナ海、スンダ、ロンボク、トレス海峡を抜けて太平洋へとつながっている。インドはまさに中東・アフリカ地域とアジア太平洋をつなぐインド洋シーレーンの戦略的要衝に当たる（**図1**）。

インドが国境を接する6カ国のなかで国際政治上最も重要なのは中国との関係だろう。中印関係の火種の1つとして、まずカシミール問題を見ていきたい。カシミール問題とは、もともと英領インドからの分離独立時に帰属が未確定だったジャンム・カシミール藩王国の帰属をめぐるインドとパキスタン間の紛争である。現在カシミール地域は、インドが支配するジャンム・カシミールとラダック、パキスタンが支配する北方地域、それに中国が支配するアクサイチンと呼ばれる地域に区分される（**図2**）。

カシミール地域には3つの線があり、その1つは印パ紛争のときに引かれた停戦ラインで、1972年以降は管理ライン「LOC（Line of Control）」と呼ばれている。中国の支配地域との「国境」には実効支配線という意味の「LAC（Line of Actual Control）」があり、もう1つシアチェン氷河（地方）には「実際の地上陣地線（AGPL＝Actual Ground Position Line）」と呼ばれる線がある。

1947年に英国から印パが分離独立したのち、両国はカシミールの帰属をめぐり三度

図2 カシミール地域の勢力図

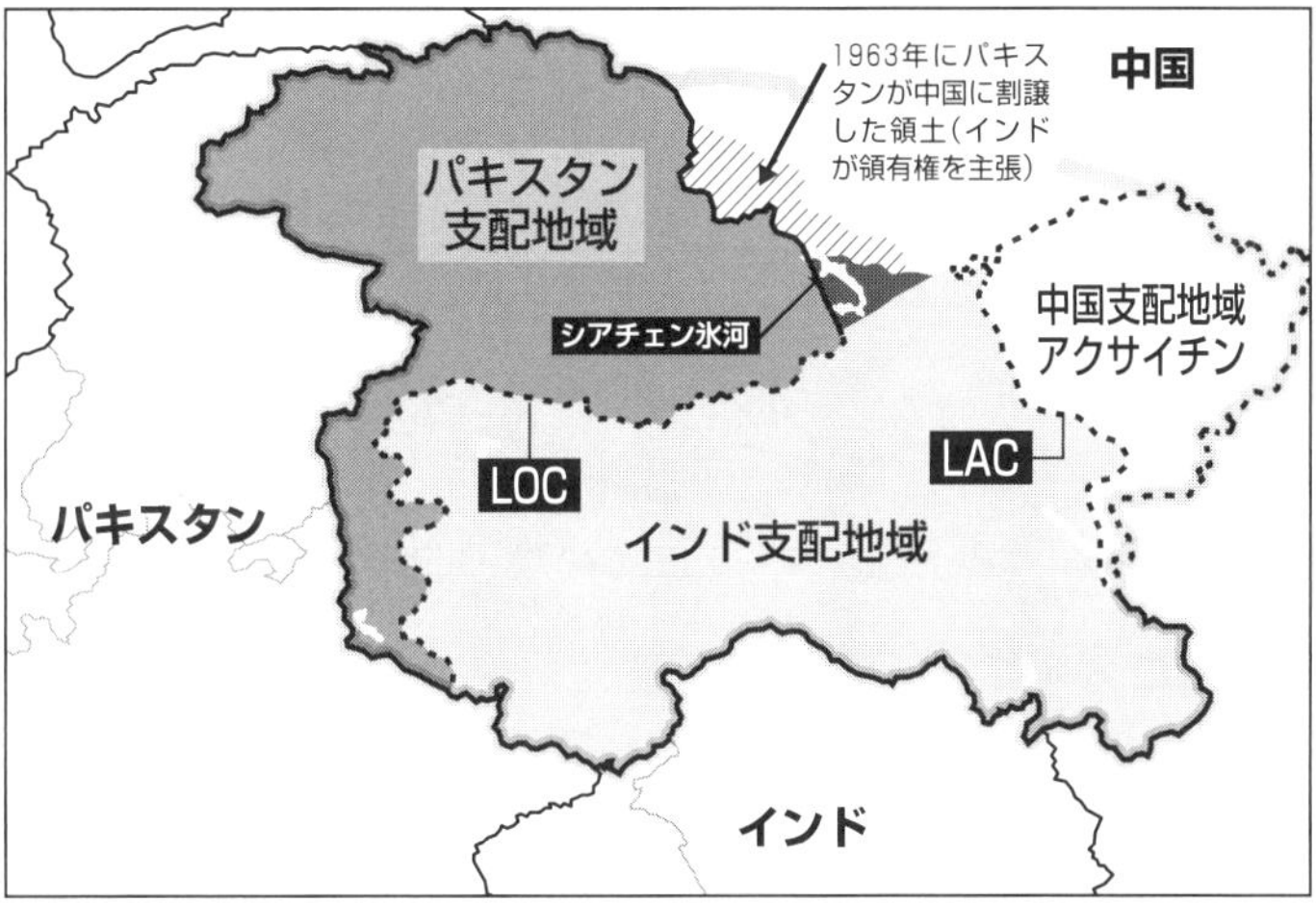

戦争を行なっている。一度目は１９４７年の第一次印パ紛争で、二度目は１９６５年、第三次印パ紛争は１９７１年に起きている。第一次紛争終結後の１９４９年にカラチ協定が結ばれて国連の調停の下、距離にして７００㎞近くの停戦ラインが確定した。

第三次紛争後の１９７２年にシムラ協定が締結され、それまでの「停戦ライン」が「管理ライン（ＬＯＣ）」に変わった。ＬＯＣを確定する際、パキスタン軍とインド軍はそれぞれ委員会を設置して地図を交換し、それぞれの地点を明確に地図上にプロットしただけでなく、インド側がパキスタン側からのイスラム武装勢力の越境テロを防ぐために鉄条網を設置したことから、ほぼ国際国境に近い形で管理されている。

カシミール問題は当初、印パ両国の帰属をめぐる国際紛争だったが、1962年に発生した中印紛争によってアクサイチンをめぐる中印間の国境問題に発展。1963年には中パが国境協定を締結し、パキスタンが中国にシャクスガム渓谷を割譲したことで、中国とパキスタンの国境は確定したものの、インド、パキスタン、中国という三国が関与する極めて機微な問題へと変質した。

それに加え、中国の野心的な対外進出がこの問題を複雑にしている。中国は、一帯一路構想の下、パキスタンのグワダル港から中国のカシュガルまでをつなげるいわゆる中パ経済回廊を推進している。しかし、カシュガルからイスラマバードに至る道路は、インドが領有権を主張しているカシミール地方を通る計画になっており、中国とパキスタン軍が共同で国境を警備したり、中国の人民解放軍が道路建設に協力したりしていることから、インドは中パ経済回廊を認めない立場をとっている。

■ヒマラヤをめぐるグレートゲーム

インドと中国の国境紛争はカシミール問題に限らない。現在の両国間の対立は、もともと大英帝国の植民地だったインドと当時の清国がヒマラヤをめぐってせめぎ合いを行なってきた歴史の延長線上で、「ヒマラヤをめぐるグレートゲーム」の様相を呈している。

通常、山脈国境の場合、それぞれの稜線に国境線を引くことになるため、山脈の稜線が国境になる。しかし、互いが稜線を保持するためにさらに麓まで支配しようという力学が働き、実際は峠が軍事的な争奪のポイントだ。

インドは、チベットの低い位置まで押さえたいと考え、中国は緩衝国であるネパールやブータンを越えてさらに南まで支配権を及ぼしたいと考える。これが「山脈国境の力学」と呼ばれるものだ。

ブータンは中国と国交がなく、インドと友好条約を結んで軍事的な協力もインドから受けている。一方のネパールは、ある程度インドの意向に沿う動きをしているものの、中国との関係も壊したくないと考えているようで、インド寄りなのか、中国寄りなのか態度を明確にしていない。

中印国境紛争地域の地図を東から見ていくと、東部にはインド領のアルナチャル・プラデシュという州があり、ここに「マクマホンライン」が引かれている（図3）。これは1914年のシムラ条約によりチベットと大英帝国（英領インド帝国）との間で結ばれたもので、インドは合法的な国境と主張している。

しかし中国はシムラ条約に署名しておらず、チベットは主権国家ではないため、中国はマクマホンラインの南側6万5000㎢、図3の濃いグレー部分すべてが中国のチベット自治区の領土だと主張してインドと対立している。

次に中部地区。これはヒマチャル・プラデシュ州とウッタラカンド州の2州の境界になるが、このLAC付近も紛争の火種が残っている。

近年、最も話題になったのがカシミールにある西部地域である。中国のアクサイチンとインドのラダック州、それにパキスタンとのLOCやシアチェン氷河が近傍に存在することから、とくに紛争になりやすい地域である。最近の主要な紛争は、デプサン平原、ガルワン渓谷、ゴグラ・ホットスプリングスとパンゴン湖の4カ所で起きている。

2020年6月には、ガルワン渓谷での衝突でインド軍、中国軍双方に死者が発生。両軍が最も長く対峙したのはパンゴン湖である。この地域はもともと北岸で対立が起こったものが南岸に飛び火して約1年かけて両者の軍事衝突にエスカレートした。

その後も両者はラダック州のLAC沿いに大規模な部隊を展開し、緊張状態が続いていた。2024年10月、両国は、「LACの警戒監視に関する取り決め」に合意し、モディ首相と習近平国家主席がロシアのカザンで5年ぶりに首脳会談を行なった。中印両軍は、合意に基づき、直接対峙していた部隊の撤収と中止されていた警戒監視活動の再開を開始したが、相互の信頼醸成が再構築されるかどうかは依然として不透明のままである。

図3　中印国境紛争地域

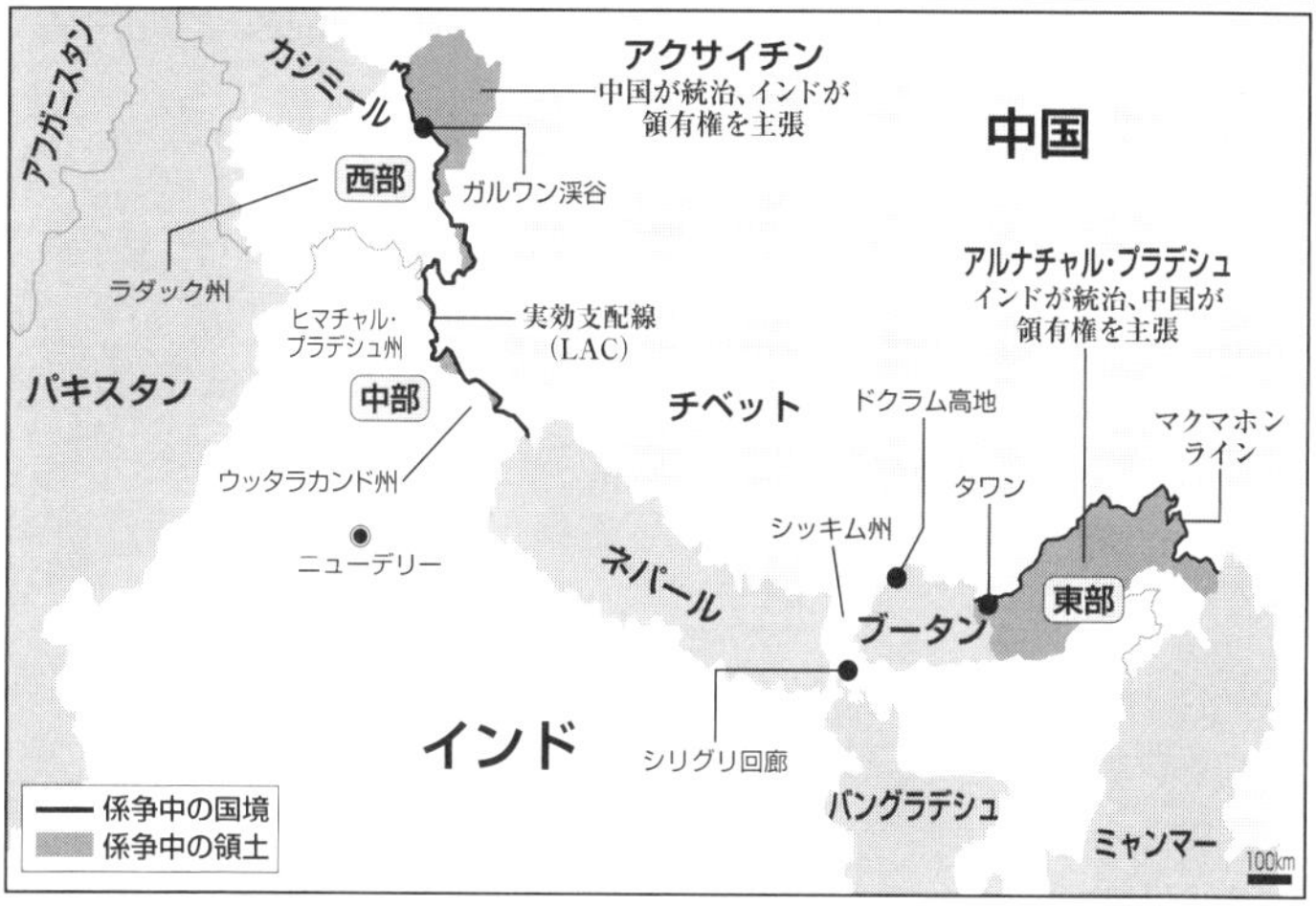

次に東に戻ってシッキム州のドクラム地区を見ていきたい。シッキム州はもともと1975年にインドの州として併合された。中国は当初シッキム州を認めない立場だったが、2003年に中印首脳は、中国がシッキム州をインド領と認める代わりにインドがチベットを中国領と承認することで合意、国境が確定した。

したがってここには中印間の国境紛争はないのだが、ブータンとの間に中国が国境紛争を抱えており、これに巻き込まれる形でインドが中国と対峙している。図3のシリグリ回廊は、インドの国防上の弱点として「チキンネック」と言われる戦略的要衝である。ここを中国に切断されると、東のインド州はすべてバングラデシュとシッキム州の間で分断されてしまう。

このため中国はブータンとの国境紛争を利用してシッキム州に圧力を加え、シリグリ回廊を押さえて東部のインドの州を孤立させようと画策する。

実際2017年には、中国軍がブータン側にドクラム高原道路の建設を進めたことから、ブータンの防衛を担うインド軍がブータンとの友好条約に基づいて軍事介入し、中印両軍がもみ合いとなり、インド側の塹壕2つが破壊された。両軍はここで約70日間近く対峙したのである。

中国とインドの間では、これまでに国境紛争に関する協定が5つ結ばれている。1つ目は1993年の和平協定で、2つ目は1996年の信頼醸成措置協定。3つ目は2005年の信頼醸成措置履行議定書で、4つ目として2012年に作業メカニズム設置協定が結ばれ、最後5つ目に2013年に国境防衛協力協定が締結された。

この最後の協定で規定されたのは、対立が起こった際に「平和的・友好的な手段によって問題を解決する」ことである。そのために国境では双方武力の使用は禁止することを決め、小銃や戦車などを使うことはできない。両軍が衝突した場合でも、銃などは使わずに素手で殴り合ったり、こん棒などの原始的な武器を用いたりして攻撃し合っている。

両軍が協議する場合、「フラッグミーティング」という軍の指揮官同士の話し合いの手段がとられる。これは各対立地域のそれぞれ国境線近くに互いに協議する場所が決められており、何か事件が発生した際には現場の指揮官、師団長レベルから軍団長までが集まり、現場レベルで協議をすることになっている。

■中国を意識したインドの核・ミサイル開発

次に、インドの核・ミサイル問題の経緯について見ていきたい。

1962年に中印紛争を戦い、中国に大敗を喫して以来、インドにとって中国が主たる脅威である。その中国が1964年に初めて核実験を実施。1970年に核拡散防止条約（NPT）が発効したが、中国を含めた5カ国しか核保有国として認められていないNPTに不満なインドは同条約には参加せず、1974年に「平和利用目的」で初の核実験に踏み切る。1998年に2回目の核実験を行なうことで核保有国としての位置づけを獲得するに至った。

ストックホルム国際平和研究所（SIPRI）の報告書によれば、2024年1月時点でインドの核弾頭数は172発。中国は500発でパキスタンが170発とされており、5000発以上を保有する米国やロシアに比べれば少ない。ただし米国の試算では、中国が2030年頃には1000発まで増やすとされているため、今後インドが中国に対抗して核開発をどのように進めていくのか注目される。

インドは2003年に核ドクトリンを公表しているが、それには大きく4つの特色がある。1つ目は「核の先行不使用（NFU）」の原則である。インドは、自国が核攻撃をされない限り核を使用しないことを表明している。

2つ目は非核保有国への不使用の原則である。インドが、核をもたない国に対して核を使わないと表明していることは、非核保有国であるウクライナに対して核を使うかもしれないと核の恫喝《どうかつ》をしているロシアに対する批判的な態度の表れとも取れる。

3つ目は「信頼性のある最小限抑止」という原則だ。核弾頭の管理や早期警戒情報の入手等に関して「信頼性のある」管理体制を構築するという点は理解できるが、何をもって「最小限抑止」なのかは必ずしも明確になっていない。このため「最小限」でいいのであればたくさんの核弾頭をもつ必要はないといった議論が国内で起きている。

4つ目は核の指揮権限（NCA）についてだ。首相が議長を務める「政治評議会」が核兵器の使用を承認する最終決定の場になり、国家安全保障補佐官が議長を務める「執行評議会」が核の目標や手段の決定など運用面を補佐することが定められている。そして実際に核兵器の弾頭・ミサイル等を管理する組織として戦略部隊コマンドが置かれている。

現在インドは、アグニ（ＡＧＮＩ）シリーズの弾道ミサイルを保有しており、中国を念頭に置いてＡＧＮＩ−２、−３、−４、−５と各種射程の異なるミサイルを開発し、仮に中国が核を使用すれば、いつでも報復できる態勢を整えている。パキスタンに対しては、プリットヴィー（Prithvi）やプラハール（Prahaar）といった短距離ミサイルを整備している。

中国の海洋拡張を抑止するハブ

続いて、日本にとっても重要な問題であるインド太平洋の安全保障という観点から、インドの立場について整理していきたい。

インドにとって最大の懸念は、中国がインドを取り囲むように、ミャンマーのチャウピュー港、バングラデシュのチッタゴン港、それからスリランカのハンバントタ港、パキスタンのグワダル港のインフラ開発を進め、インド洋シーレーンに対する力を注いでいることである。この中国の戦略は、自国のエネルギーにおいて死活的な意味をもつマラッカ海峡の航行で他国にコントロールを握られている状況（「マラッカ・ジレンマ」）を回避するためのもので、「真珠の首飾り」と呼ばれる。

中国は、グワダルから自国のカシュガルまでの中パ経済回廊を完成させ、チャウピューから中国の昆明《こんめい》までの陸路のインフラと合わせ、マラッカ海峡を避けて中東やアフリカからエネルギー資源を輸送するルートの確立を狙っている。

2022年8月16日には、スリランカのハンバントタ港に中国の観測船「遠望5号」が入港したが、インドや米国は軍事的なスパイ船の入港に反対してスリランカに抗議。一時的に同船の入港が遅れたが、最終的には軍事利用はさせないという名目で入港した。

こうした中国の動きに対し、9月2日にはインドが初の国産空母「ビクラント」を就役させた。これによりインド海軍は2隻の空母を保有することになり、アラビア海を含む西インド洋とアンダマン・ニコバルを含むベンガル湾に対して1隻ずつ配備することで中国を監視・警戒する体制を強化している。

このインド洋をめぐる中印の対立に加え、米国や日本がQUADを通じて対中牽制の強化を図っている。QUADは日米豪印4カ国内の二国間同盟の連携にインドを加えることで、中国の海洋拡張を抑止するハブとして機能させる構想である。

インドは経済面では中国への依存度が高いため、対中姿勢においてQUADのパートナーとの温度差はあるものの、2022年5月のQUAD首脳会談では軍事的な観点から大きな進展が見られた。インドは、「人道及び自然災害に対応し、違法漁業と戦う」という名目で、新しい海洋状況把握イニシアティブである「海洋状況把握のためのインド太平洋パートナーシップ（ＩＰＭＤＡ）」を構築することに合意したのである。

インドは２０１８年12月に「情報融合センター」を設置し、海洋状況把握に努めるとともにインド洋沿岸国に対する沿岸監視レーダーの設置を進めてインド洋沿岸海域のネットワークセンターにしようと試みている。また日本など10カ国から連絡幹部の派遣を受け入れており、軍同士の連携が取れる体制が整っている。

インド海軍の対潜哨戒機（Ｐ―８）も米国ボーイング製であり、米国ＧＡ―ＡＳＩ製海洋監視無人機ＭＱ―９Ｂも導入されている。こうした軍事アセットを通じて中国海軍の海面下の潜水艦、洋上の艦艇の動きを常時監視できるようなシステムにすることがインドの思惑だろう。

加えて、シンガポールに情報融合センターが置かれており、海賊、テロ、密輸、違法漁業などの情報を主体とした海洋安全保障に関する情報を共有している。ここにも連絡幹部が各軍から派遣されており、現在は22カ国が参加して中国軍の監視としての役割も果たしている。

さらにオーストラリアとバヌアツ政府が共同で、太平洋融合センターをバヌアツに設置。戦略評価、状況認識、能力構築、情報共有という４つの活動を実施し、太平洋諸島フォーラム加盟国18カ国が参加している。こうした地域内の海洋安全保障の取り組みや連携を強化するためにＩＰＭＤＡを構築することにインドも合意したのである。

■軍事・経済大国に向かうインド

今後注目されるのは、中国が軍事的に、とりわけ核能力を飛躍的に高めていった場合にインドがどのように対応するのか、また、ウクライナ戦争で国際的に孤立を強めるロシアとの軍事的な関係をどう調整していくのかである。インドとロシアは、中国への牽制という点で利害が一致していた。

ロシアにとってインドは中国へのカウンターバランスであり、東南アジアにもにらみが利き、なおかつアフガニスタンやパキスタンとの関係でも戦略的に支援する価値の高いパートナーである。インドをいわば緩衝国のような形で使うことで、中国に対する牽制や中東地域に対するカウンターバランスにもできた。

一方インドにとっても、ロシアとの関係は戦略的に重要である。その1つは冷戦時代から続く軍事的な支援だ。現在、インドの兵器の約半数は旧ソ連製あるいはロシア製である。現時点でインドに有事が発生した場合、兵器のパーツや予備部品を入手するにはロシアとの良好な関係が不可欠である。

また中国と外交的に対立した際に、これまでは国連常任理事国であるロシアに頼ることができた。たとえばカシミール問題において、かつてのソ連は国連安保理で拒否権を繰り返し発動してインドを助けたことがある。こうした〝ロシア・カード〟は、インドにとって重要な外交的アセットでもあった。

しかし、ウクライナ戦争を通じてロシアの国際的な影響力や国力は確実に低下し、中国への経済的な依存度も高めていることから、対中牽制の文脈でロシアに頼ることは難しくなる可能性がある。

また中国は米国との対決姿勢をますます強めており、今後核戦力を急速に強化していく状況が考えられている。中国が今後核を増強して2030年までに1000発超に達する核弾頭を保有するようになれば、核のバランスが中印関係で大きく崩れ、インドが従来の「最小限抑止」から第二撃能力を含む核抑止態勢の構築へと核戦略の再考を迫られる可能性が出てくるだろう。

インドは今後、SSBN（戦略原潜）を含めて第二撃能力を本気で保有しようとしていると考えるのが妥当ではないだろうか。インドは2016年に国産初のSSBN「アリハント」を就役させ、2022年にはSLBMの発射実験に成功している。

また、2024年8月にはSSBNの2番艦「アリガート」が就役し、3番艦「アリダマン」は2025年に就役の予定である。インドは近年、装備の国産化を推進しており、国産の技術力とフランスなど西側諸国の技術協力を得て第二撃能力の強化を図るものと予想される。ウクライナ戦争後の中露関係の変質や米中対立の先鋭化、中国の核開発増強の動きと併せて、南アジアの核のバランスとインドの核の第二撃能力の開発について、引き続き注視する必要があるだろう。

伝統的に非同盟主義のインドは、米国が望むような対中軍事同盟に加わる可能性は低い。しかし、米中の戦略的競争が激しさを増し、中国の対米強硬姿勢もますます強まるなかで、米国がインドとの関係をどこまで強化して中国を牽制する態勢を構築できるかどうかは、これからのアジアの秩序にとって極めて重要である。

米国は、QUADを通じて海洋状況把握や海洋監視の文脈においてはインドに技術的な供与を進めているが、前述した文脈でインドとの軍事的な協力をどう進めていくかに注目する必要がある。

■日印の軍事的連携を深められるか

最後に、ダイナミックに変化するアジアの地政学的状況下において、日本がインドとどのような関係を築くべきかについても考えてみたい。現在のインドが、日本に対して強い憧れと親近感をもっていることは確かである。さまざまな分野で日印関係を強めていくなかで、日本の国益に資する国際環境を形成するためにインドの力を借りることは可能であろう。

軍事的な観点から重要な点を２つ指摘したい。

１つは、軍事に関わる技術をどこまで日本が供与できるかである。たとえば、一時期、日本の新明和工業の高性能飛行艇ＵＳ‐２購入にインドが関心を示していたように、インドは日本の技術力を高く評価している。日本には技術力はあっても、法律的な制約や国内世論などもあり、軍事技術の輸出は限定的だが、国家としてこうした日本のもつ技術をどのように活かし、インドとの関係強化につなげるかを真剣に検討することが肝要である。

２つ目に、日本の海上自衛隊は米豪印の海軍と共同訓練「マラバール」を実施しているが、こうした共同の軍事演習や能力構築支援を進めるなかで、インド軍との相互運用性を高めておくことも重要である。テーマは、人命救助や災害派遣など非軍事的なものから進めていき、さまざまな分野で結びつきを深め、インドとの友好関係を発展させることが最終的には軍事的な支援にもつながるはずである。

インド太平洋地域では、ＱＵＡＤや米英豪の軍事同盟ＡＵＫＵＳのような多国間の協力枠組みが強化されつつあるが、インドとの関係強化という文脈では、多国間よりもむしろ二国間の信頼関係醸成が極めて重要であり、その点で日本は欧米諸国とは異なる役割が果たせるのではないか。このアジアの大国の今後の動向に注視するとともに、日本としてインドとの協力関係をどう強化することができるのか、真摯な取り組みが必要である。

海洋国家の要衝としての島嶼国

関口高史（元防衛大学校准教授／予備1等陸佐）

２０２２年8月、海上自衛隊の護衛艦「きりさめ」が米軍と共に初めて、南太平洋のソロモン諸島の首都ホニアラがあるガダルカナル島に入港した。２０１９年にソロモン諸島がそれまで外交関係をもっていた台湾と断交し中国と国交を樹立して以来、中国の南太平洋島嶼国への影響力の拡大に対する危惧が、米国をはじめ民主主義諸国の間で強まっている。

そのソロモン諸島が22年4月に中国と安全保障協定を締結したと発表すると、そうした懸念はさらに強まり、米国が激しい巻き返しをかけ始め、南太平洋が米中対立の新たな舞台として注目を浴びている。日本は米国と歩調を合わせ、〝防衛交流〟を通じて安全保障分野でも南太平洋島嶼国との関係強化を図っている。

本稿では、米中間の戦略的競争の舞台となっている南太平洋の地政学的状況について、軍事的・戦略的観点から考察することで、日本の対外政策及び企業のグローバル戦略の元になる情勢判断の一助となる分析を提供したい。

■考察のための3つの視座

軍事的、戦略的観点からの考察は、その他の観点からの考察と何が違うのか。端的に言えば、軍事的あるいは戦略的な視座を確立できるかどうかが重要であり、その視座を明確にするために「空間」「時間」「機能」という3つの考察軸を設けることが適当と考える。機能については軍事特有の要因を検討していくのである。それぞれの考察軸について、若干の説明を加えてみたい。

まず空間軸。国内、地域、グローバルと考察の焦点を広狭することで、地域が有するトレンドを抽出する。たとえば、南太平洋の各島国がもつ課題を島だけで解決できるのか、それとも地域共通の問題として解消すべきなのか。さらにグローバルな観点からどのような問題解決の手段があり、空間的にどのような影響をもたらすのかなどを考えていく。

時間軸による考察はアナロジーの抽出に役立つ。環境や条件が揃えば歴史が繰り返されるという仮説が成り立つ前提である。

図1　南太平洋島嶼国概観

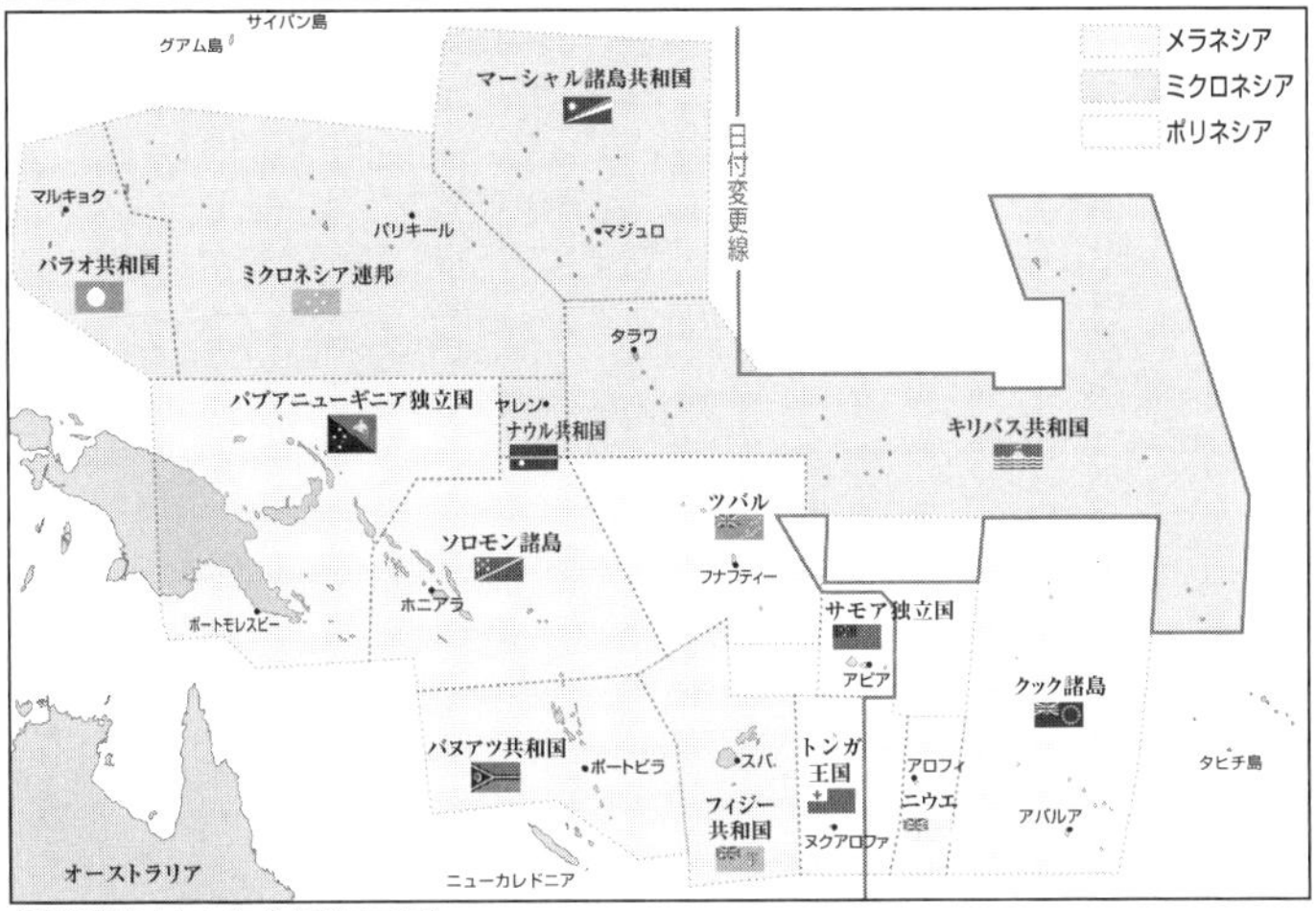

各種資料をもとに作成（図3まで同）

3つ目の考察軸である機能は、戦略環境の醸成や戦略、すなわち抑止と対処に区分し、それぞれ非軍事主体、軍事主体に位置づける。国家の主要領域における環境醸成と、主として軍事の領域で考察される機能に基づき、視座を確立し、戦略のコンセプトや基本的な構想を案出する。

本稿ではこれらの考察軸を元に視座を確立し、地政学的状況や情勢の変化を見ていきたい。まずは南太平洋の重要性について、空間軸で考察する。

南太平洋の島嶼国は、メラネシア、ミクロネシア、そしてポリネシアの3つの地域（部族）に大別され、豪州とニュージーランドを除くと14の国と地域で構成されている（**図1**）。この地域の人口は合わせて1

000万人前後で、国土面積の合計は約53万㎢、日本の約1・4倍に過ぎない。一方、排他的経済水域は1978万㎢で、日本の約4・4倍だ。

そのほかにこの地域は3つの脆弱性を抱える。1つ目は国土が狭く分散していること、2つ目は国際市場から離隔《りかく》していること、3つ目が自然災害・気候変動などの環境変化への対応が非常に困難なことである。

南太平洋の空間的重要性は、日本のシーレーンとの関係性に照らして明白である。この地域は豪州やニュージーランドと日本を結ぶ重要な航路であり、パプアニューギニアとソロモン諸島の間が地政学的要衝になる。日本はエネルギーの多くを外国に頼っているが、石炭の約70%、液化天然ガスの約40%、牛肉や酪農品、大麦などの約7%を豪州から輸入している。まさに南太平洋は日本と豪州を結ぶシーレーンに位置し、日本経済を支えるためにも、この地域の平和と安定は不可欠である。

グローバルな視点からは、中国の「一帯一路」のような生存圏を形成する地域とはやや異なり、南太平洋は地理的に離隔している。しかし、中国は2020年代前半に食料自給率が70%台にまで低下した事態を受け、食の安全保障についてもこの地域への関心を高めている。南太平洋は漁業のポテンシャルが高いことから、中国は漁業資源の策源地として重要視しており、平和利用目的と称してこの地域の港を少しずつ整備している。

また南太平洋は、米国にとっては豪州との連絡の死命を制する緊要な地域であり、アジアへ進出する際の入口にも当たる。そして南太平洋のなかでもソロモン諸島は、そのすべてに重大な影響を与える要の島国である。

■中国の影響力拡大と台湾の孤立化

南太平洋地域の時代背景を考察する際にまず頭に浮かぶのが、第二次世界大戦時の陸戦のターニングポイントになったガダルカナルの戦いだろう。日本軍は当初、「米豪遮断」という目的のためにこの地域に進攻した。

それに対し米軍は、南太平洋を日本軍への「戦略的反攻拠点」と捉え、戦いに勝利。時間軸の考察からも南太平洋がアジアへの進出経路の入口であり、米国と豪州を結ぶ重要な地域であることが確認できる。

また戦勢を支配する要点の確保や戦力集中競争での有利な展開も含め、島嶼の有機的なネットワークの必要性と陸海空戦力の統合、水陸両用作戦の主役である海兵隊の活躍、作戦と作戦基盤の連携等の重要性は今日も変わらない。

その後、１９６０年代から90年代にかけて南太平洋の島国は独立を果たしていく。メラネシア系の国家は低い社会指数に苦しみながらも豪州の支援を受け、ミクロネシア系の国家は戦前の経緯もあり、日系人の活躍や米国の財政支援に依拠してきた。またポリネシア系の国家はニュージーランドの援助を受けた。

しかしそれから数年が経過すると、豪州と南太平洋の各国が異なる意見を尊重しつつ、コンセンサスを得て問題を解決していく、いわゆる「パシフィック・ウェイ」を同地域の意思決定の基本とするようになった。この地域共通の課題として、まず歴史的犯罪としての不発弾の放置、核保有国の核実験を原因とする放射能汚染の残存、そして砂糖製造がもたらした悲劇、砂糖奴隷問題の未解決が挙げられる。

次に機能の考察軸から見ていきたい。まず非軍事である政治外交の領域では、中国の影響力拡大と台湾の孤立化がある。台湾といまも外交関係をもつ国は、太平洋の島国では、マーシャル諸島、パラオ共和国、そしてツバルの3国のみで、それ以外の国は中国と国交を結んでいる。

この流れを助長しているのが、経済領域での中国の大規模な支援だ。中国の島嶼国全体への支援額は2005年には4000万ドルに過ぎなかったのが、2007年には1億3700万ドル、2009年には1億5600万ドルと、5年足らずで40倍近くに増大。その後も援助を増やし続け、2012年には援助総額で全体の5位に、2016年には全体の

13％を占め、豪州に次いで2位となった。

ただし、豪州は島嶼国援助全体の50％以上を占め、ニュージーランド、米国、日本などの支援も加えれば、「民主主義陣営」が最大の援助国であることに変わりはない。

次に軍事の視点から考察すると、中国が台湾への武力行使に踏み切った場合、『決定的作戦を行なう地域」「その条件を作為するための作戦を行なう地域」、そして「作戦を支援する地域」に区分して作戦を遂行すると考えられる。そのような作戦環境のなか、中国は地政学的状況から南太平洋に対し、どのような役割を期待しているのか、後述の南太平洋における有事シナリオで細部に触れてみたい。

南太平洋でまず目につくのが、域内外、新旧あるいは線的・面的構造が複雑に絡み合う関係性である。従来の枠組みとして、太平洋諸島フォーラム、米国との結びつきや軍事的色彩の強い自由連合協定、豪州、ニュージーランド、米国の三国による安全保障条約があり、新たな枠組みとして、米国が主導するインド太平洋経済枠組み（ＩＰＥＦ）、日米豪印で形成するＱＵＡＤ、米国、英国、豪州のＡＵＫＵＳ、２０２２年6月に締結されたブルーパシフィックにおけるパートナー等がある。このほかにも、個々の島国が中国と結ぶ協定等も存在する。これらの関係性が軍事の領域にも影響を及ぼしているのである。

南太平洋の安保における米中角逐

２０１９年にソロモン諸島とキリバスが台湾との国交を断絶した。その要因には、中国との関係を深め、自国に対する経済支援を強化する狙いがあったのは間違いない。太平洋の島国には先述のとおり、パシフィック・ウェイがあり、各国とのコンセンサスを得て地域としての意思を域外へ表明してきた。これらの国の台湾との国交断絶は、自国の思惑を直接、域外、つまり中国へ訴えかける国が出てきたことを意味した。

それから約３年が経った22年４月、中国はソロモン諸島と安保協定を締結。協定は非公開だったが、文書は流出した。それによると、ソロモン諸島は社会秩序の維持や人びとの生命、財産の保護のため、中国に軍や警察の派遣を要請できる、また中国はソロモン諸島の同意を得て船舶を寄港させて補給でき、中国の人員やプロジェクトを保護するために関連する権限を行使することができる、等とされていた。

このように、現在中国が南太平洋で力を入れているのが安全保障の分野である。ソロモン諸島では２０２１年11月、大規模な暴動が発生。きっかけは中国寄りの政策を進めるソガバレ政権への反発だった。首相退陣を求めるデモが行なわれ一部が暴徒化、中国系の住民たちが経営する商店が襲撃された。これを受け、中国はソロモン諸島の警察に装備を供与したほか、自国の警察官を派遣し、暴動鎮圧訓練を定期的に実施するようになった。

この動きに米国は警戒感を強めた。中国とソロモン諸島の安保協定締結発表からわずか3日後、米政府高官をソロモン諸島に派遣し、中国軍の部隊常駐化に向けた措置が取られた場合、然るべき対応を講ずると警告。また1993年に閉鎖した大使館の再開を早めることや公衆衛生問題に対応するための病院船の派遣、海洋状況や船舶の航行情報等を把握するためのプログラムの協力を約束した。

22年5月に発足した豪州新政権の動きも重要だった。総選挙で勝利し首相に就任した労働党のアンソニー・アルバニージー氏は、「焦点の1つは、この地域で現在起きている戦略的な競争だ。豪州は島嶼国との関係を尊重しながら進めていく」と述べ、影響力を拡大する中国を念頭に各国との関係を強化していく方針を示した。ペニー・ウォン豪外相は就任直後、QUAD首脳会合のため日本を訪問。続いて最初の二カ国会談のためにフィジーを訪問し、魅力的な支援を提示して中国との安保協定締結を全力で阻止した。

これらの動きに対し中国は、王毅《おうき》外相による南太平洋歴訪を表明し、フィジーで南太平洋島嶼国10カ国による外相会議を開催した。東京でQUAD首脳会合が行なわれた直後でもあり、米国とその同盟国の結束強化に対抗する狙いがあったのは明白だった。

王毅外相の最初の訪問国は、やはりソロモン諸島だった。そこで経済や保健分野などでの協力拡大を確認。同外相は引き続き、他の島嶼国にも経済支援を提示し、安全保障や貿易、データ通信など幅広い分野での協力を盛り込んだ協定の締結を呼びかけたが、一部の国の反対に遭い合意は見送られた。中国とソロモン諸島の安保協定が、中国の軍や治安部隊の派遣、艦艇寄港を可能にすると見られたため、一部の国が警戒感を強めたからだ。

■太平洋島嶼国の「等距離外交」

島嶼国は現在、強大な軍事的脅威にさらされているわけではない。安保協力は、中国にとっては米国に対する軍事的アドバンテージを握るという利点があるが、南太平洋地域には、米中対立に巻き込まれたくないと考える国も多い。

中国の島嶼国協定が不発に終わった要因には、ミクロネシア連邦とパラオの反対が作用したことも挙げられる。米国との関係が深いミクロネシア連邦は会合に先立ち、中国との安保協力は「新冷戦を触発する」として、提案を受け入れないよう各国に働きかけた。またパラオのスランゲル・ウィップス・Jr.大統領は、周辺国の指導者に「北京との協定は域内の平和と安全保障に危険を招く」として注意を促したという。

王毅外相が太平洋島嶼国を歴訪している最中の22年5月26日、米国は新たな経済圏構想「インド太平洋経済枠組み（ＩＰＥＦ）」にフィジーの参加が決まったことを発表した。米国の太平洋の経済協力拡大は、中国への有効な対抗策になると考えられる。フィジーのように政治交渉力が高い国は、中国と民主主義陣営の両方から利益を引き出す「等距離外交」を展開している。

このような情勢下、22年7月、キリバスは太平洋諸島フォーラムからの脱退を表明。脱退の理由は、事務局長人事をめぐる諍《いさか》いだとされている。これは多くの国からパシフィック・ウェイの限界と認識された。

太平洋諸島フォーラムの会合は非公開であり、フォーラムは広大な地域に位置する島々が地域の課題に連携して取り組むための枠組みと位置づけられてきた。しかし各国の足並みの乱れも懸念され、合意形成には時間がかかり、中国のさらなる進出を招きかねないとの見方も出ている。

22年9月、米国は相次いで重要会議を開催した。22日、ニューヨークでは「ブルーパシフィックにおけるパートナー」外相会議が開かれた。当初のメンバーは日米英豪とニュージーランドの5カ国だったが、今回は、それに独仏加印や韓国、ＥＵ（欧州連合）、太平洋諸島フォーラムが加わり、さらに太平洋島嶼国12カ国の代表が参加。28日と29日には、ワシントンで太平洋島嶼国14カ国の代表を招いて「米・太平洋島嶼国首脳会議」を開き、「米・太平洋のパートナーシップ宣言」と題する共同宣言を発表した。

また、それとは別にバイデン前政権は29日、初めて「太平洋パートナーシップ戦略」を発表するに至る。米国はこの首脳会談で、総額8億1000万ドル（約1170億円）にも上る経済支援や米沿岸警備隊によるパトロール、さらに常設の米国公館を6拠点から9拠点に増やすことなどを表明。当初は共同宣言への署名に難色を示していたソロモン諸島も最終的に署名した。これに対して中国共産党系の『環球時報』の英語版『グローバル・タイムズ』は「米国が地域を自分の裏庭として扱う根性と覇権主義的ロジックは不変」だと非難した。

こうして見てみると、政治外交を比較的得意とする島嶼国は米中角逐のなかで、より実りのある利益を引き出すことに専念し、従来からある軍事基盤がもたらす枠組みに満足する国は米豪をさらに頼り、新たな経済的利権を欲する国は中国との連携を望んでいることがわかる。

今後は、太平洋島嶼国が意見の相違を乗り越え、地域として一貫した対応をとることができるのか、それとも地域のコンセンサス形成に見切りをつけ、各国が独自の判断で中国や民主主義陣営との関係を追求していくのかに注目すべきであろう。

■「第2のキューバ危機」になりかねない

これまで見てきた南太平洋の現状から考察される有事シナリオについて考えてみたい。
まず、米国は中国の何を危惧しているのか。中国のインド太平洋地域における勢力拡大と米中角逐の流れから、南太平洋島嶼国を中国が掌握《しょうあく》すれば、米国に対する「接近阻止・領域拒否（A2／AD）」戦略が可能になる可能性がある。

中国は政治外交の領域では経済領域とも連携し、あらゆる手段を講じ、合法的に台湾を孤立させている。2018年にはエルサルバドル、ドミニカ共和国、ブルキナファソが台湾と外交関係を断絶。2019年にソロモン諸島とキリバスが続き、2021年にはニカラグアが断交。2023年にホンジュラス、そして2024年にナウルが断交し、台湾が外交関係をもつ国は世界で12カ国に減少した。

そのほかにも、米軍の接近拒否のため、軍事的利用にも流用できる施設の構築、文化社会の名目で行なわれる宇宙利用や海底探査など、長距離ミサイル・ロケットの開発や潜水艦の航行のための貴重なデータの取得にも注力している。

それらをまとめたのが**図2**である。中国が近距離の利点を活かし、北朝鮮などの同盟国

図2　中国の南太平洋地域戦略

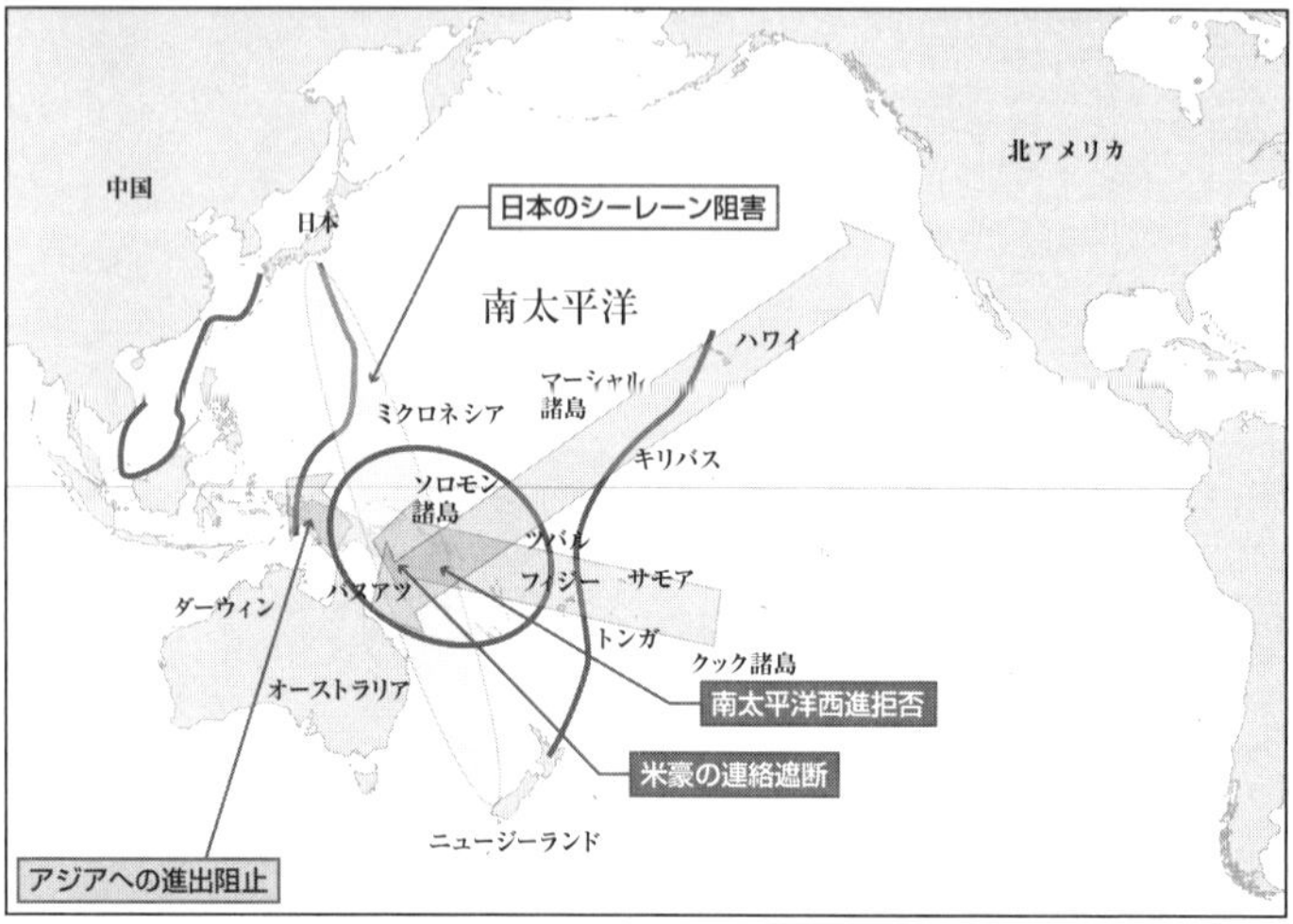

と連携の下、南太平洋島嶼国とともに米国に先んじて列島線に戦力を投射した場合、戦略的に作戦環境を有利にすることが可能となろう。ここではとくに「第２のキューバ危機」と、各列島線を活用したＡ２／ＡＤについて、詳しく述べたい。

　注目すべきは、ソロモン諸島が台湾と国交を断絶したあと、中国が最初に行なった大きな行動である。中国はホニアラ国際空港近傍の離着陸を制する土地を購入した。さらに実現はしなかったものの、ツラギ島の借用まで要求した。ツラギはもともと英国領時代、ソロモン諸島の政治中枢を担う政庁が置かれていた島だ。

　問題は、中国がツラギの借用を試み、米国がそれを阻止した理由である。ツラギには飛行場を置くことはできないが、ホニアラ国際空港の離着陸を制する要点と考えれば、その戦略的意義は一気に高まる。ツラギあるいはガダルカナル島から、米国の対中攻勢の策源地としての役割を担うグアム島とダーウィンを海空から攻撃することができるからである。すなわち、中国にとってこれらの島は、米軍とその同盟国の作戦準備や集結を阻害できる重要な拠点になりうるのだ。

さらに重要なのは、ツラギあるいはガダルカナル島の借用を許すことは、中国が大陸間弾道ミサイルで米国本土を脅かすことが可能になる点である。中国は、米国の政経中枢を人質に取る1つのオプションを握ろうとしていると考えられる。これこそまさに「第2のキューバ危機」になりかねない事態である。

中国は赤道近くの島嶼が人工衛星発射基地に適しているという名目でロケットの主要部品等を南太平洋の島嶼へ配置する可能性がある。このシナリオを裏付けるものは2019年、中国の建国70周年記念軍事パレードにおいて公開された「東風41（DF‐41）」、北米に到達可能な新たな大陸間弾道ミサイルである。射程距離は1万4000㎞を超え、米国の「ミニットマン（LGM‐30）」の1万3000㎞を上回り、世界最長と言われている。

ここで、米国の対日戦争指導計画「オレンジプラン」と日米両軍の作戦経過を元に、蓋然性のある有事シナリオをシミュレートしてみる。**図3**で示したように、米軍はハワイ諸

図3　米国の南太平洋地域での有事シミュレーション

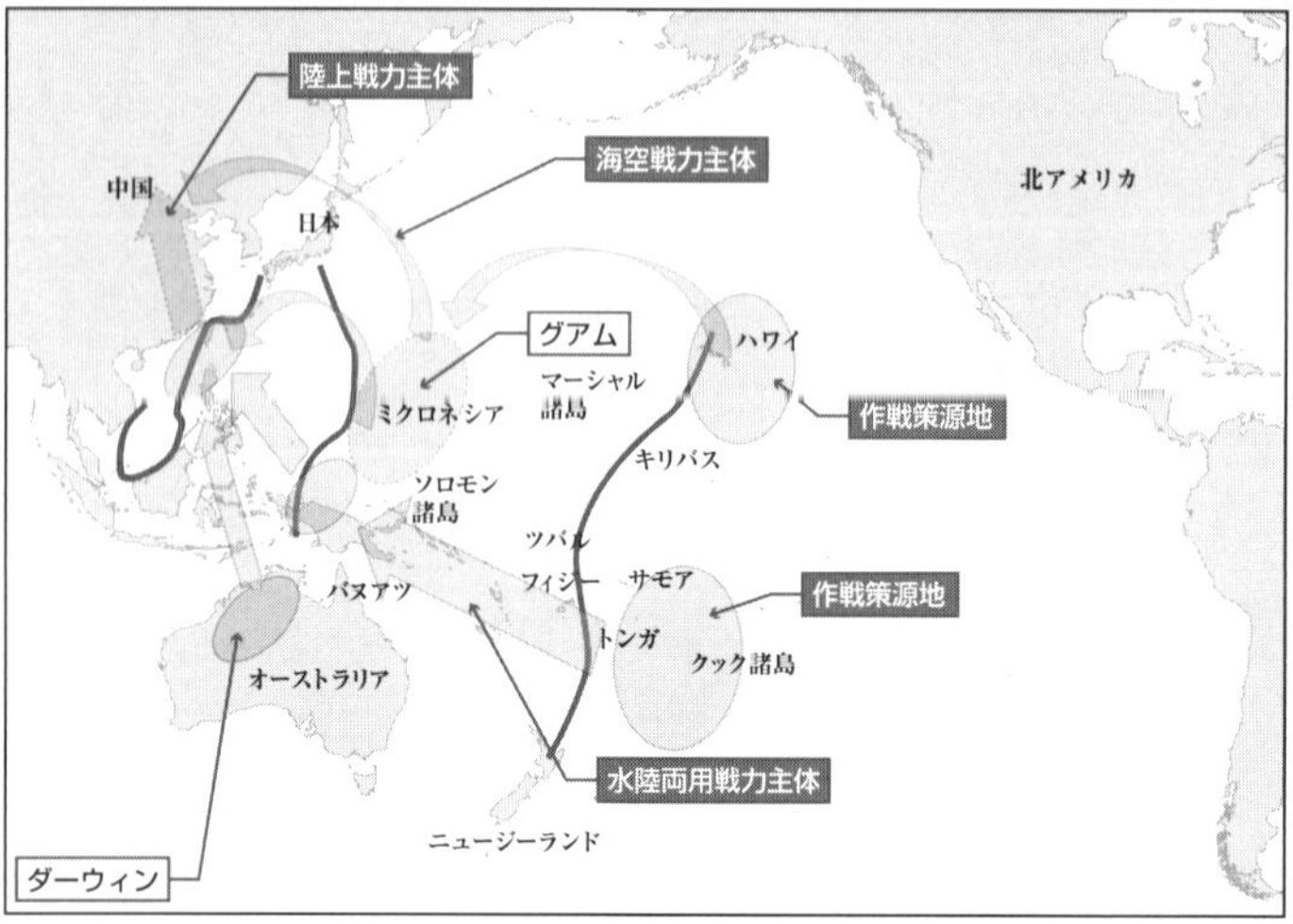

島、南太平洋西部を策源地とし、海空主体の戦い、水陸両用の戦い、強行上陸を含む海岸堡設定の戦い、そして陸上作戦と支援作戦により、決定的勝利を得るという作戦を展開する可能性がある。

中国から見た場合、南太平洋は台湾有事などの決定的作戦において勝利を得るため、列島線を活用したA2／ADの実現など、「条件を作為する」地域になると考えられる。米中双方にとってこの地域が軍事作戦上いかに重要であるかが理解できるであろう。

このまま南太平洋における中国の台頭が続けば、この地域における安全保障のパラダイムチェンジを目の当たりにする可能性も排除できない。それに対して米国は情報戦、サイバー戦、電磁波戦をともなうハイブリッドな戦いから核攻撃などのあらゆる軍事行動の手段で中国に対抗する強固な意思を示している。

■海洋国家日本が果たすべき役割

そうしたなかで日本は何をすべきか。政治外交の領域では、島嶼国に対するコミットメントの継続が求められる。経済の領域では太平洋の島嶼国の特性を考慮し、地球温暖化への対応を軸として、それぞれの国がもつ志向を理解し、きめ細かい支援を展開する必要があるだろう。

とくにエネルギー・食料の安定供給は日本にとって最も基本的な課題である。軍事の領域では民族対立、太平洋の国家間対立、中国の影響力拡大を抑止する必要があり、地域の安定を第一に、米中対立激化に備えた国家としての心構えと準備が必要になろう。そして文化社会の領域では、宇宙開発、海底資源開発への積極的な関与などが求められていく。

日本が主導する枠組みとして、首相が参加する「太平洋・島サミット」などの場を通じ、関係国との連携を深めていくことは重要だろう。島嶼国の結びつきを高めるためのインフラ整備を支援していくことや、海洋国という特性から密猟、密輸の温床になっている海域では、海賊対策での協力など新たな対応も必要となろう。この場合、民間のビジネスベースだけでは対応に限界があるため、国家全体としての取り組みが不可欠である。

抑止・対処の機能領域にあたっては、防衛力整備の指向転換の必要性を強調したい。日本は米国と、あるいは単独で対処しなければならない空間、時間、機能を拡大させる努力が不可欠である。宇宙・サイバー・電磁波を活用した情報機能の強化や、新たな意思決定デザイン、データベースを活用した作戦の導入などの必要性を指摘したい。

日本の国是は「専守防衛」だが、作戦域の拡大による編成・装備を導入するとともに、関係国と列島線を活かした防衛作戦を準備しなくてはならない。よって専守防衛の在り方も変化させ、「外征軍」的性格をもった後方支援部隊、ドクトリンの策定と、それに基づく教育訓練なども不可欠である。現代戦の潮流に合わせ、防衛力整備の指向も防衛省・自衛隊だけではなく、他省庁、民間企業、団体、個人、外国の軍官民などとの協力を密にすることで適正を図る柔軟性が求められよう。

また、政治経済、軍事領域でさまざまな協力や支援が必要とされるなかで、日本単独だけでなく、米豪、ニュージーランドやフィリピン、それに英仏などの欧州勢も含め、それぞれの国とこの地域の歴史的な関係性や企業のつながりなども考慮して、14カ国ある南太平洋島嶼国の特性と関係性を整理する。そのうえで、支援するそれぞれの項目を支援できる国の関係性を含めてマッピングし、民主主義陣営全体として戦略的に関与する方法も日本として主導すべきである。

第3章

米国の地政学

超大国の動揺と覚悟

吉田正紀（双日米国副社長／元海上自衛隊佐世保地方総監）

2025年1月、第2期トランプ政権が始動した。同政権で国防次官（政策担当）を務めるのは、中国を最大の脅威と位置づけ台湾有事に警鐘を鳴らすエルブリッジ・A・コルビー氏だ。コルビー氏は第1期トランプ政権で国防次官補代理（戦略・戦力開発担当）として、2018年1月の『国家防衛戦略』の策定を主導した人物である。第2期トランプ政権の人事から、やはり米国の最大の競争相手は中国であるという意思がうかがえる。

一方で、米国が中国に対して確固たる脅威認識をもち、明確な戦略を打ち出すまでには、紆余曲折《うよきょくせつ》があった。本稿では、戦後70年以上にわたる米国の安全保障戦略を振り返り、「米国にとって最も重大な地政学的課題」と位置づけられるようになった中国の脅威に対しどのような戦略的アプローチをとろうとしているのか、第2期トランプ政権の米国は今後どのような外交・安全保障政策を取ろうとしているのか、日米同盟の変遷と併せてその現状と課題を整理していく。

■「決定的な10年」＝「デンジャー・ゾーン」

米国が対中脅威認識を超党派で強めていることは、第１期・第２期トランプ政権を架橋したバイデン政権の方針からうかがえる。２０２２年10月の『国家安全保障戦略』の発表に先立ち、ジェイク・サリバン米国家安全保障問題担当大統領補佐官は記者会見を行ない、「今日、私たちの世界は再び変曲点を迎えている。私たちは、決定的な10年の始まりの時期にいる」と述べた。そして、この間に中国との競争の条件が設定される、との認識を示した。「決定的な10年」とは何を意味しているのか。

１つのヒントは『デンジャー・ゾーン』という２０２２年に米国で出版された本にあると考えられる（邦訳は『デンジャー・ゾーン　迫る中国との衝突』飛鳥新社）。同書はハル・ブランズとマイケル・ベックリーという新進気鋭の二人の学者が書いた本だ。

本書は、中国が台頭するのではなく、すでにピークに達して衰退が始まっているとの前提を提示。そのうえでかつての帝国、たとえば１９３０年代の大日本帝国や第一次世界大戦までのドイツ帝国、そして現在のロシアの事例を研究した結果、ピークを迎えた大国の

「落ち始めの焦った期間」が危険になると指摘している。

ピークを超えた大国に共通の経済停滞や、中国が主張する〝封じ込め〟、すなわち米国を中心とする戦略的包囲網によって習近平氏を中心とする指導層が「焦る」。これにより対外行動が過激になることが予想され、この「焦った危険な期間」が2030年代のはじめまで続くことから、この期間を「デンジャー・ゾーン」と呼んだのである。

米中関係について第1期トランプ政権のときは、マイケル・ピルズベリーが2015年に発表した『China2049』（原題は*The Hundred-Year Marathon*）のなかで主張した「百年マラソン」という考え方が有力だった。ひたひたと米国に追いつこうとする中国が脅威であり、この戦いはマラソンのような息の長いものになるとされた。

しかし、ブランズとベックリーは『デンジャー・ゾーン』のなかで、中国との戦いを「10年間の猛烈な短距離離走」と捉えるべきと主張する。なぜなら中国は「多くの人が考えるよりはるかに早く衰退する」と考えられ、中国が既存の秩序を積極的に破壊できるほどの力をもちながら、「時間は自分たちに味方してくれている」という確信を失う段階に入るため、2020年代に米中間の競争が最大の危機を迎えるとした。

『デンジャー・ゾーン』は、この危機に際して米国がとるべき処方箋も提示している。過去の「頂上決戦」、すなわちソ連との冷戦の前例を参考にできると言うのだ。第二次世界大戦が終わった1945年から最初の数年間は、「冷戦」が米国に有利な状態にあるとは思われておらず、ソ連が世界の微妙なバランスを覆《くつがえ》すことのできる〝チャンスの窓〟が開いていた、とブランズとベックリーは分析する。

1つは経済的、政治的なチャンスであり、大戦後の疲弊し荒廃した欧州は、飢餓、混乱、革命が発生する目前の状態で、共産主義が入り込む可能性が十分あった。また戦後、米軍が兵力1200万人態勢から200万人態勢へと大幅にダウンサイジングしたことから、軍事的にもソ連に〝チャンスの窓〟が開いていた。

冷戦に勝利するために米国は、この「デンジャー・ゾーン」を通過する必要があったが、当時の米国の戦略思想家たちは、時間が自由世界に味方していることに気づいていたという。とりわけ冷戦を勝利に導いた理論的バックボーンを支えたジョージ・F・ケナンは、1947年に「ソ連の衰退は避けられない」と主張。ソ連の権力には「自らの崩壊の種が内包されその種の発芽が進んでいる」と述べたうえで、活力のある民主国家である米国は「合理的な確信をもって」「確固たる封じ込め政策」をとることで、腐敗がシステムを内部から破壊させるまでソ連の前進を阻止できると考えた。

こうして米国の対ソ政策の基本は、「長期的に辛抱強く確固とした注意深い封じ込め」だとされ、これが冷戦期の米国の戦略となり、「デンジャー・ゾーン」を見事に乗り切ったとブランズとベックリーは主張している。

■冷戦期の米国の安全保障戦略：ソ連封じ込め

以上の見取り図を踏まえて、冷戦期から今日までの米国の安全保障戦略と日米同盟を簡単に振り返ってみたい。

ケナンが「封じ込め戦略」を打ち出したあと、1950年代初頭にアイゼンハワー政権は、圧倒的な核の優勢を背景に、米国が重要と見なす地域におけるソ連の挑発に対して、ソ連本土に対する大規模な核攻撃で対応することをあらかじめ示しておくことでソ連の挑発を抑止しようとする戦略、いわゆる「大量報復戦略」を打ち出した。

しかしソ連の核戦力及び運搬手段の増強によって「大量報復戦略」の信憑性が低下すると、次のケネディ政権は、いかなる挑発に対しても、脅威のレベルに応じた軍事力を機動的に発動できる態勢を整備する「柔軟反応戦略」を採用した。

60年代は米ソいずれも相手から先制核攻撃を受けた場合、相手国を確実に破壊できる報復用の「第二撃」核戦力を、潜水艦発射弾道ミサイル（SLBM）の形で保有したことから、互いに報復を恐れ、いわゆる「恐怖の均衡」状態が生まれた。65年に当時のロバート・マクナマラ国防長官がこの状態を「相互確証破壊（MAD）」と呼び、冷戦期の安定をつくり上げた。

冷戦期を1946年から1989年頃までとすると、この時代は「社会主義」対「民主主義＋自由経済」の体制競争が40年以上続いた期間であり、当時の国際関係の基調は安全保障が経済よりも優先されていた。体制競争の認識は、ウィンストン・チャーチルの「鉄のカーテン演説」やケナンの『X論文』に代表され、この時代の安全保障の土正面は欧州だった。ソ連との熱戦を起こさせないための戦略抑止（抑止理論や核抑止）が重要視され、制抑止の最終担保はSLBMを搭載した戦略ミサイル原子力潜水艦（SSBN）であり、制海権、具体的にはオホーツク海などが重要だと考えられた。

当時の状況を日本の視点で見ると、我が国は米ソを中心とする二極構造において、強大な核戦力を背景とする恐怖の均衡のなかで、西側陣営の極東における「封じ込め」の最前線に置かれていた（**図1**）。

日本の安全保障戦略は、米国との同盟による抑止戦略であり、その要は米海軍第七艦隊の前方展開による通常戦力抑止だった。米国が「懲罰的抑止」、すなわち相手国の重要な価値の破壊を担当し、日本は「拒否的抑止」の能力をつけるため、侵略軍の攻撃への阻止・排除に焦点を絞った防衛力を整備した。

図1 冷戦期の日本の地政学的意義

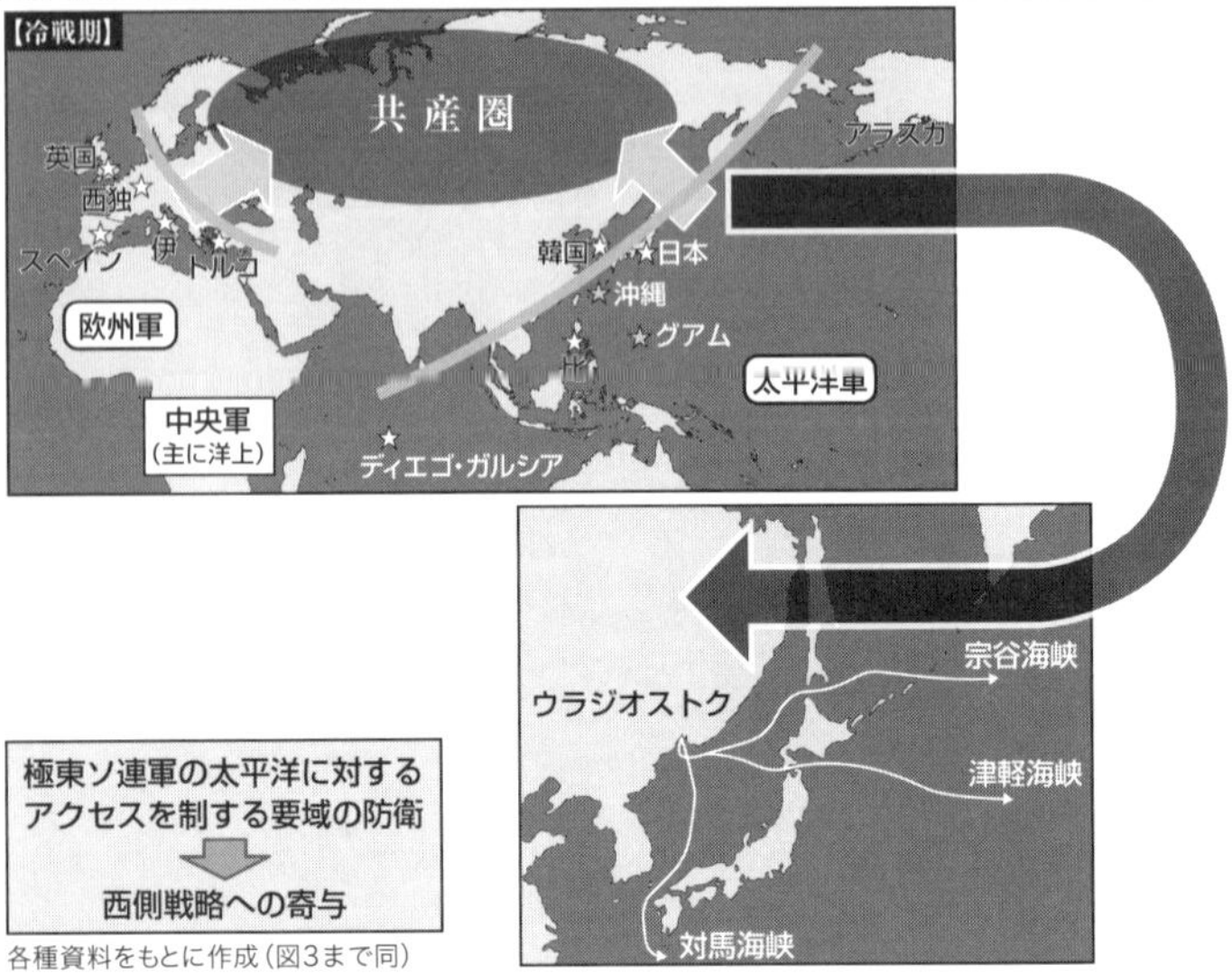

各種資料をもとに作成（図3まで同）

ソ連封じ込めの第一正面は欧州であり、ここでは欧州軍とＮＡＴＯ（北大西洋条約機構）が共産圏の拡大を防いだ。極東正面では、日本、韓国とフィリピンがハブ・アンド・スポークスの同盟関係を米国と結び、それぞれの国のもつ地政学的な優位性を活かしながらソ連と対峙。なかでも日本は、極東ソ連軍の太平洋に対するアクセスを制する要衝、とりわけ相互抑止戦略のなかで非常に重要だったオホーツク海の防衛を担当することで西側の戦略に寄与したというのが、地政学的な意義だった。

冷戦末期になると、米海軍との共同作戦能力を身につけた自衛隊、とりわ

図2 冷戦末期の極東戦略概観図

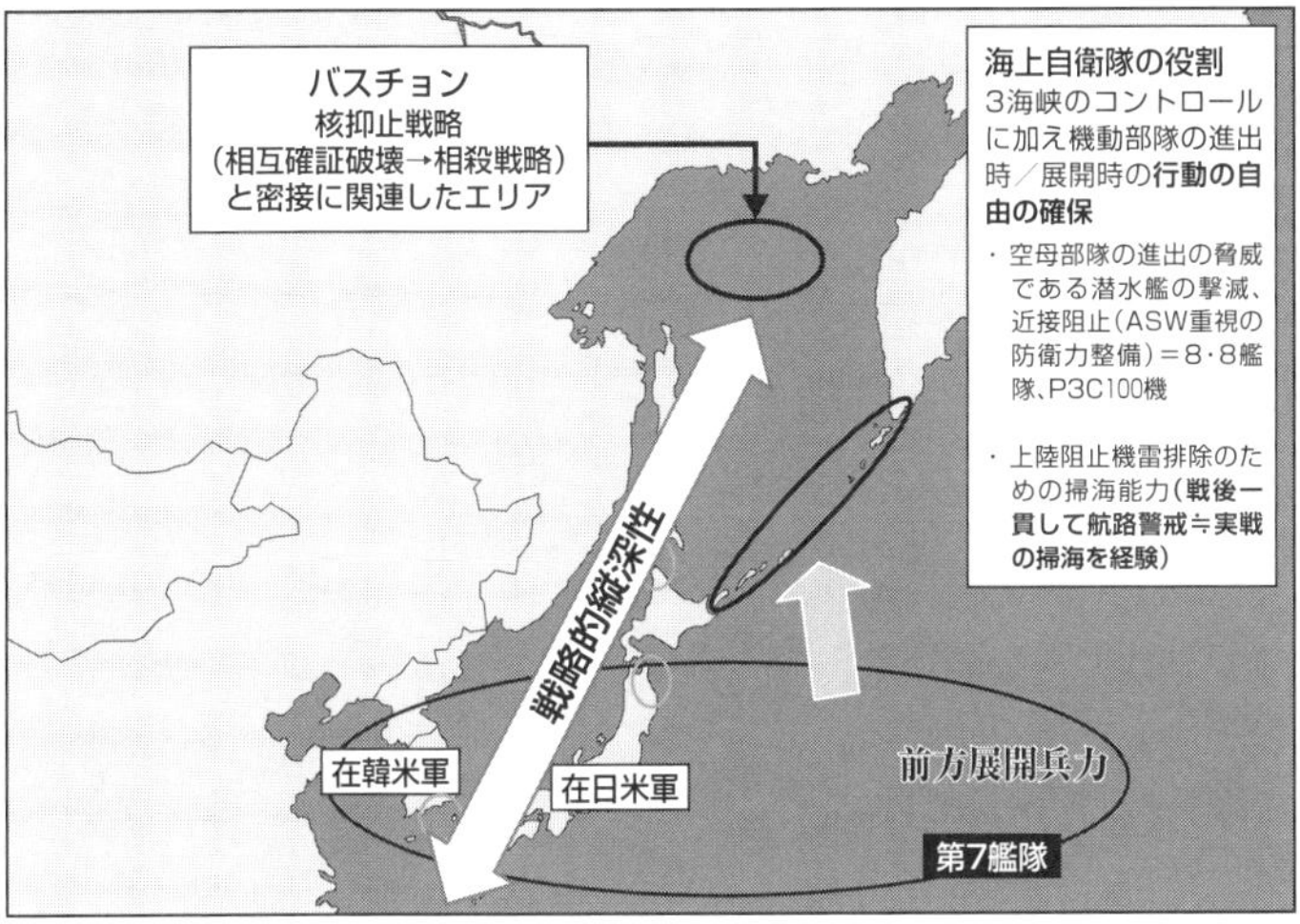

け海上自衛隊の役割は、宗谷《そうや》海峡、津軽海峡、対馬海峡の3海峡のコントロールに加え、米空母機動部隊の進出時・展開時の行動の自由を確保することになった（図2）。当然ながら、米海軍の機動部隊を標的にする敵の攻撃型原子力潜水艦（SSN）や爆撃機を排除できる能力が海上自衛隊に必要とされた。

また、最終的には千島列島線を越えてオホーツク海へ進出し、ソ連軍の第一撃兵力を叩けるような能力を備えることを意味した。さらには、ソ連軍が上陸阻止のために敷設する機雷を除去するための掃海能力も要求されたのである。

■冷戦後の米国の安全保障戦略：「テロとの戦い」

ソ連という強大な敵が崩壊して冷戦が終結すると、次に来るかもしれない戦争との間の「戦間期」とも言えるポスト冷戦期に突入した。１９８９年から２０２１年頃までのポスト冷戦期は、基本的に米国の力の優位が明らかな時代であったが、２００８年のリーマンショックによってその優位が揺らいでいると広く認識され、多極化に移行しつつある時期でもあった。

冷戦後のジョージ・ブッシュ（シニア）政権時、全世界規模の戦争の可能性は低下したが、旧ソ連圏や共産圏の不確実性が増し、大量破壊兵器やミサイル技術の拡散が問題視され、第三世界における大量破壊兵器の存在や高性能な通常戦力の拡散による地域紛争の複雑化が新たな脅威として認識された。こうした戦略環境の変化を受けて、米国の国防政策はソ連の脅威ではなく、世界各地における地域的脅威への対処に重点が置かれるようになった。

そんな矢先、90年にイラクがクウェートに侵攻。翌年米国は多国籍軍を組織して「砂漠の嵐作戦」を開始、イラクをクウェートから追い出した。しかし当時の日本政府の対応は、イラク軍の侵攻4週間後に至り多国籍軍に対し10億ドルの財政支援を行なうというもの。この後外圧に押されて30億、90億と拠出して総額１３０億ドルを財政支援したが、国際社会の反応は「小切手外交」「血と汗のない貢献」と冷ややかだった。こうした評価に苦悩した日本は、湾岸戦争後の91年4月から10月までペルシャ湾に海上自衛隊の掃海艇を派遣した。

ブッシュ政権のあとを継いだクリントン政権下でも世界規模の戦争の可能性はほぼ消滅したため、軍事力をさらに削減。ほぼ同時に発生する2つの大規模地域紛争、湾岸地域と朝鮮半島に対処するための戦力を保持する二正面アプローチが基本とされた。クリントン政権後期になると、今度は〝ならず者国家〟による侵略、民族上の対立に基づく紛争、大量破壊兵器の拡散など、多岐にわたる安全保障上の脅威が認識されるようになったが、同政権後期でも軍事力の削減が進められた。

そして２００1年9月11日、米同時多発テロが起きた。十数人のテロリストにより、わずか1時間でベトナム戦争1カ月分の戦死者３０００名を上回る犠牲者が出た。これは強大な軍事力によってのみ米国と米国民の安全を確保できるという「国家安全保障神話」の崩壊でもあった。

この攻撃を受けてジョージ・W・ブッシュ（ジュニア）大統領は、「新たな戦争（New

War)」と命名して「テロとの戦い」に突入していった。米国は当時、自国の価値観と国家利益を反映した〝米国流国際主義〟を広めていけば、より安全かつ良い世界が実現できるという、幻想に近い考え方に囚われていたように思える。国家安全保障戦略の目標に、「人間の尊厳」「政治体制及び経済活動の自由」と「諸外国との平和的関係」が掲げられた。主たる脅威は、国際テロリズムと地域紛争と大量破壊兵器が結びつくことだとされ、経済成長、開発援助や軍のトランスフォーメーションを進め、精緻に国際環境を構築することで目標を達成するとされた。

米国は国防上の必要からテロの未然防止と対処に戦争の概念を適用し、国際社会の安定のための「予防」としてイラクのサダム・フセイン政権を崩壊させた。しかし米国の単独行動主義に対する批判に加え、イラクが長期に及ぶ内戦に陥り、テロの温床となって地域の不安定化を引き起こしたことから、米国の指導力に各国から懸念が提起された。

■米国の大戦略と「統合抑止」

ポスト冷戦期には、ソ連というユーラシアの「ハートランド」に向けられていた矢印が、90度方向を変えていわゆる「不安定の弧」に向けられることになり、米軍の存在も

図3　米軍再編の背景：前方展開態勢の変化

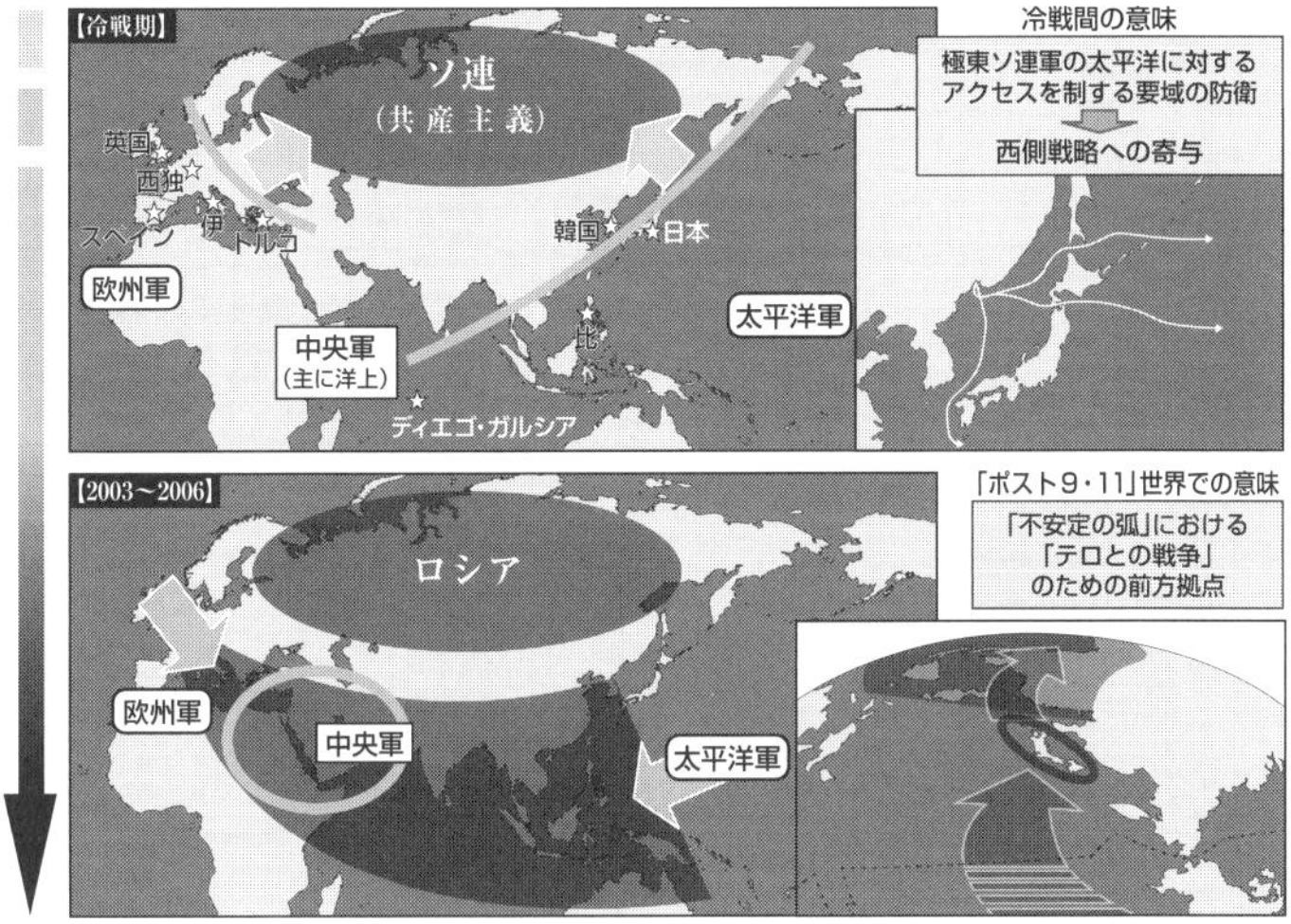

「テロとの戦争」のための前方拠点という位置づけに変わった（**図3**）。

オバマ政権が誕生する頃（２００９年）には、イラク戦争も一定の落ち着きを見せ、中東では２０１２年には「テロは多くの脅威の１つにすぎない」ところまで脅威が低下したと見られていた。ところが２０１４年にイスラム国（ＩＳ）が台頭したことから、米国は「同盟国と共にＩＳの弱体化と最終的な壊滅をめざす包括的な対テロ戦略を主導」することになった。

第２期オバマ政権になると、ロシアに対する認識に変化が生じた。２０１０年の段階では「安定的かつ実質的で多次元の関係を構築する」相手とされていたのが、２０１４年のクリミア併合を受けて15年には

「侵略を阻止して代償を科すため厳しい制裁を実施する」対象に変わった。

中国に対する脅威認識もオバマ政権第1期と第2期では大きく変化した。2010年時には「米国と共に責任ある指導的役割を果たすことを歓迎する」とされていたのが、2015年には「軍備の近代化には警戒を続け東・南シナ海での領有権争いの脅しによる解決は認めない」とされる相手になった。

2016年に米国防総省が出した『米国の直面する安全保障上の課題』では、ロシアは「再台頭するパワー」として欧州正面における脅威と位置づけられ、中国は「台頭するパワー」としてアジア・太平洋正面における主たる脅威とされ、「大国間競争の再来」という言葉が使われるようになった。

第1期トランプ政権の基本的な脅威認識は第2期オバマ政権と変わらなかったが、優先順位がより明確にされた。優先順位の1番目は、台頭する脅威である西太平洋地域の中国になり、ロシアはすでにピークを過ぎた脅威なので2番目。3番目が地域的な脅威としてのイランと北朝鮮になり、継続的な脅威としての国際テロ組織にも対処するとされた。

地政学的なアプローチとしてトランプ政権は、「ユーラシア大陸に覇権国を生じさせないこと」が米国にとっての長期的な国益だとし、最重要地域は西太平洋、最大脅威は中国と位置づけた。このアプローチはバイデン政権にも引き継がれ、第2期トランプ政権につながっている。

抑止論的なアプローチとしては、敵となる可能性のある国の軍事能力に着目して「拒否的抑止」によって大国間の衝突回避をめざしている。具体的には技術における優越を確保したうえでそれを作戦に組み込み、技術的な優位で抑止を図ろうと考えた。

このため第1期トランプ政権時の『国家安全保障戦略』では、「米国の繁栄促進」が柱の1つとされ、慢性的な不公正貿易を容認せず、自由で公正、互恵的な経済関係を追求し、米国の知的財産を盗む競合勢力から基盤技術を守るとともに、研究、技術、革新分野で先頭に立つことが目標とされた。

またもう1つの柱として第1期トランプ政権は、「力による平和」を掲げ、宇宙やサイバーを含めて軍事力を再建し「最強の軍隊を維持する」として大軍拡に乗り出し、外交、情報、軍事、経済等あらゆる手段を駆使して国益を守る姿勢を打ち出した。

これらのコンセプトがバイデン政権ではさらに洗練され「統合抑止」と呼ばれるようになった。同政権のロイド・オースティン国防長官は、「私たちの同盟国やパートナーと足並みを揃えて、私たちの道具箱にあるすべての軍事的、非軍事的な道具を使う。統合抑止とは、既存の能力を活用し、新たな能力を構築し、それらのすべてがネットワーク化された新たな方法で展開すること」と定義している。

米国は、外交、経済、金融、開発手段のアメとムチを使い、情報、諜報、法律のすべての力を行使して戦略的競争者や地域的侵略者にコストをかける戦略、政府全体としての抑止戦略をとっている。加えて同盟国とパートナー国の能力も総動員することで潜在的な敵対国のコストを法外なものにさせようと、同盟全体の「統合抑止」力を高めることで、中国やロシア、その他の悪意ある主体を抑止する戦略を進めているのである。

■超大国としての4つのアプローチ

最後に米国の大戦略についてまとめておきたい。共和党、民主党問わず米国は、唯一の超大国という立場を維持し、法支配の秩序を創出し、国際制度機関や規範をつくって自国に有利な環境をつくり、軍の優越を維持して世界への戦力投射を可能にし、経済力、とりわけドル基軸体制の維持に努め、英語やエンターテインメントなど文化面での優越を維持し、民主制度と自由貿易体制の拡大に努めてきた。

こうした目標を達成するために、どのような大戦略を採用するのか、米国内で議論があり、以下の4つのアプローチがせめぎ合っている。

1つ目は「優越」というアプローチである。これは冷戦を終結させたときに米国が得た

図4 米国の4つの対中アプローチ

	Accommodation 宥和	Collective Balancing 集団的対抗	Comprehensive Pressure 包括的圧力	Regime Change 体制変更
Assumptions 想定(前提)	・中国は理性的でリスク回避的 ・米国の優位は劣化傾向にある ・協力の連鎖は可能	・中国は現状変更指向でリスク回避的 ・地域諸国は中国に対抗 ・対中連合で中国を抑止可能	・中国は現状変更的でリスク受容的 ・中国の強大化で地域諸国はなびく ・中国の力が減速しないと米国の地位は低下	・中国は現状変更的でリスク受容的 ・米国の優位が無駄にされている ・核戦争なしで共産党は排除可能
Theory of Victory 勝利の法則	・中国が強大化する前に取引する	・対中連合を強化させ中国を穏健化させる	・中国の秩序変更前に中国を弱体化させる	・手遅れになる前に共産党を打倒する
Center of Gravity 核心的要素	・二国間関係の質	・米中関係下での地域諸国の立場	・米中のパワー相対比	・中国共産党による権力の掌握度

Hal Brands and Zack Cooper "AFTER THE RESPONSIBLE STAKEHOLDER, WHAT? DEBATING AMERICA'S CHINA STRATEGY" *texas national security review*：volume 2, issue 2(February 2019)を訳した森聡『日本国際政治学会・部会 13「東アジア国際関係の新展開」』「ワシントンによる対中競争路線への転換―その要因と諸相―」をもとに作成

ポジションとしての優越性のことであり、最大のライバルがいない状態で、理論上は世界のあらゆる紛争に介入して解決できるような圧倒的な状態を指す。この場合米国は、地政学的な三大戦略地域である西欧、中東、東アジアの全地域に全面的に関与する。

2つ目は「選択的関与」であり、三大戦略地域でバランスよく適度に関与して紛争を抑えようとする立場である。ブッシュ・シニア政権やクリントン政権の前半はこれをめざしていた。前のバイデン政権もこの「選択的関与」のアプローチだったと言えるだろう。

3つ目は「オフショア・バランシング」と呼ばれるもので、三大戦略地域か

ら軍事力を撤退させバランスが崩れたときだけ介入するというコンセプトだ。いわゆるリアリストが好む戦略である。

最後4つ目が伝統的な「孤立主義」である。米国は世界から軍事力を完全撤退して海の守りだけ固めればよいという戦略で、この方針の信奉者は徹底して軍事費削減を求める。

さらに政策的アプローチとしては、**図4**にあるように「宥和」「集団的対抗」「包括的圧力」「体制変更」の4つに分類が可能だ。現時点では「中国は現状変更指向でリスク回避的、しかも地域の国家が中国に対抗する用意があり、対中連合を形成して中国を抑止可能」という前提で、対中連合を強化させ中国を穏健化させるため「集団的対抗」を進めているものと思われる。

ただ、今後中国が現状変更的でリスク許容度を高め冒険主義的な傾向を強めてきた場合、地域の国は中国になびいてしまう可能性も出てくる。とりわけ中国の成長が減速しなければその可能性は高まるため、その場合は「包括的圧力」に移行して、中国の秩序変更前に中国を弱体化させることをめざすだろう。

米国は今後、「集団的対抗」と「包括的圧力」を組み合わせた形で、中国の出方に応じてその都度使い分けていくと予想される。

■日米のインテリジェンスの統合をどう進めるか

世界は再び「社会主義デジタル権威主義」対「民主主義自由経済」という形を変えた体制競争、「新冷戦」の時代に突入している。しかも、今後の「決定的な10年」は中国が冒険主義的な行動をとる可能性の高まる「デンジャー・ゾーン」になる。

この「新冷戦」は、体制競争生存を懸けて「D＝外交、I＝インテリジェンス、M＝軍事、E＝経済（DIME）」をすべて動員する熾烈《しれつ》な勝負の時代になる。しかも冷戦期と異なり、米国は一国では体制競争を戦う余力がないため、同盟国・パートナー国に分担を求めてくるだろう。

日本は2022年12月、当時のバイデン政権が掲げた「統合抑止」戦略とシンクロナイズしたような『国家安全保障戦略』や『国家防衛戦略』をいち早く発表したが、プーチンや習近平のような独裁的な指導者への抑止は働き難いため、彼らに抵抗するためには強靱で一体的な〝拒否能力〟が必要になる。とりわけ、日米「統合抑止」の観点から遅れているのは「I＝インテリジェンス」の分野である。政府内だけでなく日米のインテリジェンスの統合をどのように進めていくかが急務であろう。

また、中国になびく国々を減らすためには、いわゆる「グローバルサウス」の国々をどう民主主義陣営に取り込むかも極めて重要な課題となる。岸田政権時にアフリカ外交は活性化されたが、引き続き政府が一体となり官民協力を進め、またバイ（二国間）の場でもマルチ（多国間）の場でも、同盟国と歩調を合わせた息の長い取り組みが必要になる。

国際関係の基調は再び経済よりも安全保障になり、安全保障の正面はアジアになる。今後40年近くこの体制競争が続くとすれば、10年の「デンジャー・ゾーン」を超えて２０６０年頃までこのフェーズが続くことも想定しなくてはならない。

「トランプ２・０」の時代を生きるいま、まさに「国際秩序の未来を形づくる戦略的競争の真っただ中にいる」という認識をもち、目前の課題に一つひとつ取り組み、今後長期にわたる体制競争を勝ち抜く覚悟をもたなければならない。

『国家安全保障戦略』にあるとおり、「我々は今、希望の世界か、困難と不信の世界のいずれかに進む分岐点にあり、そのどちらを選び取るかは、今後の我が国を含む国際社会の行動にかかっている」のである。

第4章

欧州の地政学

NATO 1

拡大するNATOとロシアの因縁

長島　純（中曽根康弘世界平和研究所研究顧問／元空将）

2022年2月のロシアによるウクライナ侵攻は、欧州の安全保障秩序に大きなインパクトを与えた。北大西洋条約機構（NATO）はロシアとの直接対決を回避しつつも、東方防衛体制強化のために多国籍の陸海空軍で構成される最大4万人規模のNATO即応部隊（NRF）を初めて配備した。

さらに、NATO外縁の東方側面に位置するバルト三国やポーランドに「増強前方戦闘群（enhanced Forward Presence：eFP）」を展開させ、ロシアに対する抑止・防衛態勢を整えた。また、長らくNATOと一定の距離を保ち加盟国になることを選択してこなかったフィンランド、スウェーデン両国も、ロシアの武力侵攻や核脅威への共同対処の必要性に迫られ、NATOへの加盟に踏み切った。

本稿では、ロシアによるウクライナ侵攻に直面したNATOの戦略的アプローチの変化を振り返りながら、ＮＡＴＯとの協力を進める日本の安全保障のあり方を考えていきたい。

■「原点回帰」したＮＡＴＯ

ＮＡＴＯの初代事務総長を務めた元英陸軍大将のヘイスティングス・イスメイ氏は、ＮＡＴＯの存在意義について、「ロシアを締め出して、米国を引き止め、ドイツを抑え込む」ことにあると述べた。この発言はいまもＮＡＴＯの文書の中に一部残されており、ＨＰでも確認ができる。現在まで連綿と続くＮＡＴＯの基本的な考え方を示す表現だと言えるだろう。

「ロシアを締め出す」必要性がつねに意識されてきたように、ロシアの地政学的な脅威は、時代の変化のなかで欧州にとって絶えず大きな問題であった。そして、ロシアの脅威を一定程度抑止し、欧州を防衛するには、「米国の力を欧州に引き止めなければいけない」という認識も、今日まで一貫している。ドイツについては、第一次・第二次世界大戦において軍事大国として他の欧州諸国に脅威を与えたことから、ＮＡＴＯ創設時には「ドイツを抑え込む」必要があると考えられていた。

ＮＡＴＯは言うまでもなく、米国や英国が中心となり、当時のソ連を中心とする共産圏に対抗するために１９４９年に設立された軍事同盟である。このため、１９９１年末にソ連邦が崩壊し、ソ連中心の安全保障機構であるワルシャワ条約機構（東欧相互防衛援助条約機構）がなくなったのちは、その存在意義を失い迷走した。

冷戦後に自分たちの共通の脅威がいなくなった結果、西側各国は「平和の配当」の名の下に国防予算を削減。当然、「ＮＡＴＯは本当に必要なのか」が絶えず問われるようになった。それに対する明確な答えを出さなければ十数カ国（当時）の加盟国をまとめることは困難であり、このため冷戦後のＮＡＴＯは、自分たちの存在意義を探して戦略づくりに腐心した。

その後２００１年９月11日に米同時多発テロが発生し、世界が対テロ戦争の時代に突入したこともあり、ＮＡＴＯは危機管理的な役割、もしくは不安定な情勢への対応を任務に加え、イラクやアフガニスタンで国連主導の治安維持作戦や復興支援の任務に携わった。

冷戦及びポスト冷戦時代のＮＡＴＯは、地域的な集団防衛のための同盟と言われていた。しかし、９・11テロ以降、国際テロのような国境を越える脅威に対応するため、「コンタクト・カントリー」や「グローバル・パートナー」という呼び方で地域外の友好国との関係強化を進め、日本に対するアプローチもこの頃に始まった。

2023年4月にNATOに加盟したフィンランドのサンナ・マリン首相は、「2014年と2022年のロシアの蛮行によって欧州の安全保障秩序が変わった」と断言した。多くの日本人は、2022年2月24日のロシアによるウクライナ侵攻が欧州安全保障秩序の変化の起点だと考えるかもしれないが、欧州諸国にとっては2014年のロシアのクリミア併合が、ロシアに対する脅威認識の転換点だった。

さらに遡《さかのぼ》れば、2007年のエストニアに対する大規模サイバー・テロや2008年のグルジア（現ジョージア）への軍事侵攻なども伏線としてあった。その延長線上で2022年のロシアのウクライナ侵攻がいわば「決定打」となり、NATOが軍事同盟としての原点へと回帰することになった。

ウクライナ侵攻の背景にある人口と宗教

依然として続くウクライナ戦争によって欧州安全保障の何が変わるのか。地政学的観点から言うと、人口という要素を無視できない。

図1は、パーセンテージが高いほどロシア系に近いことを示している。地域的に言えば現在ロシアが支配している地域は、民族的にロシア系に近い住民が多く居住している所で

図１　ウクライナ各地域における親露派勢力の傾向

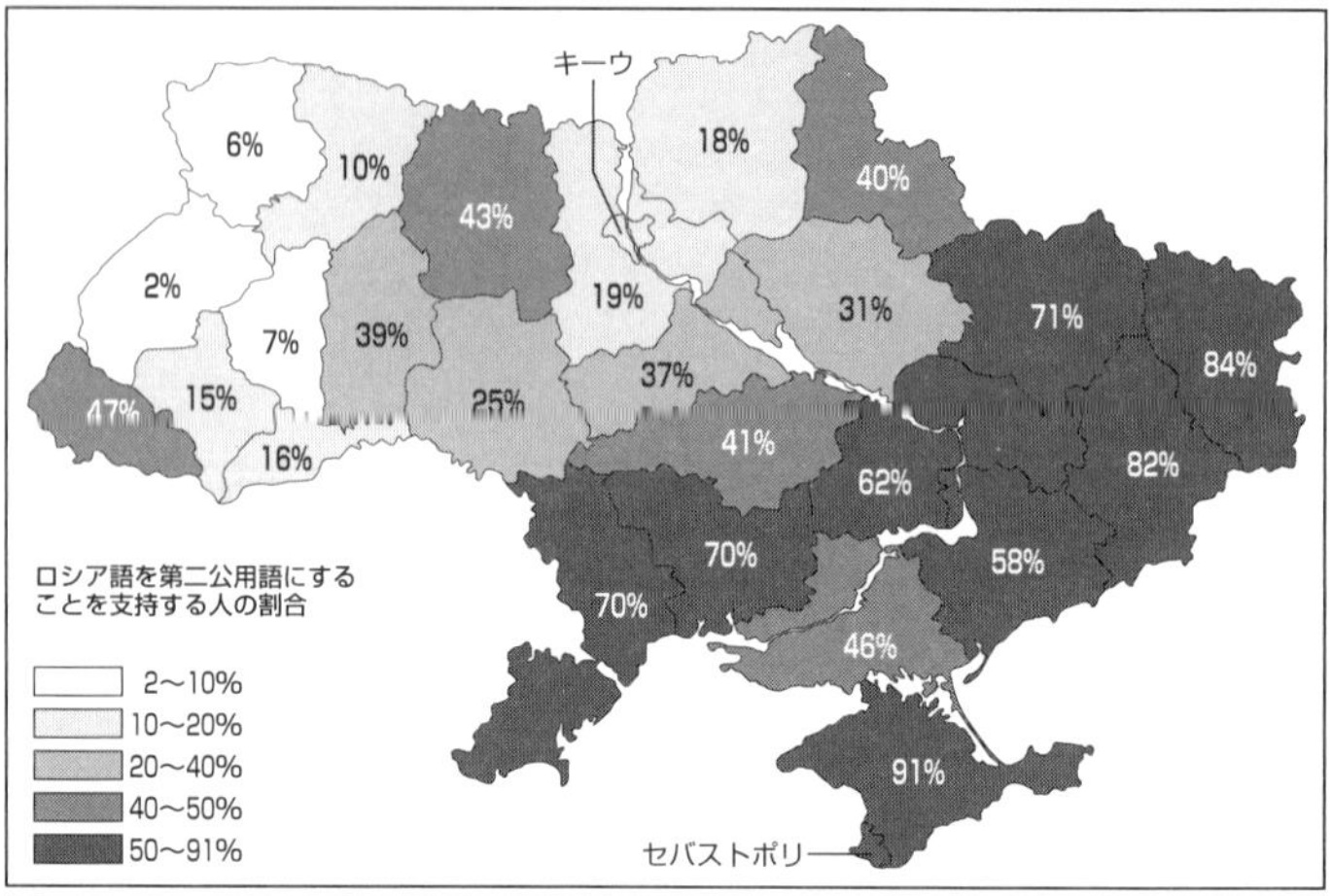

ウクライナ国立戦略統計研究所の世論調査をもとに作成

あり、ロシアが人口を拡大させる政策をとっているという見方も可能である。最近の予測では、ウクライナの人口は今後劇的に減少していくとされており、同国の出生率は２０２１年の調査では世界２０２位の１・２で、１７７位のロシア（１・５）や１９１位の日本（１・４）よりも低くなっている。

　ロシアも出生率が低く人口が減少している国として有名だが、近年はさまざまな施策を打ち出してきている。ロシアからすれば、ロシア系住民が多い地域を占領してしまえば、ウクライナは長期的に衰退していくだけ、という読みがあるのかもしれない。

　またロシアは、占領した地域の住民をロシアへ連れていき、そこでウクライナのパスポートを取り上げて、逆にロシア側のパスポートを渡して移住させる施策も進めている。つまりロシアは、今回の戦争でたんにウクライナの一部地域を占領するだけではなく、ウクライナの国力の成長源泉である人口を奪っている。ロシア系住民の「国籍」をロシアにつけ替える形で国力の増大を狙っている可能性もある。

もう一つの視点は宗教である。２０１４年以降、ロシア正教とウクライナ正教との対立が強まっていた。ウクライナ正教会は１６８６年以来モスクワ総主教庁の管轄下にあったが、２０１８年に正教会のなかで最も権威のあるとされるバルトロメオ一世・コンスタンティノープル総主教がウクライナ正教会に対して独立する権利を承認したことで、ロシアとウクライナの「宗教戦争」が激化したという背景がある。

ロシアとウクライナの正教会信徒を合計すると、世界のその他の正教会の信徒全員を合わせた数を超えるとされている。モスクワ総主教庁が管轄してきた１億３６００万人の信徒の４分の１はウクライナ人が占め、１万８０００カ所ある教会区の３分の１はウクライナの領土にあったという（『ナショナルジオグラフィック』日本版サイト、２０１８年10月17日）。

それゆえウクライナ正教会の「独立」は、１０００年におよぶ正教会の歴史上『最悪の危機』になると２０１８年当時から見られていた。ロシア正教会の最高指導者であるキリル総主教がプーチン大統領のウクライナ侵攻を支持したことから、この軍事侵攻の背景には宗教的な理由もあったのではないか、との疑念をもたれている。

この戦争をたんなる領土の取り合いと見るより、むしろ人口や宗教といった側面に焦点を当てると、また違った見方ができるだろう。

■欧州の安保を巡る勢力圏

では、ロシアによるウクライナ侵攻が欧州の安全保障全体にどのような影響を与えたのかについて考えていきたい。図2が示しているように、すでに欧州のほとんどの国がNATO加盟国になりつつある。2023年にフィンランド、2024年にはスウェーデンが加盟したことで、加盟国は32カ国になった。今後、2008年のブカレスト首脳会談で加盟合意が得られているジョージアとウクライナが加われば、欧州における地政学的環境はより変化し、NATOの色はますます濃くなると見られる。

南欧のボスニア・ヘルツェゴビナも、現在NATOの「メンバーシップ・アクション・プラン（MAP）」に入っているため、今後数年以内にNATO加盟国の仲間入りが予定されている。オーストリアとスイスについては、もともと永世中立国だが、NATOとの

図2 NATOの勢力図とロシアの海洋戦略

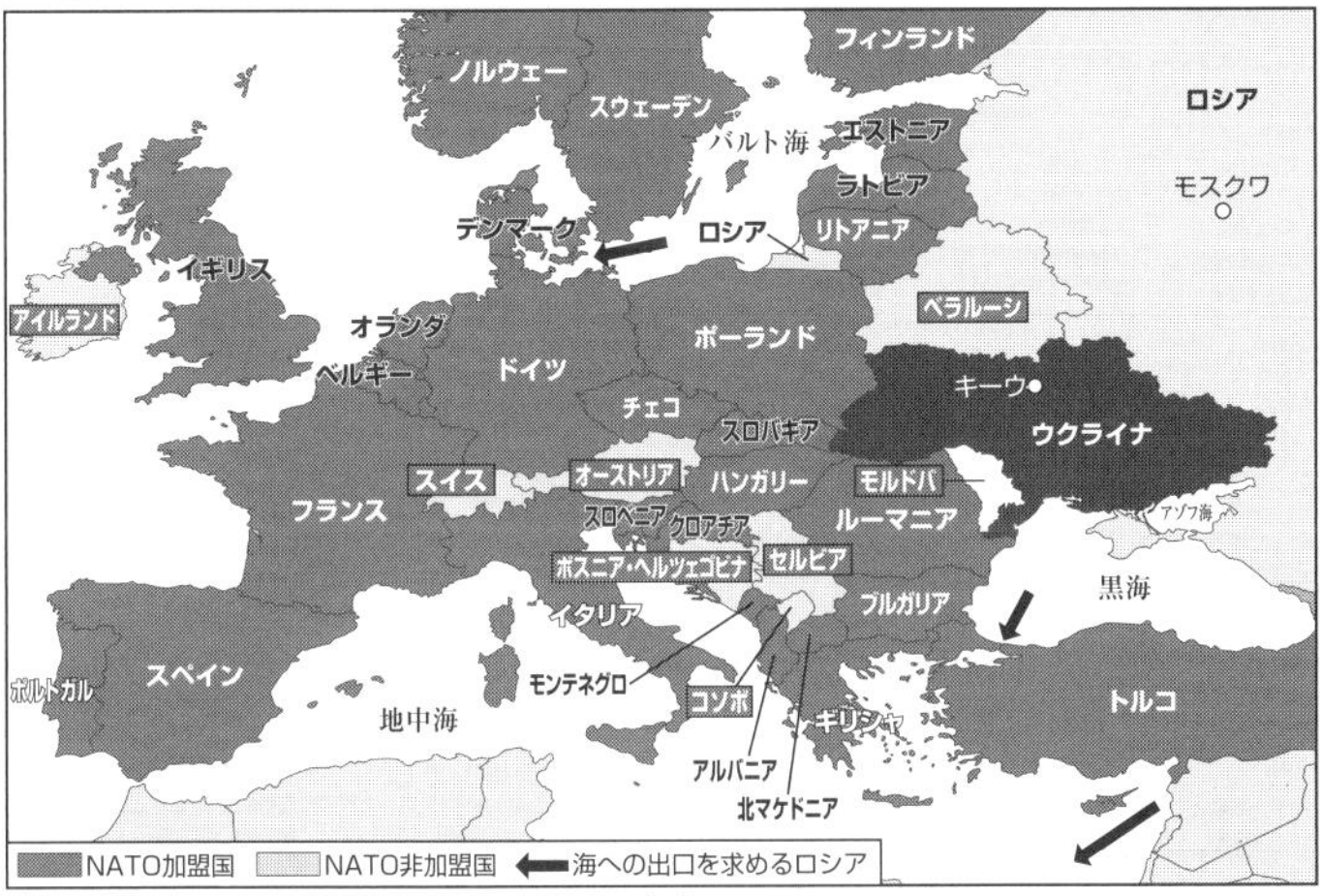

Viachslav Lopatin/shutterstock.com等をもとに作成

協力関係は維持している。

一方でベラルーシやモルドバ、セルビアといった国々は、欧州内の大きな不安定要因である。セルビアは2006年以降、NATOの「平和のためのパートナーシップ（PfP）」という信頼醸成のための取り組みに参加していたが、近年は中国との関係を強め、NATOとは距離を置いている。2020年には攻撃機能のある無人機を中国から導入し、21年春には中国との戦略的関係の強化で合意。さらに2022年4月には、中国が開発した地対空ミサイル「紅旗－22」が納入されたことも報じられた。セルビアのアレクサンダル・ヴチッチ大統領は、ロシアのウクライナ侵攻後に、「米国主導の軍事同盟は必要ない」と述べ、NATOに加盟する意思がないことをあらためて明確にした。

図2を見ると、欧州内の碁石の取り合いのように現在はNATO加盟国の地域が圧倒的に優勢に見えるが、万が一セルビアがロシアとの関係をさらに強化して自国領内にロシアの長射程ミサイルや大量破壊兵器を配備するようなことがあれば、形勢が逆転する可能性も排除できない。

また同図に示したように、この戦争はロシアの海洋戦略にも大きな影響を与えうる。ロシアは歴史的に、つねに海洋への出口を求め続けてきた。ウクライナ侵攻の目的の1つは、黒海に至る海洋の出口、すなわちその内海であるアゾフ海を支配することだった可能性がある。実際、米国や英国は、アゾフ海に面した、もしくは同海に近いオチャーコフやベルジャンシクの港を整備し、軍事利用しようとしていた。

2022年2月21日、プーチン大統領は、ウクライナ東部の親露派地域の独立を承認し、ウクライナへの派兵を命じた演説のなかで、米国やNATO諸国がウクライナ国内で空港や港の近代化など将来の軍事利用のためのインフラ整備を着々と進めていることに不快感を示した。「米国が建設したオチャーコフの海事作戦センターは、ロシアの黒海艦隊と黒海沿岸全体のインフラに対する、精密兵器の使用を含むNATO軍艦による活動の支援を可能にしている。（中略）繰り返すが、この作戦センターは今日すでにオチャーコフで稼働している」。このようにプーチン大統領にとって、同地域からNATOの拠点や影響力の排除を試みる意図は明白だった。

NATOの北欧拡大のインパクト

フィンランドとスウェーデンのNATO加盟は、地政学的、戦略的に欧州の安全保障にどのような影響を与えるのだろうか。図3の左側（シナリオⅠ）は、ロシアから見て外海への出口がどれだけ狭められているかを示すものである。スウェーデンとフィンランドが加盟することによって、ロシアから見れば、バルト海がほぼ敵対勢力に取り囲まれるようになってしまうことが一目瞭然である。ロシアにとって飛び地として戦略的に重要なカリーニングラードも封鎖される形になる。

図3の右側（シナリオⅡ）は、逆にロシア側からこの状況を打開しようとする場合、どこを重要視するかを記したものである。

1つはフィンランド領であるオーランド諸島で、もう1つがスウェーデンのゴットランド島だ。もしこれら2つの島がロシアに占領され、たとえばイスカンデルのような戦術兵器が配備された場合を想定してみたい。

図3　ロシアと北欧を巡る2つのシナリオ

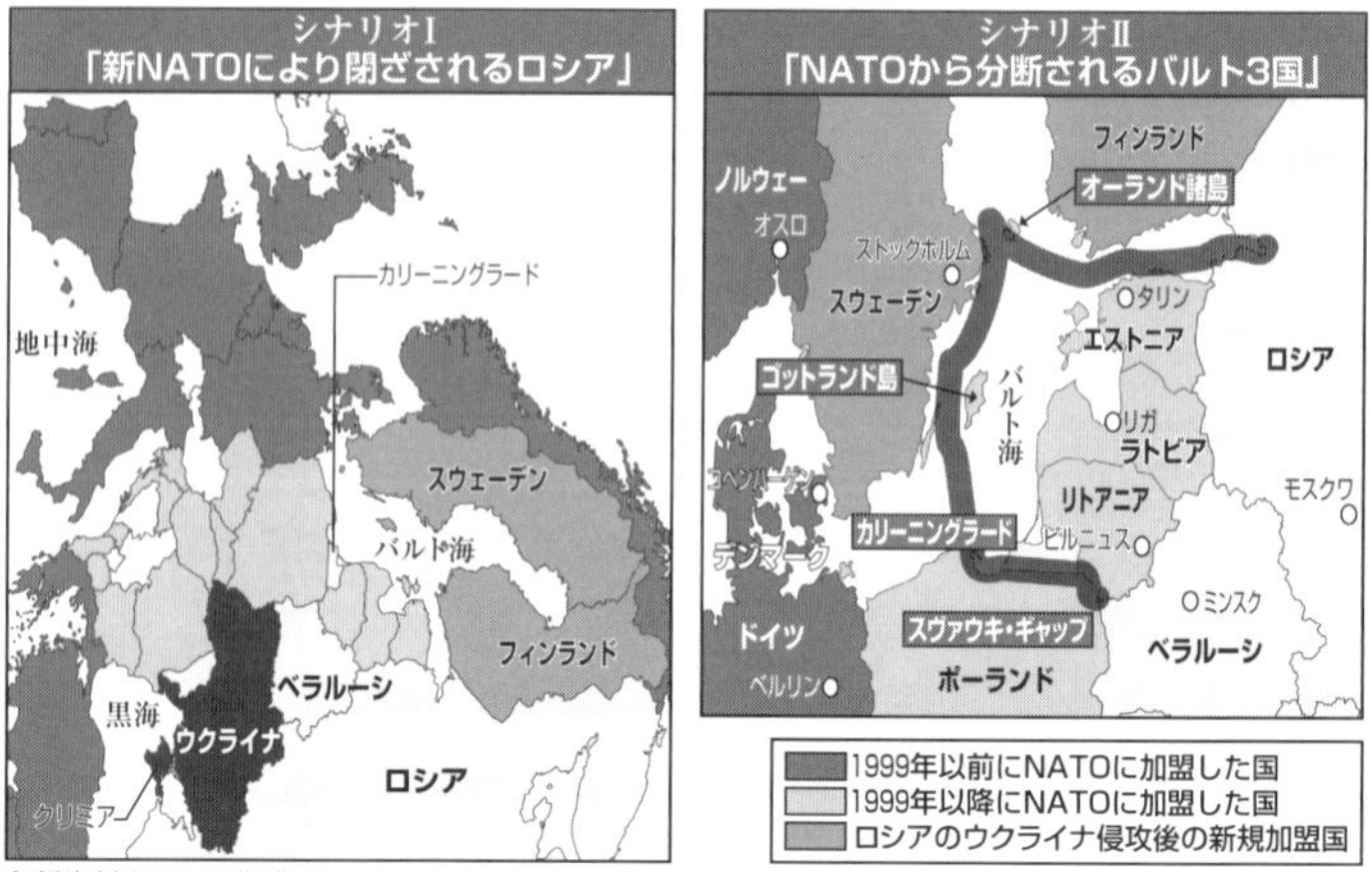

各種資料をもとに作成

シナリオⅡのように、ロシアからオーランド諸島・ゴットランド島を線で結び、カリーニングラードを通ってさらにリトアニアとポーランドの国境にある戦略的重要点スヴァウキ・ギャップを結べば、バルト三国を完全に囲むことになり、三国をNATOから分断できる。

また2つの島は、フィンランドやスウェーデンからバルト三国へ連なる海底ケーブルの陸揚げ拠点でもある。これをロシアが占領して海底ケーブルを切断した場合、バルト三国の通信機能を麻痺させることも可能だ。こうした観点から、オーランド諸島とゴットランド島は、今後戦略的に極めて重要な要衝になると考えられる。

もう1つ注目に値するのはポーランドで

ある。ポーランドは依然としてウクライナ支援における前線基地で、各国からの支援物資や兵器、装備品を供与するための前進拠点になっている。2000年代以降、ポーランドは米欧関係の対立の狭間で独自の存在感を示していた。

2003年に米国がイラク侵攻に突き進んでいた頃、イラクのサダム・フセイン政権（当時）の大量破壊兵器の脅威に対して、武力行使を認めるか否かを巡り米欧は大きく対立した。独仏はロシアと共に米国のイラク侵攻を非難したのに対し、ポーランドを中心に東欧諸国の一部が米国を支持して欧州が割れた。当時のドナルド・ラムズフェルド米国防長官は、ポーランドなど東欧諸国を「新しい欧州」と呼んで称え、米国の姿勢に賛同しなかった西欧諸国を「古い欧州」と呼んで蔑《さげす》む態度をとり、政治問題化したことがあった。

また2020年にはドナルド・トランプ米大統領が、「ドイツは、国内総生産（GDP）の2％を国防費に充てるというNATOの目標を守っていない」としてドイツから米軍部隊の一部を撤退させる一方で、在独駐留米軍一万人弱をポーランドに振り替えるなど、他のNATO加盟国への厳しい姿勢と一線を画し、軍事援助の拡大を図っている。

他方でポーランドの過去数十年に及ぶ積極的な対米支援とNATO内での地位向上、歴史的に旧ソ連やロシアと何度も戦い辛酸《しんさん》をなめてきた歴史に鑑《かんが》みると、ウクライナ侵攻でNATOが対露軍事同盟へと原点回帰するなかで、ポーランドのNATO内での戦略的役割が増大し、新たなトランプ米政権との関係においてさらに強化されていく可能性もある。

■価値共同体へ向かうNATOの挑戦

2024年にワシントンで行なわれたNATO首脳会合では、長期的なウクライナ支援の拡大や同盟の基盤となる抑止と防衛力の強化に加えて、インド太平洋を含むグローバル・パートナーシップの進化が確認された。

NATOは、国際的な制裁や規制を無力化するような第三国からの対露支援の継続、西側が約束した軍事供与の遅延や停滞、大量の装備、弾薬支援に伴う加盟国の継戦能力低下への懸念があり、ロシアの戦争を止めるに十分な環境が整えられていない現実に直面した。その結果、首脳会合等の機会をとらえて、ウクライナがロシアに勝利するための基盤を整備すべく、軍事装備、支援、訓練の提供に関する長期的支援に対するコミットメントに合意している。

また、NATOは2022年以降、360度全方位のアプローチによる抑止・防衛態勢に取り組んでおり、ロシアによる東方からの脅威のみならず、北極海やバルト海を含む北方、また不安定性を強める南方からの脅威への備えに着手している。とくに南方地域では、偽情報等によって蔓延する反欧米感情を利用して、ロシアや中国がそれぞれ異なる方法で権威主義的な影響力を増大させている。

それは、同地域の混乱と不安定性を高めるばかりでなく、気候変動の影響と相まって国際テロや不法移民等を急増させることから、ＮＡＴＯの抑止と防衛の対象として認識されるようになった。その結果、今回の首脳会合では、南方へのＮＡＴＯの関与を強化する行動計画が合意され、そのための南方近隣地域担当代表が新たに指名されるなど具体的な取り組みが始まっている。

さらに、従来から指摘される、中国やロシアによると見られるサイバー攻撃や偽情報などによる認知領域、宇宙空間における不法行為、北朝鮮による弾道ミサイルなどの大量破壊兵器の拡散に加え、今日のウクライナ戦争を通じて明らかになった域外国による対露支援の現実は、ＮＡＴＯ西端に位置する北米から見た「西方」への抑止と防衛への関心を高めさせている。

具体的には、半導体や関連機器などのデュアルユース（軍民両用）技術を通じてロシアの戦争経済を支える中国に加えて、ミサイルや核兵器の開発技術と引き換えにロシア軍に大量の弾薬やドローンを供与する北朝鮮、イランへの警戒感を高めている。とくに、ＮＡ

TOを「冷戦の遺物」と呼ぶ中国は、2015年に地中海においてロシアとの合同海軍演習を初めて実施し、2024年の首脳会合と同時期にベラルーシとの軍事演習を行なうなど、欧州に対する軍事面での実存的脅威として浮かび上がる。

近年、協調的安全保障を中核任務に位置づけるNATOは、価値共同体としての基本理念を守る観点からグローバル・パートナーシップを重視するようになっている。ウクライナ戦争を契機として、西側の価値観を否定する権威主義国家が、民主主義、法の支配、人権、個人の自由という既存の国際秩序の変更を促すような動きを示していることに、価値同盟としてのNATOが強い危機感を示しているのは明らかだ。

さらに、中国、ロシア、北朝鮮がお互いの包括的戦略パートナーシップに基づいて、軍事分野を含む相互協力関係を加速するなど、今後、権威主義勢力の敵対的連携が急速に進化しかねず、NATOとしてはさらに警戒を強めざるをえない。将来的に、いわゆるグローバルサウスの台頭などで国際的な価値観が多様性を強めるなかで、権威主義国家の影響力が世界に膨張していくことに配慮して、北大西洋条約第3条に規定される民主的なレジリエンス（回復力）を強化することは、価値同盟としてのNATOの大きな課題でもある。

■米国の同盟国日本はNATOとの協力関係強化を

2024年4月、日米首脳は、両国が共通の価値観に基づくグローバル・パートナーとして、法の支配に基づく自由で開かれた国際秩序を共に維持強化することを確認した。そのうえで、日米同盟を基点として同志国、たとえば価値を共有するNATOやいわゆるAP4のオーストラリア、ニュージーランド、韓国のほか、東南アジア諸国などとの安全保障ネットワークを強化することも明らかにしている。そのような共通の価値を基盤とするグローバルなネットワークの強化は、持続的な地域の平和と安定を保証するとともに、今後の日米両国の発展と繁栄に寄与し、欧州・大西洋地域との安全保障上の結びつきをより強いものとすることが期待されている。

このように日・米・欧（NATO）間の安全保障協力態勢の基盤が強化されつつあるなかで、今後安定的な関係維持の基盤となるものは何か。それは、対外的な権威主義国家の膨張に対して西側社会のレジリエンスを高めるべく、共有する価値観に基づき、相互理解と協調的な行動に資する情報と技術面での連携・協力態勢であると考える。

最終的には、安全保障の対象領域が、従来の現実空間だけでなく、宇宙・サイバー空間や認知領域にも広がっていくなかで、情報と技術の優越性を獲得することによって、多様化し進化する脅威への戦略的な優位性を確立することが期待される。情報の精度と確度がさらに求められるとともに、情報サイクルの加速化、すなわち情報の収集、分析、配布、活用を短時間で繰り返して処理する必要性が高まっている。それらの情報を取り巻く環境変化において、解決策としては人工知能（ＡＩ）や量子力学などの新興・破壊的技術（ＥＤＴｓ）を積極的に情報システムやアセットに取り込むことが不可欠であり、併せて、その実装の加速化を図るために対外的な技術協力の枠組みを整備することが求められている。

そのような現状認識のもと、日本のグローバル・アプローチとしては、インド太平洋地域における戦略的な情報発信及び高度技術協力の拠点整備が必要と考える。それは、東アジア、東南アジア、南太平洋、南アジアから官民の研究者や実務者を集め、ヨーロッパを含む域外の国々との情報の共有や発信を任務とする分野横断的な総合研究拠点を日本に創設することを意味する。

具体的な役割は、①両用技術の研究等に関する協力、②認知戦やサイバー戦に関する情報発信、③サプライチェーンや半導体などの機微技術に係る経済安全保障面での支援を進めることであり、それは日本のグローバルな戦略的コミュニケーション能力の向上にも寄与することが期待される。

冒頭で紹介したＮＡＴＯの存在意義を、不透明性を増す東アジアに広げて考えれば、「米国を引き止め、国の脆弱性を抑え込み、戦略競争で優位に立つ」という思考に則った大戦略が追求されるべきである。この戦略を実現するには、価値同盟としての回帰を続けるＮＡＴＯ、米国第一主義を掲げるトランプ新政権の米国、そして日本によるグローバルな地政学的変化に適応した三極協力の道が前提となることは間違いない。

NATO2

軍事だけではないNATOの価値

吉崎知典（東京外国語大学大学院総合国際学研究院特任教授）

ロシアによるウクライナ侵攻から1週間あまりが経った2022年3月4日。北大西洋条約機構（NATO）外相会議で演説したイェンス・ストルテンベルグNATO事務総長は、「文民への攻撃を非難する」「原子力発電所への攻撃についてもこれを許せない」「ウクライナを支援する」と発言。

同時に「NATOは紛争の当事国ではない」「NATOは防衛的な同盟である」と明言し、その後も戦争への直接的な介入を避け、とりわけロシアとの直接的な軍事衝突のリスクを抑えることに腐心した。

NATOは、「北大西洋条約第5条への関与は堅固だ」として、加盟国の防衛のための態勢強化に尽力。「第5条」とは欧州と北米における加盟国への攻撃を全加盟国への攻撃と見なす「共同防衛」について規定したもので、集団的な防衛義務を果たすという意味である。

同事務総長は、「NATOは加盟国領土のすべてのインチ（領土）を保護し防衛する」と宣言し、NATO即応部隊をNATOの東翼などに初めて本格展開させた。ロシアもNATOとの直接的な衝突は回避しようとする姿勢を示しており、NATO陣営の「結束」がロシアのさらなる挑発行動を抑止しているように見える。

長期化するロシア・ウクライナ戦争への対処に加え、グローバルな舞台で影響力を増す中国への脅威認識を強めるNATOは、中露との体制競争のなかでどのような取り組みを進めているのか。本稿では、抑止のための「戦略的コミュニケーション」にフォーカスを当てて、NATOの戦略や行動の意味を分析していきたい。

冷戦後のNATO任務の変遷

現在のNATOの取り組みを検討するにあたり、まずはロシアによるウクライナ侵攻までのNATO拡大の流れを確認してみたい。冷戦後のNATOの活動を振り返ってみると、任務の内容という点からも、また地理的に見ても、この同盟が「拡大」してきたことは一目瞭然である。

表1 NATOによる危機対処作戦
(Crisis Response Operation)(報告者作成)

	ボスニア (1995)	コソボ (1999)	アフガニスタン (2001)(2003-21)	リビア (2011)
武力行使容認決議 (国連安保理)	あり 人道支援活動の保護、国連ミッション要員の安全確保	なし (全般的な非難決議のみ。人道的介入による正当化) ※中露拒否権を回避	あり 米国の自衛権を国連安保理で追認 第5条(共同防衛)発動	あり 「文民の保護」 "Protection of Civilians"
武力行使時点での国連PKOミッション	国連保護軍 UNPROFOR	なし	なし	なし
NATOによる爆撃	Operation Deliberate Force (1995年、3週間)	Operation Allied Force (1999年、11週間)	当初なし▶あり 安定化作戦としてISAF指揮 (不朽の自由作戦と連携)	Operation Unified Protector (2011年、6カ月)
(紛争後の関与) 安定化のための軍事ミッション	平和執行部隊 平和安定化部隊 IFOR/SFOR 最大6万人	コソボ平和部隊 KFOR 最大5万人	2003年 国際治安支援部隊ISAFの指揮権 最大13万5千人、40カ国以上が参加 (2002年1月～14年12月)	なし
後継のミッション	EU安定化部隊 EUFOR (2004～)	KFORが継続	Operation Resolute Support (治安部門改革の支援) (2014年12月～21年)	なし

各種資料をもとに作成

冷戦が終わった1990年代、NATOは主に「武力行使の容認決議」、つまり国連安全保障理事会の決議を経て、特定の任務のために介入する形が主流だった（表1）。ユーゴスラビア紛争への対処が主な活動だったが、5万～6万人規模の「平和執行部隊」や「平和安定化部隊」を派遣する活動を、NATOは冷戦後の約10年間継続的に実施していた。

5万人規模の部隊を長期間維持するのは容易ではなく、結果としてNATOはより多くのパートナー国の助けや物資が必要になり、この軍事同盟は、ユーゴスラビア紛争への介入を通じて自然に拡大していった。

2001年に始まったアフガニスタン

での任務は欧州外での初の活動となり、地理的にもＮＡＴＯの活動が欧州から中央アジアまで拡大した。ここでは国際治安支援部隊（ＩＳＡＦ）として安定化のための軍事ミッションに従事したが、最大で13万５０００人、40カ国以上が参加する部隊を展開することになった。

ＮＡＴＯは、13万５０００人の部隊を内陸のアフガニスタンで活動させるために、主にパキスタン経由で支援。そのため、同国カラチ港までの海上輸送能力やそこからアフガニスタンまでの長く危険な陸上輸送能力が必要になり、多くの国々との連携が不可欠となった。日本も海上での給油任務でＩＳＡＦを支援したように、アフガニスタンで40カ国が関わる大規模な任務に関与したことは、ＮＡＴＯの任務や活動範囲だけでなくネットワークの拡大にも大きく寄与したと言える。

２０１１年のリビアでの任務は初のアフリカでの活動だった。国連安保理の武力行使容認決議に基づく空爆作戦だったが、地上部隊の派遣は含まれなかった。

こうした冷戦後のＮＡＴＯの活動と比較すると、ウクライナに関しては武力行使を容認する国連安保理の決議もなく、平和維持部隊（ＰＫＯ）のような任務も、空爆もなく、紛争後の関与も現時点では想定されていない。つまり、冷戦後のＮＡＴＯは中国やロシアといった敵国や競争相手との本格的衝突を想定しておらず、むしろ小規模で限定的な介入が任務の中核だったが、今回は過去二十数年間やってきた経験とはまったく違う形での対応を余儀なくされている。

２０１４年2月、ソチオリンピックが閉幕した直後に、ロシアがいわゆる「ハイブリッド戦争」でクリミア半島を併合した。ロシア西部軍管区と中央軍管区で省庁間連携と軍相互の連携強化のための「抜き打ち査察」と称して、腕章を付けずに覆面をしたいわゆる「リトル・グリーンメン」が住民保護のためクリミアの空港やテレビ局を占拠。その後、住民投票を実施してロシアへのクリミア編入を決定した。

この事態を受けてＮＡＴＯは、ハイブリッド戦争をどのように抑止するのかを研究し、当時ロシアによる軍事介入に脆弱だと考えられていたラトビアやエストニア等、バルト三国の防衛態勢の強化に取り組んだ。

具体的にはこれらの国々に米国、イギリス、カナダやドイツの軍部隊が「トリップワイヤー」として前方展開する形をとり、これらの国々を守るシグナリング（意思表示）をしたのである。この枠組みを使ってドイツ軍は、リトアニアに戦車レオパルドⅡを前方展開させている。

こうしてＮＡＴＯは２０１４年以降、戦略的コミュニケーションを意識しながらロシアに対する抑止の再構築を試みていたのだが、ウクライナ侵攻を抑止することはできなかった。これにはロシア側の決意や態勢、誤算もあったと思われる。

■西側と同じロジックを使うロシア

次に、ロシア側の視点も確認しておきたい。これまで見てきたNATOの活動をロシア側から見ると、主に3つの論点が考えられる。1つはロシア側の「決意」の強さである。それからロシアは彼らなりの普遍主義的な論理に基づいて行動していた点も見逃せない。さらにアフガニスタンでのNATOの失敗を踏まえて、ウクライナの体制転換が容易にできるだろうと考えて決意した可能性が考えられる。

プーチン大統領の軍事介入に対する決意やウクライナに対する思い入れについては、あらためて詳細を説明する必要はないであろう。ロシアは、ベラルーシ国境地域から首都キーウに攻勢することのインパクトを考え、実際の軍事的な展開でも地理的な範囲はウクライナ全土に及んだ。航空攻撃や長射程ミサイルの使用と並行して、キーウを攻撃した背景には、アフガニスタンの首都カブールが瞬く間に陥落したことが影響していたのではないかと推察される。

２つ目にロシア流の人道的介入の論理も、今回の攻撃を正当化するロジックとして強調されていた。この背景には、冷戦後のＮＡＴＯの拡大によってロシアの利益が蔑《ないがし》ろにされてきた歴史や、ＮＡＴＯが実際にユーゴスラビアやリビアで人道的介入を理由に戦争を行なってきたことが挙げられる。

プーチン大統領は、これまでＮＡＴＯが軍事介入を正当化させてきたのと同じロジックを用い、ウクライナ東部ドンバス地域のロシア系住民に対する虐殺（ジェノサイド）の存在をアピール。そして、「ウクライナの非武装・中立化と非ナチ化」という言葉を使い、ソ連時代にドイツのヒトラーのナチズムに勝利して非ナチ化やドイツの武装解除を実施したときと同じ正義の戦いだ、という論理を展開した。

ロシアは実際、「文民保護（Protection of Civilians）」という言葉を使ったが、これは国連の用語でありＮＡＴＯもたびたび用いてきた。その同じ言葉とロジックを利用することで、ロシアは自分たちの軍事介入を正当化できる、少なくともＮＡＴＯがやったことと同じである、と主張したのである。

３つ目に「体制転換（Regime change）」も、まさに東欧の民主化やＮＡＴＯの東方拡大のなかで西側が進めてきたことであり、リビアでもＮＡＴＯによる軍事介入の結果、体制転換を実行した。自由主義、民主主義、人権、市場経済、法の支配といった論理を使い、ＮＡＴＯやＥＵ（欧州連合）はロシアの権利を犠牲にして拡大を続けてきた。彼らに許されたことをロシアがやって何が悪いと、プーチン大統領は同じロジックの下でウクライナの体制転換を進めようとしたものと思われる。

２０２１年８月にアフガニスタンで、ＮＡＴＯの安定化作戦、平和構築の試みが悲惨な形で失敗したことで、ロシアは自分たちの立場が強くなったと考えた可能性もある。この延長線上でＮＡＴＯは早々にウクライナへの不介入の姿勢を示し、とりわけ同年12月にバイデン大統領が米軍をウクライナに派遣することはないとプーチン大統領に伝えたことが、ロシアに対する「ゴーサイン」として受け止められた可能性は否定できない。

ＮＡＴＯや米国が相手方に対して誤ったメッセージを送ってしまう、戦略的コミュニケーションの失敗例であったと考えられる。

いずれにしてもロシアは、これまで欧米諸国やＮＡＴＯが軍事介入を正当化する際に使ってきたロジックや用語を使うことで、彼らなりに自分たちの行動を国際的に正当化しようと努めてきた。欧米や日本のような民主主義諸国ではほとんど受け入れられないようなロジックであっても、後述するように、いわゆる「グローバルサウス」と呼ばれる途上国や新興国においては一定の効果を上げている。

これに対してＮＡＴＯ側はウクライナ危機後、結束して抑止の立て直しに取りかかったのだった。

■戦略的コミュニケーションの立て直し

次に、ロシアによるウクライナ侵攻後のNATOの動きを見ていきたい。冒頭で述べたとおり、NATOはウクライナ危機後すぐに「加盟国の防衛」を宣言して、NATO即応部隊を初めて本格的に展開させた。

具体的にはNATOの「東翼」と呼ばれるポーランド、ルーマニアやブルガリアなどに加え、ハンガリーやスロバキアにも多国籍の戦闘部隊を展開した。ロシアと国境を接するエストニア、ラトビア、リトアニアのバルト三国に加えて、NATOの東端の防衛態勢を強化。NATOのHPでは「NATO東翼の態勢強化：抑止と防衛」と題した地図を公表して、この取り組みをアピールした（**図1**）。

ロシアとウクライナの危機が最初に勃発した2014年時、NATOが最も重視していたのは北方、すなわちバルト三国とポーランドだった。今回は当初ロシアによるウクライナへの大規模侵攻作戦が行なわれたことから、ウクライナと国境を接している、もしくは近隣のスロバキア、ハンガリー、ブルガリア、ルーマニアに対して部隊を常駐させることになった。

図1 NATO東翼 抑止と防衛の態勢強化

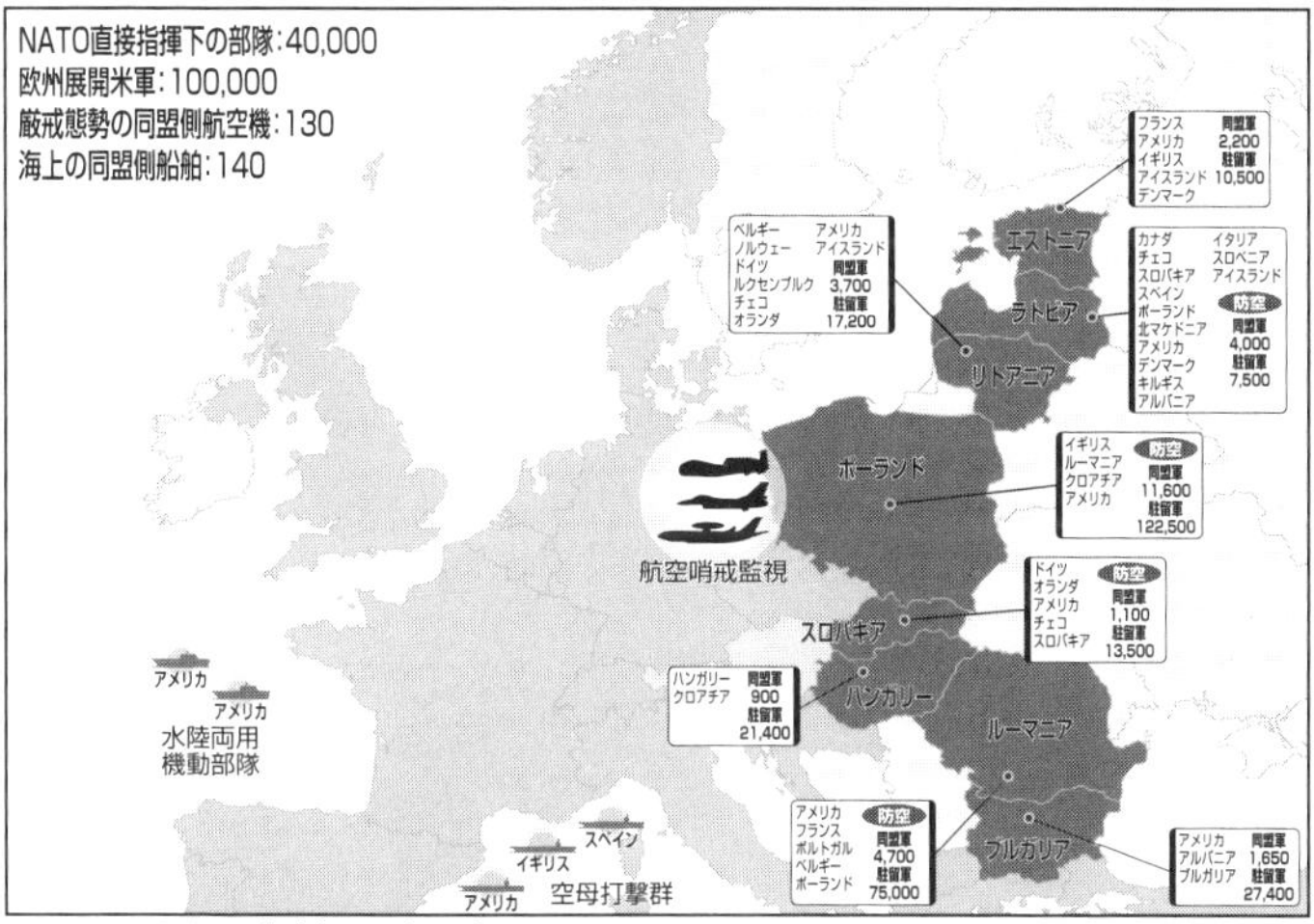

NATOのHPをもとに作成（2022年6月）

図2 NATO東翼のエアドメイン 抑止と防衛の警戒態勢強化

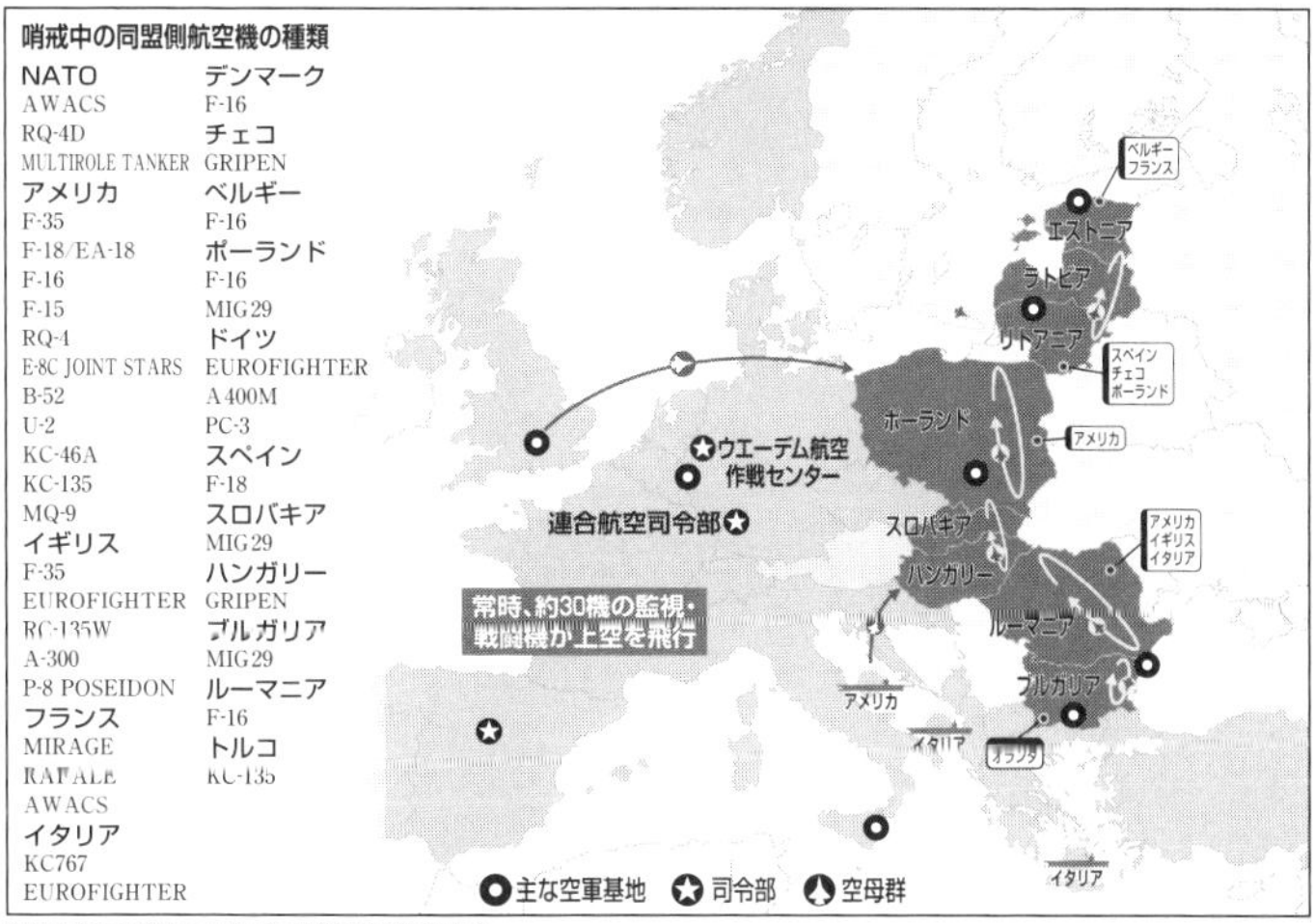

NATOのHPをもとに作成（2022年4月）

NATOはその後、この東翼の国々の上空で航空警戒作戦を実施し、脅威に直面しているNATOの東欧の同盟国の最前線を、米、英、仏、伊、デンマークなどの部隊が守っている（**図2**）。NATO加盟国ではないウクライナへのロシアによる侵略は抑止できなかったものの、即応部隊を迅速に展開させ、航空警戒活動を実施することで同盟国を守る姿勢を鮮明にしたのである。

またNATOは2022年10月に、「ステッドファスト・ヌーン」と名づけられた核兵器の使用を想定した定期演習を予定どおり実施した。ストルテンベルグ事務総長は「ロシアのウクライナ侵攻を理由に定期演習を中止すれば間違ったシグナルを送ることになる」と述べ、「NATOの確固たる強力な軍事力を示すことでエスカレーションを防ぐことができる」と明確に述べた。

この演習には14カ国60機が参加。NATOのHPでは、米国・ルイジアナ州のバークスデール空軍基地から参加する戦略爆撃機B‒52Hの写真が掲載され、そのほかにもオランダのF‒35A、米国のF‒22、F‒15、F‒16などが参加したことが明記されていた。

また同年6月にスペインのマドリードで開催されたNATO首脳会議では、今後10年の活動指針などをまとめた「戦略概念」が採択され、ロシアがNATOにとっての脅威だと明確に位置づけられた。さらに核戦力についても、「NATOの核戦力の基本的な目的は平和を維持し相手による強要を防止し侵略を抑止すること」と記された。

ストルテンベルグ事務総長はまた、プーチン大統領の暴走を危険で無謀と非難し、「NATOはロシアに対し、核兵器を何らかの形で使用すれば厳しい結果が伴うことも明確に伝えている」と強調した。戦略的コミュニケーションの立て直しを図り、強力なシグナリングを行なっていることがうかがわれた。

■「レジリエンス支援」でウクライナをサポート

また、NATOはウクライナに対しては、自由・民主主義の価値を共有する国のパートナー支援の枠組みとして、「レジリエンス支援」という言葉を使ってサポートを続けている。「レジリエンス支援」とは、北大西洋条約機構の規定では第3条に該当する活動で、加盟国のガバナンスを支援することで状況悪化を防ぐという考え方が根底にある。たとえば新型コロナウイルスによるパンデミックの際、加盟国であるイタリアやスペインでワクチンが不足し、加盟国間でワクチンを融通し合うという文脈のなかで、「条約第3条に基づく措置」とされた。

ウクライナでは2016年頃にすでに「レジリエンス支援」という言葉が使われてい

た。共同防衛ではなくパートナー支援の枠組みでの活動であり、パートナー国の能力構築とガバナンス支援、つまり、パートナー国を見捨てないというメッセージであり、そのための活動だと言える。

レジリエンス支援の項目のトップに据えられているのが「リーダーシップ」、つまりリーダーが国を守る気概をもっており、それを支えるという点にある。ウクライナではまさにゼレンスキー大統領がリーダーシップを発揮しているが、同大統領を支えることこそ、レジリエンス支援の筆頭の活動だと位置づけられている。

ほかにもエネルギーや物資の供給、さらに死者が発生した際に埋葬や葬儀を支援し、死傷者の管理を的確にできるような能力を支援することもガバナンス維持のために必要だとされている。また、補給、ロジスティックス支援、とくに通信網と輸送網をどんな状況であっても保持するための支援が含まれるが、これらも実際にNATOがウクライナに対して行なっている支援である。

ただ、NATOはウクライナに戦車を供与する決定を下すまでに10カ月あまりの時間を要しており、その決定の遅さに対する批判もメディアで多く見受けられる。政治的アジェンダとして攻撃的兵器の供与は極めてセンシティブな問題であり、決定にはどうしても時間がかかってしまう。

戦略的コミュニケーションは、抑止効果を高めるためのシグナリングだが、それが扇動・挑発になるリスクはつねにある。戦略的コミュニケーションとは、受け手がどのように捉えるかによって、抑止ではなく過剰な反応を引き起こす可能性もあるからだ。

第二次世界大戦前に欧米列強は、日本に対する抑止のために同国に経済制裁を科し、その資産を凍結して満洲から撤退するように圧力をかけた。こうした戦略的コミュニケーションは、日本側からは挑発行動と受け止められ、「これ以上状況が悪化する前に軍事的に行動したほうが得策」という考えに追い込み、真珠湾攻撃につながったとされる。

危機に際して、こちら側の意図は必ずしもそのとおりに相手側に伝わるとは限らない。こうした戦略的コミュニケーション上の失敗を懸念して、ＮＡＴＯはウクライナに対する攻撃的兵器の供与については、極度に慎重に進めざるをえないのだと思われる。

インド太平洋安保、中露への警戒感

ここで、ＮＡＴＯの戦略的方向性がインド太平洋の安全保障にもたらすインプリケーション（含意）について考えてみたい。ＮＡＴＯは２０１９年頃から中露との「体制競争(systemic competition)」という言葉を用いて、ロシアだけでなく中国に対する脅威認識を強めている。20年11月に発表された報告書『NATO 2030』では、中国がNATOに対して「強制力（coercion）を行使することのないように備える」と書かれている。「集団防衛・軍事的即応性・強靱性に影響を及ぼす中国の活動を監視する防衛的な措置」の必要性や、「同盟の中核部分や供給網での脆弱性の把握」といった言葉が並び、そのためにNATOとして「中国関連の情報を共有する必要がある」と記されている。

防御的な内容や守りの姿勢が目立っているが、これは中国によるサイバー攻撃や情報操作といった脅威を念頭に置いており、そうした攻撃に対する強靱性、すなわちレジリエンスを向上させることが必要だと認識されているからであろう。

NATOは長らく、ソ連やロシアの脅威を念頭に置いており、中国についての脅威認識をもち始めたのは2016年頃からである。米国はもっと以前から中国に対する警戒感をもっていたが、欧州諸国の間で中国の「債務の罠《わな》」のような具体的な脅威に対する認識が強まったのは、中国の経済的な影響力がスペインやギリシャで顕著になり始めた2016～17年以降のことだ。戦略文書などで中国に対する脅威認識が表面化したのは2019年になってからのことである。

欧州諸国の間では現在、中国が人工知能（AI）などの次世代技術や5G（第5世代移動通信システム）などデジタル・インフラなどの分野で世界をリードし、IT技術など情報通信を通じて浸透してくることへの警戒感、〝見えざる脅威〟に対する恐怖心が強くなっている。そこで情報通信技術（ＩＣＴ）分野における規制強化への関心はますます高まっている。

ＮＡＴＯ諸国は、中国の「軍民融合」という考え方にも警戒心を強めており、中国を「体制上の挑戦（Systemic challenge）」と呼び、深刻なチャレンジだと位置づけている。

こうしたなかでも２０２３年1月末にストルテンベルグ事務総長が訪日し、ロシアによるウクライナ侵攻をめぐる対応や「自由で開かれたインド太平洋」の実現をはじめとする、法の支配に基づく自由で開かれた国際秩序の維持・強化に向けた連携等について、日本政府と意見交換を行なったのは重要であろう。同事務総長が積極的にアジアに足を運んでいる事実が、中国に対する戦略的メッセージになりうるからである。

欧米諸国とは異なる日本独自の貢献

最後に、日本がＮＡＴＯとの関わりにおいてどのような役割を果たすことができるのかについて考えてみたい。前述したＮＡＴＯの報告書『ＮＡＴＯ　２０３０』では、重要なキーワードとして「Adaptation」、つまり「戦略環境の変化に対する適合」という概念が打ち出され、戦略環境の変化に適合できる同盟こそ成功する同盟だと謳われている。

米国は現在、欧州正面でのロシアの脅威とインド太平洋正面での中国の脅威という2つの正面での対応を余儀なくされているが、NATOの圧倒的多数の欧州諸国は、基本的に欧州のことだけで手一杯の状態である。

一方の正面における「抑止の信頼性の低下」が別の正面における「信頼性の動揺」を招き、結果として「域外問題」が拡大抑止の信頼性を左右することにつながる。この観点から、台湾有事などアジアでの安全保障問題に米国が適切に対応できなければ、欧州正面での抑止の信頼性も揺らぐことに対するNATO加盟国の認識を高める必要がある。

この点で日本は、インド太平洋における「レジリエンス支援」というキーワードを使い、NATOへの戦略的コミュニケーションを活発化させることが効果的である。

すでに日本政府が考案した「インド太平洋」という概念が欧州でも当たり前のように使われており、これは日本のアジェンダ設定能力の高さを示している。「レジリエンス支援」という概念はNATOがウクライナに対して使っていることもあり、台湾有事においても軍事的、攻撃的なトーンを抑えながら、国際的な正統性をもって関与し、「ウクライナも台湾も同列だ」という認知を広めて欧州諸国を巻き込むキーワードになりうる。

また、国内的にも「力による現状変更に反対する」と言うよりもむしろ、「レジリエンス支援」といったキーワードを巧みに使うことで、台湾支援に対する支持・賛同が得やすくなると考えられる。

さらにロシア・ウクライナ戦争以降、欧州の人道支援やＮＧＯ（非政府組織）の活動がアフリカなどから撤退し、ウクライナ支援にシフトした結果、アフリカやいわゆる「グローバルサウス」における中国やロシアの存在感が高まっている現状にも目を向ける必要があるだろう。

欧米のＮＧＯは、「ウクライナ支援」に対してであれば寄付金を集めやすく活動がしやすいため、そうした市場原理も働いてアフリカやグローバルサウスにおける欧米諸国の官民のプレゼンスが低下した。その空白を中国やロシアが埋めていることから、ますますグローバルサウスの国々が中露に親近感をもつ悪循環が起きている。

ロシアは欧米と同じロジックを狡猾に使って自国の行動を正当化しているが、こうした戦略的コミュニケーションに対しても、欧米諸国とは異なる形で地道な支援の取り組みを続けてきた日本だからこそ対抗できる余地がある。

インド太平洋における米国の抑止の信頼性を担保するために、アフリカで戦略的コミュニケーションを展開する、こうした複眼的な発想がいま日本に求められている。

ロシア

ウクライナを侵攻した大国の論理

佐々木孝博（元ロシア防衛駐在官／元海将補）

かつてウィンストン・チャーチル英首相は、ロシアについて「謎の謎のまた謎の国である」と評した。「ロシアは頭では理解できない。並の尺度では計り知れないロシアだけの特別な姿がある」とは、ロシア外交官で詩人でもあったフョードル・チュッチェフ氏の言葉だ。かくのごとく、ロシアの意図、とりわけ安全保障観は外部からはわかりにくい。

本稿では、その「謎に満ちた」行動により、現在もウクライナ戦争で世界の注目を集めるロシアについて、同国の置かれた地政学的な特性、歴史的に形成されてきた独特の脅威認識、過剰なまでの防衛意識とそれに基づいた安全保障戦略について、とくに極東アジアに焦点を当てて分析する。そして、ウクライナ戦争を通じて顕在化してきた彼らの保持する独特の核ドクトリンについても触れてみたい。

最後に伝統的な地政学を超えた情報空間を使った「戦い」、あらゆるリソースを行使する〝ハイブリッド〟な戦い、人工知能（ＡＩ）など新技術を取り入れた将来の安全保障に関するロシアの取り組みについても考察していきたい。

地理と歴史で形成された過剰防衛意識

乾一宇《いぬいいちう》元日本大学大学院教授は、『力の信奉者ロシア―その思想と戦略』（ＪＣＡ出版、２０１１年）のなかで、「ロシアは力を信奉する国である。パワー・ポリティックスの立場から、どの国も大なり小なり力を重視する。ロシアの場合は、それが度を超している」と書いている。ロシアという国の本質を理解するキーワードの１つは、「力の信奉者」だという点である。

ロシア語には「平穏・無事」な状態を示す「安全（security）」に該当する言葉がない。我々が「安全」「安全保障」「保全」として使う「security」に該当する言葉は、ロシア語では「безопасность」＝「危険ではない（without danger）」という意味であり、「平穏・無事」な状態とはかけ離れている。

ロシア人はつまり、相手との関係において基本的に「危険ではない」状態にしておくことにきわめて敏感であり、相手に気を許したらやられてしまうという過剰防衛意識をつねにもっている。

ロシアは、領土全般にわたり平坦な地形が多く、天然の障害が少ない。このため歴史的に何度も外部からの侵略に遭い、そのたびに国境が変化する経験をしてきた。このような地政学的な特徴と歴史的な侵略の経験から、極度の不安感や脅威感が形成され、前述した安全保障観が形づくられていったのではないか、と推察される。

このロシアの不安感・脅威感は、〝相手側をはるかに上回る「力」をもたないと落ち着かない〟という過剰防衛意識の醸成につながり、それが結果的にロシアの対外的膨張を促進している。

ロシアは、地形的に侵略に脆弱なためか、つねに国境の外側に緩衝地帯（バッファーゾーン）を置くことを考える。確実な安全確保を求めて国境地帯に自己の勢力圏を維持し、可能な限り緩衝地帯の拡大をめざすのである。また確実な安全を担保する最終手段として、核兵器に大きく依存する軍事戦略を採用している。

かつて英国の地政学者ハルフォード・マッキンダーは、「東欧を制するものがハートランドを制し、ハートランドを制するものが世界本島を制し、世界本島を制するものが世界を制する」と述べた。ここで言う「ハートランド」はまさにロシア人が住んでいる地域であり、そこを支配するものがユーラシア全体を支配し、世界を支配するとされた。

そしてハートランドを支配する大陸国家ロシアと、米英のような海洋国家の間には、リムランドと呼ばれる三日月地帯があり、ここで両勢力が衝突するとされた。このリムランドに当たる地域を、ロシアは自国の勢力圏として死守すべき地域「特権的利害地域」と位置づけている。

現在で言えば主としてＣＩＳ（独立国家共同体）諸国がこれに該当するが、ＣＩＳ諸国のような緩衝地帯がない地域では、国境付近がそれに当たり、陸の国境が存在しない場合は海洋や島々も「特権的利害地域」になりうる。

極東アジアにおいては、北方領土もそれに当たる。「特権的利害地域」における国益が侵されたと判断された場合、軍事力行使も辞さないのがロシアの基本的な立場である。これはグルジア紛争（２００８年）やクリミア併合（２０１４年）のような過去の事案で証明され、現在もウクライナで同じようなことが起きている。この旧ソ連諸国（ＣＩＳ諸国）をロシアにとっての「特権的利害地域」と位置づける彼らの一方的な安全保障観がウクライナ戦争の根本要因なのである。

■NATOに対する脅威認識

ロシアは、ウクライナ戦争半年前の2021年7月に『国家安全保障戦略』を改訂した。過去の戦略同様「米国を含めた北大西洋条約機構（NATO）が脅威」であるとの認識を継承したうえで、ロシア国境付近におけるNATOの軍事インフラの構築、諜報活動の強化やロシアに対する大規模な軍事編成と核兵器の存在を、強く警戒している。

それは、ウクライナ戦争勃発4カ月後の2022年6月、プーチン大統領のスピーチで鮮明となっている。そのスピーチにおいて、「NATOの軍事インフラが配備され、何百人もの外国人顧問が動き、NATO加盟国からウクライナに最新鋭の兵器が定期的に届けられる様子を、われわれは目の当たりにしていた。危険は高まり、ウクライナに先制攻撃をされる恐れがあったから、それを防ぐために先に行動を起こした」と述べていたということだ。

それらの脅威感を念頭に、改訂された『国家安全保障戦略』には5つの特色がある。

1つは、情報安全保障を重視する姿勢を明確にしたこと。2つ目は中国、インドとの関係をそれぞれ強化することが掲げられたこと。3つ目はNATOへの強い警戒心を示しつつつ、米国と欧州の分断を図るための対欧接近のメッセージが読み取れること。４つ目は核兵器をめぐる国際情勢への懸念が示され、とりわけ中距離核戦力全廃条約（ＩＮＦ）を破棄したことにより、米国が欧州及びアジア太平洋地域に中距離ミサイルを配備しようとしていることに対する警戒感が示されたこと。そして最後に、さまざまな新技術が兵器体系や戦い方を変化させ、将来の安全保障を変えていくことへの対応を強く打ち出したことである。

同戦略では情報安全保障について「ロシアの社会的・政治的状況を不安定にさせるため、恣意的な虚偽の情報が主として若者をターゲットにインターネットにより流布されている」と記されており、西側諸国でロシアが対外的に仕掛けているとされる情報工作の脅威について、ロシア自身が「脅威にさらされている」と記している。

また、「多国籍企業がインターネットにおける独占的な地位を強化し、（中略）法的な理由もなく国際法の規範に反して検閲を行ない、インターネットを遮断している。政治的理由から、歴史的事実や世界の出来事について歪んだ見方をロシアのユーザーに押しつけている」という認識も示している。

米国がつくったインターネットがロシアの脅威になっていることから、ロシアは独自のインターネットやその他の情報通信インフラを構築することで、外国の支配を防止することが重要だと指摘し、情報インフラの独自開発と発展の必要性を強調した。

また「情報対決の力と手段の開発」が必要だとして、情報空間における攻撃能力の強化も打ち出している。

さらにこの戦略の行間を読むと、ロシアが受けている脅威は、ロシアの敵対国にとっても同様の脅威、すなわち脆弱性になるため、そこを突いて敵対国に攻勢的な活動を仕掛けることも視野に入れていることがうかがえる。

また新技術が変える将来の安全保障に関して、この戦略は、新しい技術の出現が、武器兵器体系を革新的に変化させ、戦い方そのものを変えてしまうことを示唆している。そのうえで具体的にナノテクノロジー、ロボット工学、医療、生物、遺伝子工学、情報通信、量子、AI、ビッグデータ処理、エネルギー、レーザー、新素材の作成、認知や自然を再現する技術及びスーパーコンピューター・システムの開発といった14分野が重要だとして、国際的な技術競争に勝つ決意を表明。とりわけAIで覇権をとる姿勢を鮮明にした。

ロシアはまた核使用について2020年6月に「核抑止の分野におけるロシア連邦国家政策の基礎」という文書を公開。核使用に関する4つの条件を明確にした。

それによると、第1の条件は、「ロシア及び同盟国を攻撃する弾道ミサイルの発射に関して信頼のおける情報を得たとき」、第2の条件は「ロシア及び同盟国に対して敵が核兵器又はその他の大量破壊兵器を使用したとき」であり、相手が核を使用したら核で報復するということである。

第3は「機能不全に陥ると核戦力の報復活動に障害をもたらす死活的に重要なロシア政府施設又は軍事施設に対して敵が干渉を行なったとき」とされており、これは敵によるサイバー攻撃を念頭に置いているようである。サイバー攻撃でロシアが核のコントロールシステムを使えない状況に陥った場合、使用可能な核が無力化してしまうことを極度に恐れているということである。

そして第４の条件は、「通常兵器を用いたロシアへの侵略によって国家の存亡の危機に立たされたとき」となっており、究極的にはロシアが「国家の存亡の危機に立たされた」と大統領が判断した場合には核使用がありうるということである。ロシアの戦術核の使用に関するハードルは米国などと比べて低いことになる。

さらに、ウクライナ戦争において、再三にわたり核使用をちらつかせ西側諸国に脅しをかけるなかでロシアは、核ドクトリンのさらなる改訂を行なった。２０２４年９月にプーチン大統領は、前述の４条件に加え、以下の２つの条件を追加する旨について言及した。

①「ロシアに対する攻撃が核兵器を保有していない国によるものであっても、核保有国の支援を受けていれば合同攻撃だと見なす」

②「ミサイルや航空機などが大規模に発射・出撃したり、それらがロシアの国境を越えるという信頼できる情報を得た場合に核兵器の使用を検討する」

これらの条件は同年11月に正式に署名され、ロシアの核使用のしきい値は、さらに低くなった。今後、西側諸国はどこがロシアのレッドラインなのか判断することが難しくなるだろう。

■北方領土死守を超えたロシアの狙い

次に、これまで見てきた脅威認識や国家戦略の下でロシアが極東アジアの安全保障についてどう考えているかを見ていきたい。

重要なファクターは次の4つである。

1つ目は「脅威としての米国とNATO」。この点からすれば、日米安全保障条約を通じて米国と同盟関係を維持する日本は、ロシアの脅威対象国である。

2つ目は核戦力の重要性である。ロシアは安全保障の最後の砦《とりで》として、核戦力に重きを置いている。極東アジアにおいては、核戦力、とりわけオホーツク海における潜水艦発射弾道ミサイル（SLBM）を重視し、また、近い将来に米国がアジアに中距離ミサイルを配備するようになれば、ロシアも同兵力の配備を考えることになろう。

３つ目が前述した「特権的利害地域」である。欧州と違い極東アジアには緩衝地帯がないため、国境付近及び海洋、とくに北方領土を含めたオホーツク海周辺海域を特権的利害地域に位置づけているようである。

最後の要素は、情報（サイバー）空間、宇宙空間、電磁波領域、認知領域などあらゆる領域や手段を活用したハイブリッドな戦いを想定して、他の地域と同様、極東アジアの安全保障を考えている点だ。

極東アジアにおけるロシアの軍事力の現況を具体的に概観したい。

この地域を管轄するロシア軍の東部軍管区（極東アジア担当）内のウラジオストクに太平洋艦隊の主要な水上艦艇部隊がいる。樺太南部、国後島、択捉島、松輪《マツワ》島には、地上軍部隊及び対艦ミサイル部隊、対空ミサイル部隊が配備されている。そしてペトロパブロフスク・カムチャツキー（ルィバチ基地）に戦略原潜部隊が配置されている（**図1**）。

北方領土周辺のミサイルの配備状況を見てみると、国後島には射程１３０㎞の対艦ミサイル「バル」（ＳＳＣ‐６）や地対空ミサイル（ＳＡＭ）システム「Ｓ‐３００Ｖ４」（ＳＡ‐23）を実戦配備。択捉島にはさらに射程の長い（３００㎞）対艦ミサイル「バスチオン」（ＳＳＣ‐５）とＳ‐３００が配備されている（**図2**）。

図1 東部軍管区（極東アジア担当）の軍事力

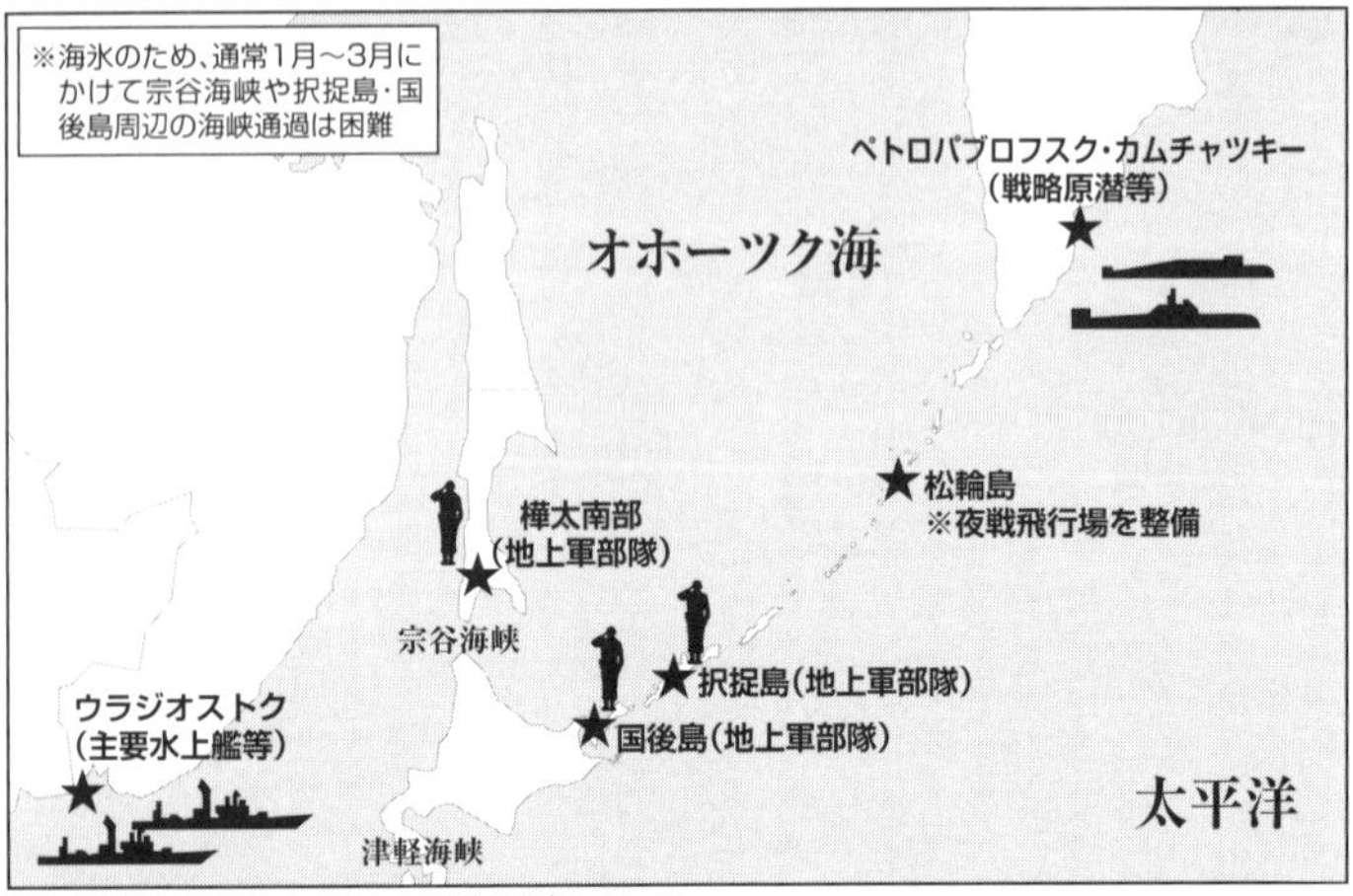

防衛省「我が国周辺におけるロシア軍の動向について」
『防衛省 HP』https://www.mod.go.jp/j/surround/pdf/rus_d-act.pdf をもとに作成

図2 北方領土周辺に配備のミサイル部隊

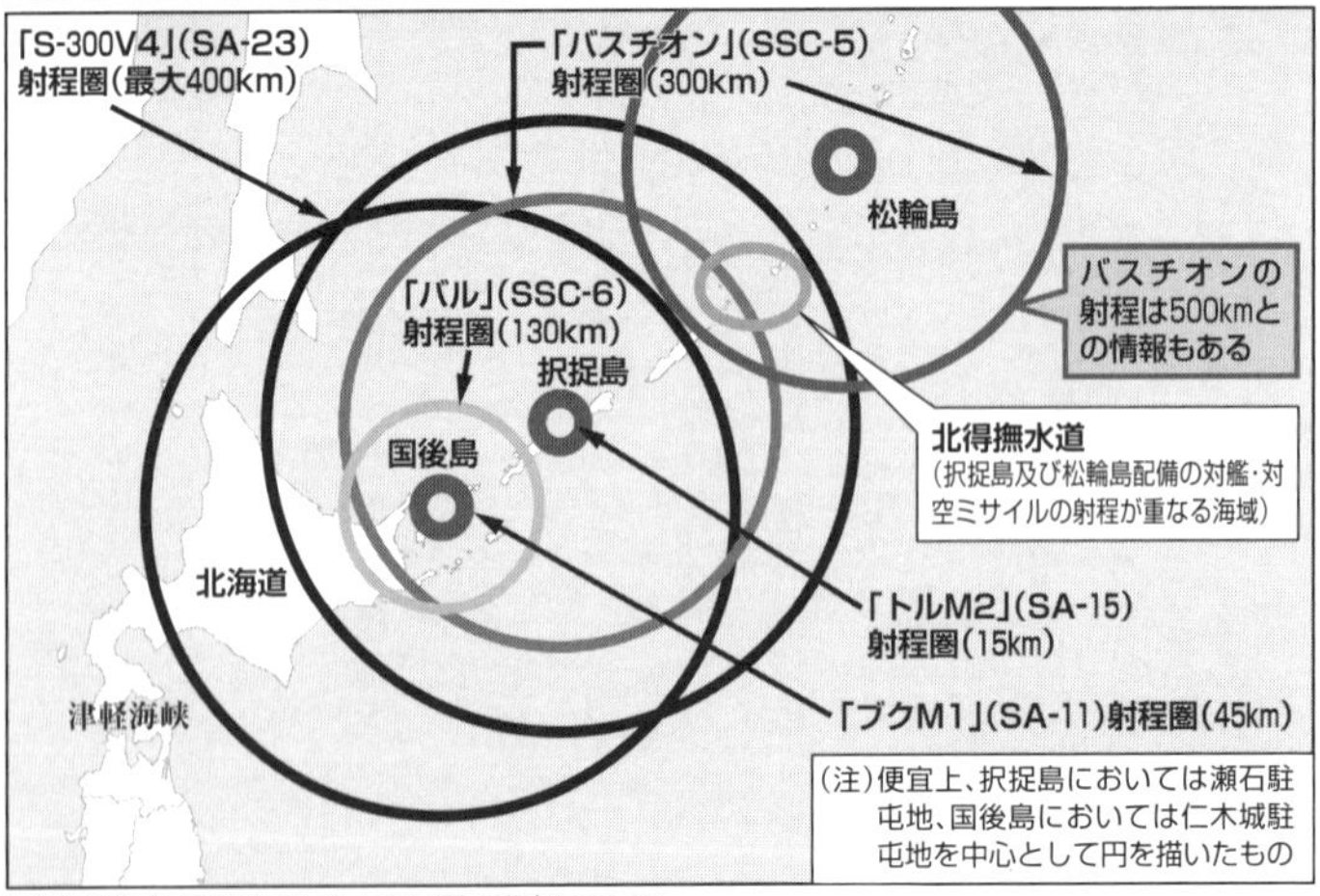

防衛省「我が国周辺におけるロシア軍の動向について」
『防衛省 HP』https://www.mod.go.jp/j/surround/pdf/rus_d-act.pdf をもとに作成

さらに松輪島にも、対艦ミサイル「バスチオン」が配備されたことが最近明らかになった。ミサイルの配備状況から読み取れるのは、ロシアが守りたいのは北方領土だけではないということ。この周辺に配備されている複数の対艦・対空ミサイルの射程が重複しているのは北得撫《きたうるっぷ》水道であることが確認できる。

次に北方領土に駐留する部隊を見ると、部隊規模約３５００名の第一八機関銃・砲兵師団が択捉島及び国後島に駐留。その隷下部隊として、択捉島には第四九機関銃・砲兵連隊が、国後島には第四六機関銃・砲兵連隊がある。

この地域に配備される、多連装ロケット「スメルチ」、改修型戦車「Ｔ－72Ｂ３」、多目的型ヘリ「Ｍｉ－８」は、着上陸阻止のための兵器だと考えられる。また地対空ミサイル「Ｓ－３００」、多目的戦闘機「Ｓｕ－35」は航空優勢を確保するため、さらに「バスチオン」や「バル」といった対艦ミサイルは、海上優勢を確保するための装備であろう。

一見すると北方領土への着上陸阻止、近接阻止が目的のように思えるが、前述した対艦ミサイルと対空ミサイルの配備状況から考えて、ロシアの真の狙いは、オホーツク海へのチョークポイント（北得撫水道など）の防衛だと考えられる。

■核戦略・海軍戦略から見た極東アジアの重要性

冒頭で触れた過剰防衛意識から、ロシアは安全保障の最後の砦としての核戦力、とりわけ核による第二撃能力を保有していないと安心できない。極東アジア地域における第二撃能力の主体は、戦略原潜搭載の核（ＳＬＢＭ）になる。

そこでロシアは、この戦略原潜の運用のためにもオホーツク海全体を要塞化、聖域化することを考えていると想定される。当然、潜水艦を自由に移動させることが不可欠であり、この観点から得撫島と新知島《シムシル》の間の北得撫水道がチョークポイントになる。

北得撫水道は幅65㎞、長さが30㎞、水深は最も深いところで２２２５ｍもあり、流氷があっても潜航状態での運用が可能だ。そこでロシアはここを重要視し、死守したいと考えている。つまり、千島列島線から内側に敵対勢力を入れることを阻止したいと考えているのだろう。

北方領土はこの「オホーツク海の聖域化」のために極めて戦略的に重要な位置を占めている。もし北方領土が日本に返還された場合、在日米軍施設の建設が想定され、そこから偵察活動などが行なわれれば、オホーツク海の聖域化が崩れるとロシア側は認識してい

図3 核戦略及び海軍戦略から見た極東アジアの重要性

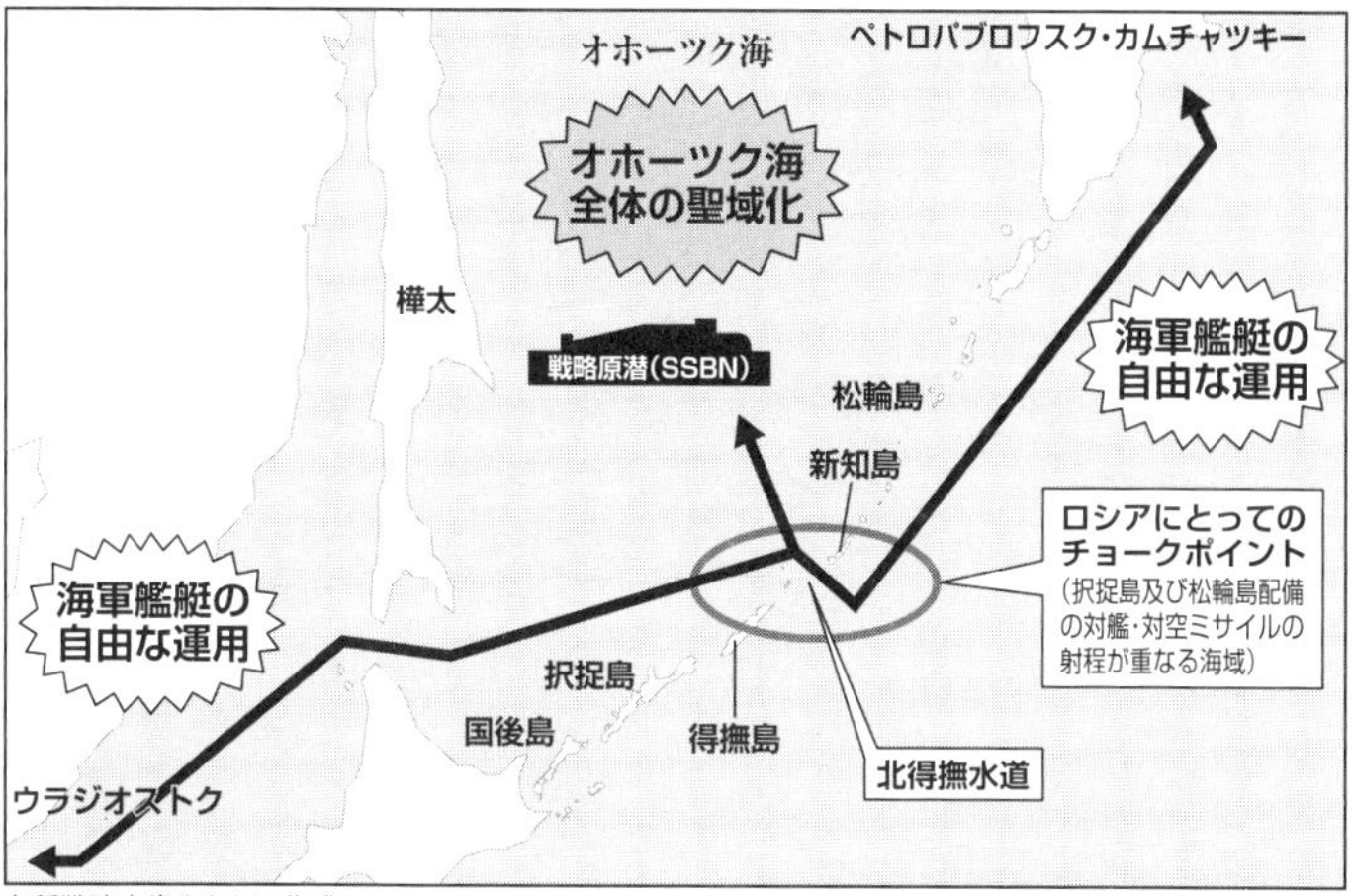

各種戦略文書をもとに作成

る。本来ロシアが死守したいのは北得撫水道だが、そのための勢力圏として北方領土の維持は不可欠な条件なのだ。また海軍作戦上も、ウラジオストク―宗谷海峡―北方領土周辺（択捉水道または北得撫水道）―ペトロパブロフスク・カムチャツキーの水上及び水中航路の確保は重要である（図3）。こう考えると、北方領土の日本への返還は、軍事戦略上はありえないということになる。

さらに近年は、北極海の氷が解けて北極海航路が使えるようになったことから、ヤマル半島のLNG基地からの天然ガスを、夏季には北極海から太平洋側へと海上輸送が可能だ。このため北方領土周辺の安全確保が重要になり、ロシアのエネルギー輸出の観点からもこの海域の重要性が増している。北方領土

図4 北極海航路と北太平洋航路の結節点としての北方領土の戦略的重要性

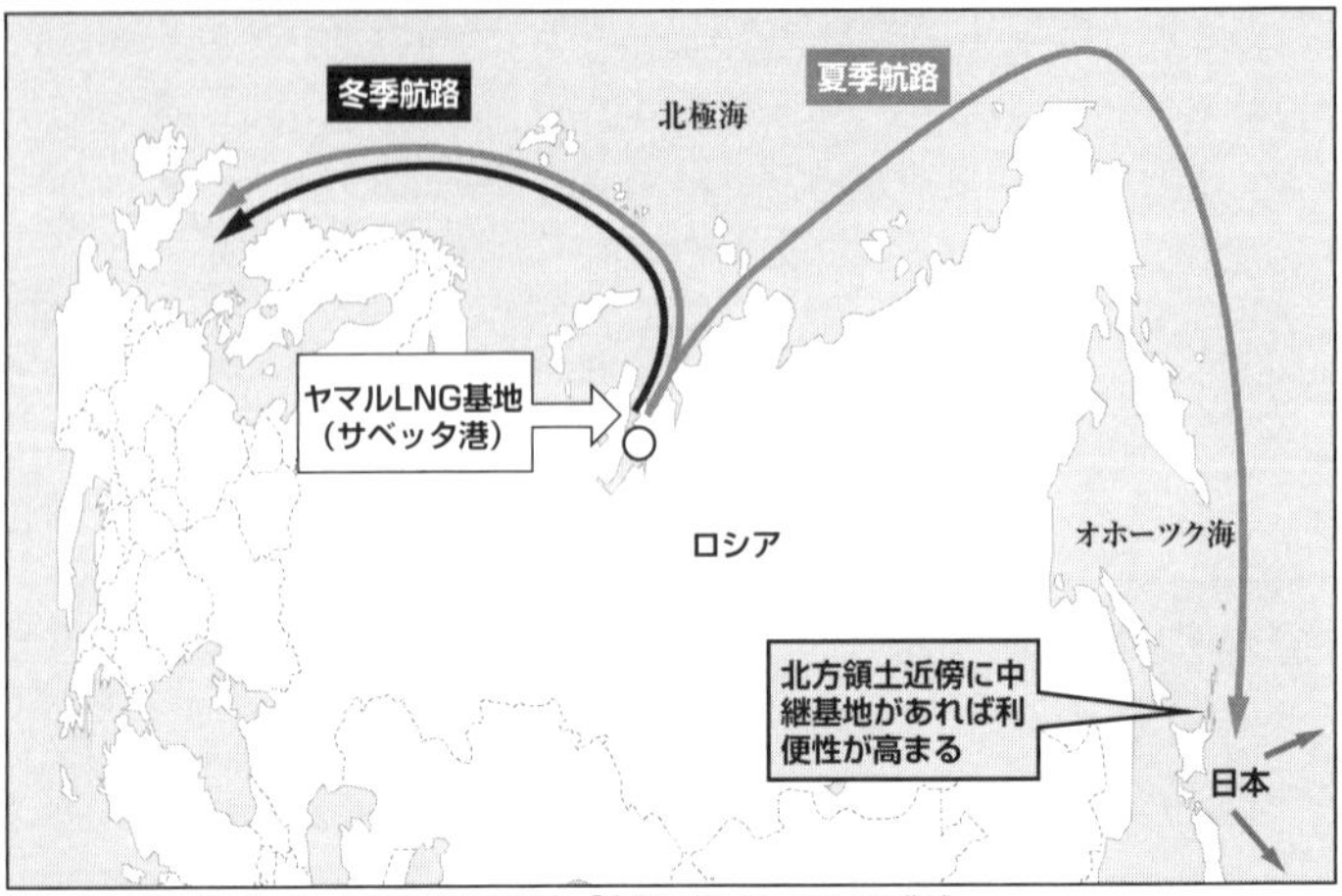

「ヤマルLNG プロジェクトを支える安全運航」『商船三井 HP』をもとに作成

近傍に中継基地があれば、より利便性が高まることから、北極海航路と北太平洋航路の結節点としてこの海域のコントロールを維持したい、とロシアは考えているのだろう（図4）。

こうした戦略的重要性から、ロシアは北方領土返還（引き渡し）を考えていない。ただし、日本との平和条約をロシアに有利な形で進めるため、もしくは日米の離間を図る目的で、北方領土問題を政治的に利用する可能性はあるだろう。

しかしロシアは、東京大学先端科学技術研究センター准教授の小泉悠氏が主張するように、二島についても「引き渡し」には言及しても、主権については何も触れておらず、主権を渡すつもりはないだろう。二島における居住権、経済活動や漁業活動などについて、ロシア人同様に日本人にも認めることはあっても、あくまでロシアの主権の下で、というのが大前提だと思われる。

このような日米の分断を図る目的で北方領土を政治利用する可能性はあるものの、ウクライナ戦争勃発後は、我が国に対して積極的な工作活動を行なう余力はあまり残っていないと見積もられる。

AI技術で世界のリーダー的存在をめざしている

最後に、伝統的な地政学を超えた新しい安全保障領域におけるロシアの動きについても触れたい。

ロシアの軍事戦略家の間では、軍事紛争における非軍事手段の重要性についての認識が共有されており、将来の軍事紛争においては、旧来の軍事兵器よりも非軍事兵器による攻撃がより効果的であると考えられている。

ロシアにおけるハイブリッドな戦いに関しては、ヴァレリー・ゲラシモフ参謀総長が２０１３年に、将来の紛争においてとくに政治的な反勢力を形成し、反勢力に行動させて政治・軍事指導者を交代させるような、サイバー戦を用いた「影響工作」などの重要性を強調し、全体の80％はこうした作戦が占めると述べている。

ロシアはまた、２０１９年10月に『２０３０年までの人工知能の発展に関する国家戦略（ＡＩ発展戦略）』を公表。ＡＩ技術において、ロシアが世界のリーダー的存在になり、他国に依拠しない独立性と競争力を確保するとしている。

そのための優先的な科学技術として、ミツバチやアリの群れのような「生物学的意思決定システム」のアルゴリズムを挙げており、いわゆる「群知能技術」を念頭に置いていると思われる。

また、自律的な自己学習と新しい目的に適応するアルゴリズムや困難な作業を自律的に分析し、解決策を探す技術を重要視している。「大量のドローンの自律的な運用が可能な技術」及び「自律的に機械学習をし、意思決定できる技術」を追求していると考えられる。

そうした自律的に意思決定できる技術のなかには、「自律型致死兵器システム（ＬＡＷＳ）」も含まれてくる。この戦略では、ＬＡＷＳのような完全自律の軍事兵器が登場すると、国家のコントロールが行き届かない可能性があるとの懸念も表明されている。

ロシアは、軍事分野で他国が自国に先んじて、意思決定機能をもつ自律型兵器の開発に成功し、優越を確保してしまうことを防ぎ、そのために国際的枠組みをつくって管理・制御することを考えているようである。

日本の戦略的重要性を高めよ

このような脅威認識と戦略に基づいて、今後ロシアが日本に対してとりうるシナリオにはどのようなものが想定されるのか。当面は、ウクライナ情勢に注力していくと思われるが、中長期的には、対日強硬施策をとる可能性もある。

まず、サイバー空間を駆使し、ロシアに有利な安全保障環境の構築に動き出すことは十分に考えられる。具体的には、北方領土棚上げでの平和条約締結、日米安全保障条約への楔《くさび》を打ち込むような日本の世論を分断させる工作や、日米同盟無効性の世論を形成するような情報工作である。中国の脅威をことさら強調することで、日本にとってのロシアの重要性をアピールするような世論操作も行なうかもしれない。

また、「平和条約を締結しなければロシアの脅威は増大する」ことを認識させる目的で、軍事力を誇示し、オホーツク海（北方領土方面も含む）で強硬な対応をとる。もしくは「日米同盟を深化させればロシアの脅威は増大する」といった影響工作も併用し、日本周辺海域における軍事偵察活動を活発化させることもありえよう。

さらに、ロシアが重視する科学技術に対する情報搾取のためのサイバー攻撃が激化することも想定されうる。先の『国家安全保障戦略』で示された技術をもつIT・DX企業、大学、研究所等に対するサイバー攻撃が激化する可能性があることにも注意すべきである。

では、日本としてどのような対応をとるべきなのか。

極東アジアの安全保障は、日露関係だけで動くわけではなく、日米露中の関係が複雑に作用して展開されている。日米は強固な同盟関係だが、露中は同盟関係ではなく国益に応じた緩やかな協力関係である。ロシアから見た中国とは、前述の小泉氏曰く「完全に味方（同盟）にはなれないが敵でもない」「隣人を隣人のままにとどめて敵にしたくない存在」にすぎない。ウクライナ戦争勃発までは、中露はこのような関係であったが、西側諸国からの一体となった制裁を受ける過程で、中国やインド、最近では北朝鮮との依存関係が深まるに至っている。今後は、中露を一体として安全保障関係を見ていく必要があるだろう。

『国家安全保障戦略』や『AI発展戦略』で明示しているように、ロシアは今後とも、最大の脅威である米国やNATOと対抗するための軍事力強化に努める。この現実を踏まえて日本も、防衛力強化や日米同盟の深化、サイバー防衛能力の向上に加えて、外交や経済力を駆使してロシアの脅威を低下させる取り組みにも力を入れるべきであろう。

無論、ウクライナをめぐって米欧とロシアの関係が緊張するなかでは、当面日本がとりうる選択肢は限られる。前述のとおり、ウクライナ戦争勃発後の中露関係はより緊密化していくと見積もられ、それが東アジア全般の情勢にどのように影響していくか、見極めていく必要があるだろう。さまざまなファクターがあるなかで、日本としてロシアとどのように付き合うべきか、総合的な見地からの見直しが求められよう。

第5章

中東の地政学

最強国家イスラエルVSイラン率いる「抵抗の枢軸」

菅原 出（グローバルリスク・アドバイザリー代表／PHP総研特任フェロー）

２０２３年10月7日に発生した、イスラム主義組織ハマスによるイスラエルに対する大規模テロ攻撃は、イスラエルの占領に抵抗するパレスチナ人の武装闘争という文脈を超え、イスラエルとイラン及びイランが支援する「抵抗の枢軸」ネットワークの武力衝突に発展。紛争は地域的にもガザ地区からイスラエル・レバノン国境地帯、そしてレバノン全土に広がり、イスラエルとイラン両国の領土とその周辺諸国の領空を巻き込んだ。

さらにシリア北部の反政府勢力の武装反乱を促し、ついにはダマスカスのアサド政権を倒してシリア全土にまで影響を及ぼすことになった。

ガザからダマスカスまで暴力が連鎖していった謎を解くには、イスラエル建国以来のパレスチナをめぐる歴史に加え、２００３年の米国によるイラク侵攻後のイラク内戦、２０１１年の「アラブの春」以降のシリア内戦、そして２０１４年以降の過激派組織イスラム国（ＩＳ）掃討作戦など度重なる戦争と混乱を通じて、イランがイラクからシリアへと勢力を拡大させ、アラブ・イスラエルに脅威を与える「抵抗の枢軸」ネットワークを形成していった背景を理解する必要がある。

本稿では、近年における中東の地政戦略地図の変遷を辿りながら、イスラエル　ハマス戦争が中東地域に拡大していった背景を解説し、イスラエルが軍事・諜報能力を駆使してその地政戦略地図を塗り替えていったプロセスを詳述していきたい。

■イスラム主義武闘派のハマスとイランの共闘

よく知られているように、イスラエルは１９４８年5月14日にパレスチナの地に建国を宣言して以来、パレスチナ人を支持するアラブ諸国との間で何度も戦争を繰り返し、その都度領土を拡張していった（図1）。

これに対して、パレスチナ側の初期の抵抗運動は、１９６４年にエジプトの支援を得て創設されたパレスチナ解放機構（ＰＬＯ）が主導し、ヤセル・アラファト率いる過激派組織ファタハが武力闘争を展開した。ファタハは、イスラエル人に対するテロを仕掛けることでイスラエルの過剰反応を引き出し、アラブ諸国の反イスラエル感情を増大させてイス

図1 イスラエルの領土の変遷

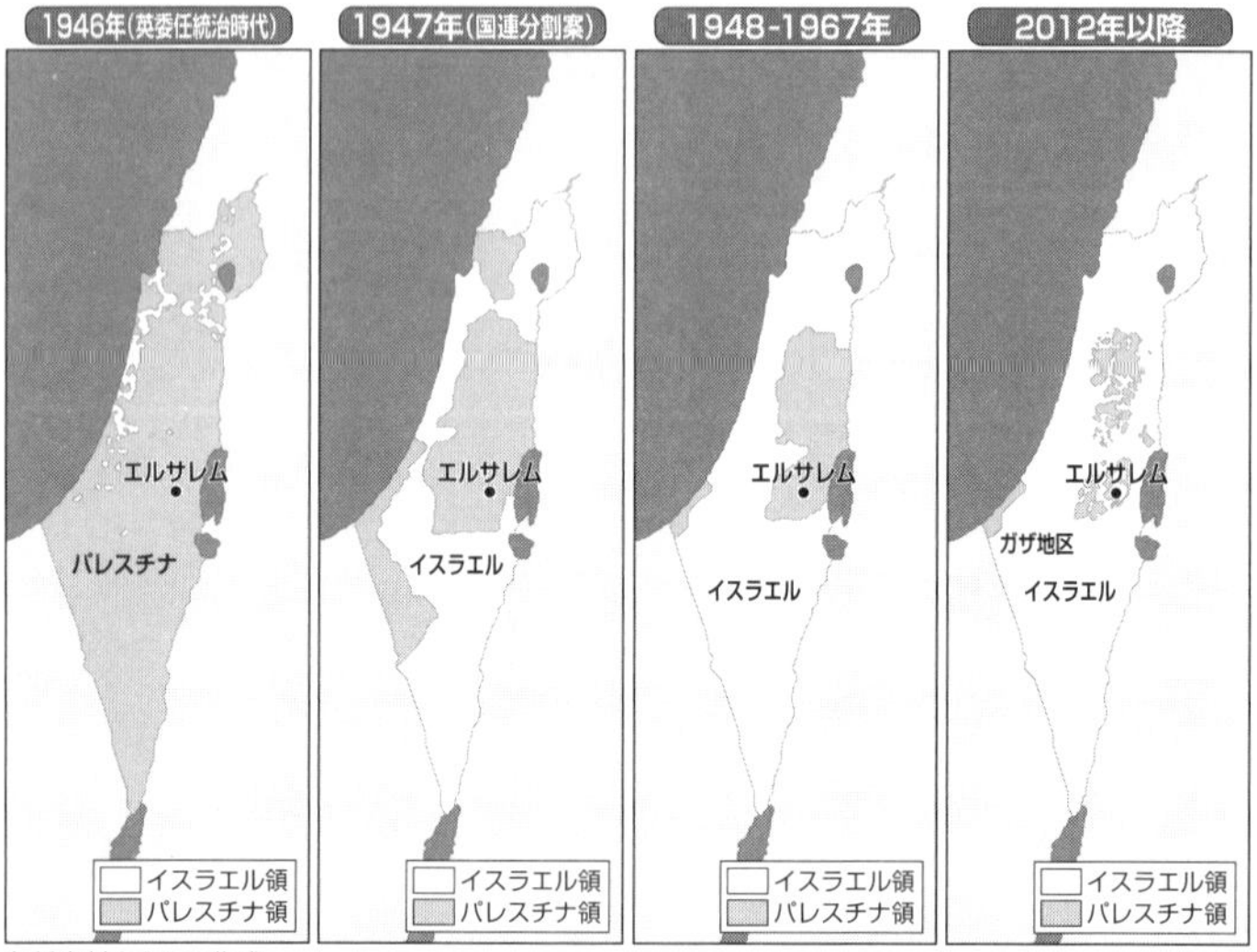

各種資料をもとに作成

ラエルとアラブ諸国の戦争を引き起こし、その戦争でアラブ諸国が勝利することでパレスチナの解放を実現するという戦略をとった。

しかし、何度戦ってもアラブ側はイスラエルを倒すことができず、PLOもヨルダン、レバノンやチュニジアなど拠点を転々とさせ、パレスチナ解放の目標に一向に近づくことができなかった。

イスラエルが占領政策を強化して入植を拡大させるなか、1987年にはパレスチナ人の民衆蜂起（第一次インティファーダ）が起き、同年12月、イスラエルを武力で打倒することを目標に掲げるイスラム教スンニ派の過激派組織ハマスが誕生した。ＰＬＯがマルクス主義者や世俗的ナショナリストなどで構成されていたのに対し、ハマスはイスラム過激派の解釈を掲げ、ジハード（聖戦）という宗教的な文脈でイスラエルへの抵抗を位置づけた。

その後、アラファトがテロを放棄してイスラエルとの和平路線に進んだのに対して、ハマスはイスラエルを認めない武闘派として抵抗活動を続けた。イスラエルの破壊をめざすイスラム主義である点から、イスラム教の宗派は異なるものの、イランがハマスに資金援助、１９９０年代からは武器・訓練を提供するようになった。１９９０年から２０００年の間、ハマスに対するイランの資金援助は年間２０００万ドルから５０００万ドルに上ったとされる。

２００６年にガザでの選挙でハマスが過半数の議席を獲得して勝利し、翌年にガザの支配権を確保すると、イスラエルはガザを全面封鎖し、ハマスは「屋外監獄」に置かれる形となった。

２０１１年に始まったシリア内戦では、当初ハマスがアサド政権に抵抗する反体制派を支持したことからイランとの関係が悪化したが、２０１７年にイランはハマスへの支援を再開。当時ハマスは「イランが資金と武器の最大の支援者」だと表明していた。

■ハマスをテロに追い込んだ地政学的力学

イスラエルとパレスチナの和平が進まず、パレスチナ国家樹立への道が閉ざされたなか、2020年代に入って顕著になったのは、それまでパレスチナ人の権利を擁護してきたアラブ諸国の間でイスラエルを認め同国と正式に国交を結ぶ動きであった。

それまでアラブ諸国のなかでイスラエルと国交を結んでいたのは、1979年にイスラエルと平和条約を結んだエジプト、94年に同じく平和条約を結んだヨルダンだけだったが、2020年8月にアラブ首長国連邦（UAE）が当時のトランプ米政権の仲介でイスラエルと国交を正常化。その後、バーレーン、スーダン、モロッコも続いたことで、この一連の現象は「アブラハム合意」と呼ばれるようになった。

そして2023年には、イスラム教徒にとって最も重要な聖地メッカとメディーナをもち、「二聖モスクの守護者」と言われるサウジアラビアまで、イスラエルと国交を正常化させる動きを前進させた。

その背景には、中東をめぐる地政学的状況の変化があった。2022年2月のロシアによるウクライナ侵攻以来、ウクライナ問題とインド太平洋での中国の動きへの対応に手一杯だったバイデン米政権が中東への関与を削減させるなか、アラブ諸国の対米不信は募り、中国の中東への「浸透」を招いた。23年3月10日に北京で中国・イラン・サウジアラビアの3カ国による共同声明が発表され、イランとサウジアラビアが国交を回復することに合意したことが伝えられると、ワシントンに衝撃が走った。

当時のバイデン米政権は、イランに対する包囲網を強化するため、イスラエルとサウジアラビアの国交正常化を実現すべく水面下で調整を続けていた。しかし中国の仲介でサウジとイランが国交正常化に合意したことで、この構想は大きく後退させられた。

この事態を受けて23年以降、米側が猛烈な巻き返しを図り、サウジの取り込みにかかった。5月にバイデン政権は、ペルシャ湾岸アラブ諸国を鉄道網で結び、域内の港から航路でインドに接続する大規模インフラ・プロジェクトを提唱し、6月にはG7諸国を巻き込んでこうしたプロジェクトへの投資計画を発表。9月にはG20サミットで「インド・中東・欧州経済回廊（IMEC）」構想を華々しくぶち上げた。

さらに米国は、サウジが求めていた相互防衛条約の締結やウラン濃縮施設の建設にも前向きな姿勢を示し、サウジの要求を満たしてイスラエルとの関係正常化を実現しようと、前のめりに突き進んだ。

これを受けてサウジ側も、イスラエルとの国交正常化の条件の1つにしていたパレスチナ人の権利向上について、パレスチナ国家の樹立や本格的な中東和平に至らないレベルで妥協する姿勢を示した。

こうして米主導のサウジ・イスラエル関係正常化交渉が急速に進み、パレスチナ人の存在は忘れ去られていた。自分たちの存在が無視されたまま、アラブの金持ちたちがいまにもイスラエルと手を結びかねない。そんな状況のなか10月7日、ハマスはイスラエルに対して乾坤一擲《けんこんいってき》の大規模テロを仕掛けた。

同日、ハマス最高指導者イスマイル・ハニヤ氏は次のように述べた。「我々は、愛するアラブ諸国を含むすべての国々に伝えたい。我々の戦士たちから自分自身を守ることができないこの存在（イスラエルのこと）は、あなた方に安全や保護を提供することなどできない。関係正常化などイスラエルと締結されたすべての合意は、我々の戦いに終止符を打つことなど決してできないのだ」と。

ハマスは大量のロケット弾と越境攻撃でイスラエルの兵士と民間人1200人以上を殺害し、200人以上を人質に取る前代未聞の攻撃を仕掛けたが、イスラエルは「ハマス殲《せん》滅《めつ》」を目標に掲げて大規模報復を開始。イスラエル軍は圧倒的な軍事力でガザのパレスチナ人に対する容赦なき攻撃を敢行した。住居を破壊され、血だらけの子どもを抱いて逃げ惑うパレスチナ人の様子や、遺体袋に入れて並べられる遺体の写真などが報じられると、アラブ諸国では親パレスチナ、反イスラエル感情が急速に高まり、サウジとイスラエルの関係正常化交渉は頓挫《とんざ》。アラブ諸国やイラン、そしてイスラム諸国が一斉にイスラエルを非難する構図が生じた。

■アラブ・イスラエルを接近させたイランの脅威

そもそもなぜ、アラブ諸国とイスラエルが関係を正常化させる方向に進んだのか。そこに至る地政学的状況を整理しておこう。

イランがいわゆる「抵抗の枢軸」ネットワークを拡大させ、イスラエルを囲むような態勢を構築する契機となったのは、２００３年に米国が始めたイラク戦争だった。米国は当時のフセイン政権を打倒し、イスラム教スンニ派主導の統治体制を根底から覆して、イラクにシーア派主導の政権が誕生するのを助けた。イラクでは、フセイン政権時代にイランが支援していたシーア派の反体制派勢力が新たに権力を握ったことから、イランの影響力が増大した。

一方、２０１１年に「アラブの春」がシリアに波及してアサド政権がスンニ派の反体制派勢力を弾圧すると、トルコや近隣のアラブ諸国が反体制派を支援して内戦が泥沼化。こ

図2 中東各国のシーア派の割合

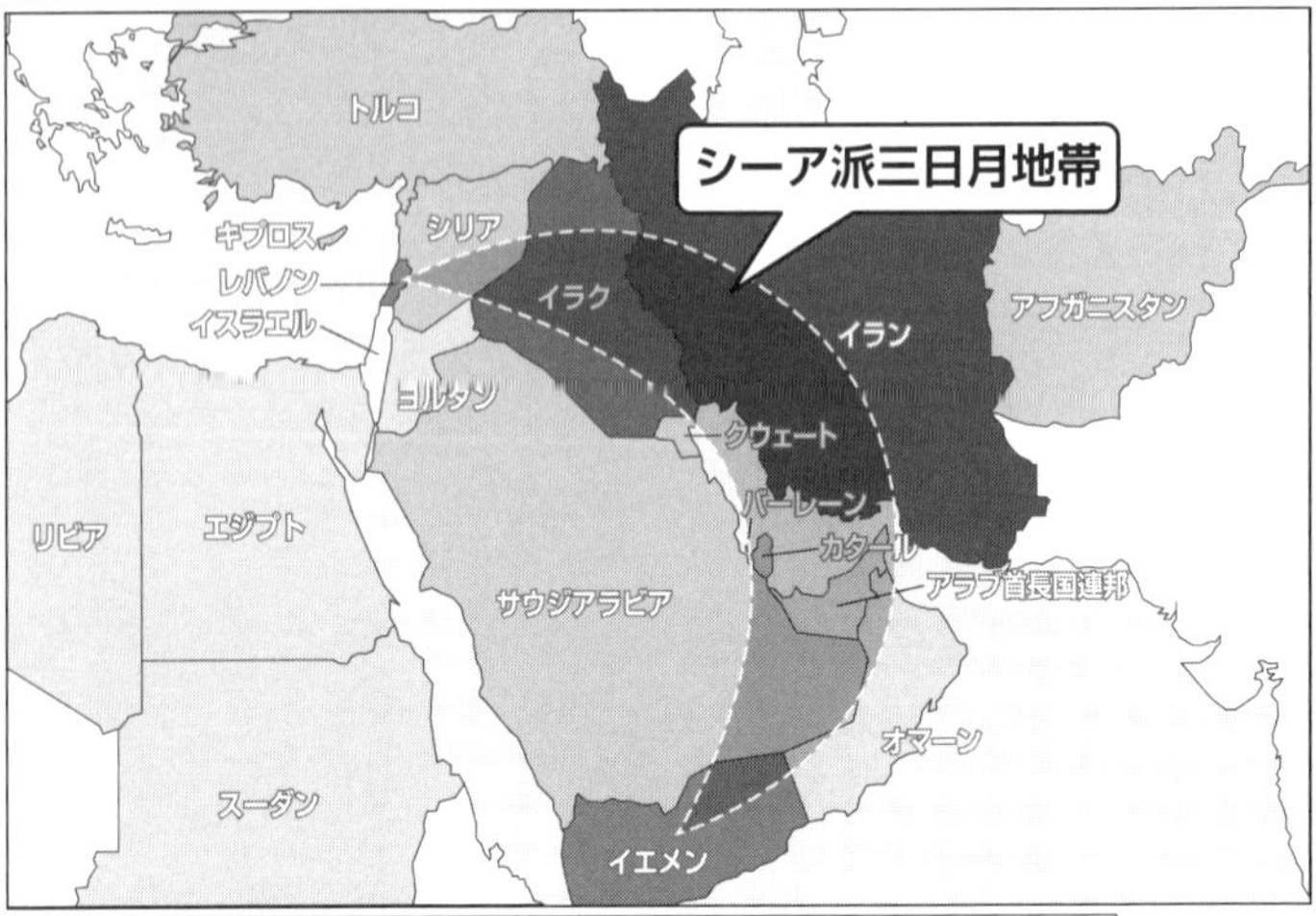

0-10%　10-30%　30-40%　40-60%　60-70%　70-90%　90-100%

ピューリサーチセンター、CIA WORLD FACT BOOK をもとに作成

の混乱に乗じてスンニ派過激派のイスラム国（ＩＳ）が誕生すると、イランはＩＳと戦うためにシーア派民兵を動員して内戦に介入。またイランは、革命防衛隊をシリアに派遣するとともに、レバノンのヒズボラや各地のシーア派民兵組織を動員してアサド政権を支援した。

　こうしてイラクとシリアの内戦を通じて、イランはイラク・シリアからレバノンに至る広大な地域に軍事基地、武器製造工場や物流のための拠点を建設し、テヘランからダマスカスまで軍事力を展開できる陸の戦略回廊を構築していった。

　この回廊は、武器や人員を運ぶだけでなく、違法経済取引にも利用され、シリアのアサド政権や同政権を支えるイラン系ネットワークの資金源にもなった。シリアは2023年だけで約4000万バレルのイラン産石油を輸入したとされているが、こうしたイラン産石油やシリアで製造される麻薬などの禁制品は、シリアを拠点とするヒズボラが密輸ネットワークを通じて取引し莫大な利益を得たとされる。

イラン主導のこうした「抵抗の枢軸」ネットワークの肥大化は、イエメンのフーシー派に対するイランの影響力も強めることになり、同派とイエメン内戦で敵対関係にあったサウジアラビアやUAEに対する脅威の増大につながった。

レバノン、シリア、イラク、イランをつなぐ主にシーア派のネットワークはイエメンにまで拡大して「シーア派の三日月地帯」と呼ばれるようになり、イスラエルだけでなく、スンニ派のアラブ諸国にとって大きな脅威となったのである（図2）。

ハマス、ヒズボラからアサド政権まで「ドミノ倒し」

23年10月にハマスがイスラエルにテロを仕掛け、報復としてイスラエルがガザのハマスへの攻撃を激化させると、レバノンのヒズボラがイスラエル北部にロケット弾を撃ち込み、紅海を航行する商船にイエメンのフーシー派がミサイル攻撃をするなど、三日月地帯に広がるイランの「抵抗の枢軸」がイスラエルへの攻撃を開始した。

しかし、前述したとおり、ガザ戦争が勃発してイスラエルがハマスに対する攻撃を激化させると、アラブ諸国とイランが同じ側に立ってイスラエルを非難し、国際社会もパレスチナ人に対する「虐殺（ジェノサイド）だ」としてイスラエルを糾弾。バイデン米政権も、ハマスとの停戦に応じるようにイスラエルに圧力をかけるようになった。

孤立するイスラエルのネタニヤフ首相は、「イスラエルVSハマス」の局地的な戦争から「イスラエルVSイランおよび抵抗の枢軸」の地域的な戦争に拡大させることで米国の支持を取りつけ、より大きな戦略構図の転換をめざすようになった。

２０２４年7月に訪米したネタニヤフ首相は、米議会での演説においてイスラエルの戦いを「文明VS野蛮」の構図で説明し、主要な敵はイランだと主張。「ガザでの戦争はイランとの戦いであり、ハマス、ヒズボラとの戦いはイランとの戦いだ」と述べた。

そしてイスラエルは、ハマスからヒズボラ、そしてそれらを背後から支えるイランにまで攻撃の矛先をシフトさせていった。7月30日にイスラエル軍は、レバノンの首都ベイルート南部でヒズボラの幹部の一人を戦闘機からのミサイル攻撃で殺害。7月31日には、イランの首都テヘランを訪問中のハマスの最高指導者イスマイル・ハニヤ氏を爆殺してヒズボラやイランを挑発。これに対してヒズボラは8月25日、イスラエルに３００発以上のロケット弾攻撃を実施して報復した。

するとと9月17日、ヒズボラ関係者が使用していたポケベルが同時刻に一斉に爆発し、12人が死亡、2700人以上が負傷する前代未聞の事件が発生。翌18日にはヒズボラが使用するトランシーバーがレバノン各地で爆発し、20人が死亡、450人以上が負傷した。

続いてイスラエル軍はレバノン全土でヒズボラの軍事拠点を破壊し、幹部を次々と殺害。9月27日にはレバノンの首都ベイルート郊外のヒズボラ本部を空爆し、ヒズボラ最高指導者のハッサン・ナスララ師を殺害してしまった。

さらに10月1日にイスラエル軍はレバノン南部に地上侵攻を開始。すると今度はイランがイスラエルに向けて180発以上の弾道ミサイルによる攻撃を実施。ハマスやヒズボラの指導者が殺害されたことに対する報復攻撃だった。

これに対してイスラエル軍は10月26日、総勢100機以上の戦闘機や空中給油機などを動員して3回にわたる攻撃を実施し、イランの防空システム、ミサイル製造に不可欠な施設、同国が過去に使用していた核兵器開発のための施設や無人機製造に関する施設を正確に破壊し、イランに対して戦略的に圧倒的に優位な態勢をつくった。

イスラエル軍はこれら一連の攻撃でヒズボラの戦闘員数千人を殺害しただけでなく、最高指導者ナスララ師はじめ多くの幹部も殺害。またヒズボラの保有していた長距離ミサイル、対空ミサイル、対艦ミサイルなどの戦略兵器の約70％、短距離ロケットランチャーの約75％も破壊し、この武装組織に壊滅的な打撃を与え、11月下旬には停戦に追い込んだ。

一方、10月1日にイスラエルがレバノン地上侵攻を開始し、ヒズボラがシリアから戦闘員をレバノンに再配置させると、シリアの反体制派武装組織「シャーム解放機構（HTS）」がアサド政権に対する武装反乱を開始した。アサド政権を支えるうえでヒズボラの存在が決定的に重要であったことから、その力の空白を見逃さずにHTSが攻撃を仕掛けたことでアサド政権はわずか12日で崩壊した。

■中東に「新たな勢力均衡」をつくり出したイスラエル

イラン「抵抗の枢軸」ネットワークの要は、非国家武装勢力として「世界最強」と言われたヒズボラの存在であり、イスラエル「勝利」の最大の要因は、ヒズボラに壊滅的な打撃を与えられたことだった。それがドミノ倒しのように、アサド政権崩壊やイランの戦略的後退を引き起こしたからである。

決定的に重要だったのは、24年9月中旬にヒズボラ内部をパニック状態に陥れたポケベル同時爆破攻撃だと言える。この世界の諜報史に残る作戦について、引退した2人のモサド工作員が同年12月22日に放送された米CBSの番組「60 minutes」で証言した。

ポケベル爆弾の工作は2022年に開始され、モサドは台湾のポケベル製造会社ゴールド・アポロ社の元営業マンでヒズボラを担当していた人物を雇い、ヒズボラに爆弾入りポケベルを売り込み、24年9月までに5000台を販売することに成功していたという。この諜報工作の効果は、モサドの狙い以上だったという。元工作員は、ポケベル爆破事件の2日後にヒズボラの最高指導者ナスララ師の演説を見た印象を次のように語っている。

「彼の目はもう死んでいた。彼はこの時点ですでに戦争に負けていた。そして、彼の演説の間、ヒズボラの戦闘員たちが打ちひしがれたリーダーの姿を目にしていた」と。

ポケベルと同様に爆弾を仕込んだトランシーバーについては、モサド元工作員の証言によれば、ヒズボラに売り込む作戦が10年前からすでに行なわれており、イスラエルはヒズボラに1万6000台ものトランシーバーを売却して、約10年間起爆させずに時を待っていたという。

立て続けに実行された爆破作戦後、イスラエルは畳みかけるようにヒズボラの拠点を攻撃し、前述したようにナスララ師まで殺害した。この攻撃直後の9月30日にネタニヤフ首相は、「この作戦は、中東における新たな勢力均衡をつくり出すためのより広範な戦略の一部だ。この戦略では、イスラエルは疑いようのない圧倒的な地位を築く。敵も友人も、イスラエルを再びありのままに見ることになるだろう。すなわち、強固で断固とした強力な国家としてのイスラエルだ」と述べた。

イスラエルは、「中東に新たな勢力均衡をつくり出す」ことを戦略的に進めた。ヒズボラの脅威を取り除いたことでパワーの均衡が失われ、その後、ドミノ倒しのように政治的変動がシリアに波及。イスラエルはネタニヤフ首相が宣言したように「圧倒的な地位」を築いた。

イスラエルの高度な諜報能力と軍事能力に加え、敵の脅威を排除することに対する断固たる決意が、中東の地政戦略地図を同国に有利な形に塗り替えることを可能にしたと言えるだろう。

海賊対策

海賊対策から見る中東地勢戦略

中畑康樹（元海上自衛隊補給本部長・元海将）

多くの日本人にとって、「中東」と聞いて最初に思い浮かべるのは「石油」ではないだろうか。日本は現在、石油輸入の９割強を中東に依存している。これは歴史的に見ても高い数字である。日本政府は、石油供給の中東依存度を下げることを目標に供給源の分散・多角化を進め、１９７０年代からインドネシアや中国といったアジアからの調達を増やし、１９８７年には中東依存度を67・９％まで低下させた。

しかしその後、アジアの産油国が経済発展により自国の消費が増えて輸出余力が失われた結果、中東依存度は再び上昇。そこで日本はロシアの資源開発に力を入れたが、２０１４年のロシアによるクリミア侵攻後の対露制裁の一環でロシアからの輸入量を削減させることになり、さらにはウクライナ戦争の影響もあり、２０２２年度の中東依存度は95・２％まで高まった（資源エネルギー庁『令和５年度エネルギーに関する年次報告』）。さらにウクライナ戦争を受けて、２０２２年の中東依存度は94・１％まで高まった。

本稿では、日本の経済基盤を支えるエネルギー供給源である中東を国際政治、地政学的観点から概観し、我が国のエネルギー供給の脆弱性に対する理解を深めるとともに、現地で任務に就く海上自衛隊の活動の一端を通じて、中東周辺地域のリスクや大国の利害がぶつかり合い混迷が増す中東の現状について考察したい。

■戦略的要衝・中東をめぐる世界の動向

２０２０年の時点で日本は、日量約２５０万バレルの原油を海外から輸入している。その約９割、日量約２２５万バレルを中東から購入している。これを大型石油タンカーＶＬＣＣ（Very Large Crude Oil Carrier）で換算すると、１日あたり１隻と８分の１隻分になる。

中東から日本までの主要航路の距離は、約１万２０００㎞で20日間程度かかることを考慮すると、片道22・5隻、往復にすると45隻のＶＬＣＣがつねに日本と中東の間の洋上にいる計算になる。これらの石油タンカーが１万２０００㎞もの長い航路を毎日安全に航行することが、我が国の経済活動の前提になっているわけである。

日本の貿易量はトン数ベースで約99・6％を海上輸送に依存している。そのうち中東のイエメン沖アデン湾の通航実績を見ると、我が国に関係する船舶の通航隻数が約1600隻。アデン湾通航は年間およそ世界で2万隻と言われており、世界のおよそ3分の1がアデン湾を通り、そのうち1800隻、すなわち9％が日本関係の船舶である。

また、世界のコンテナ貨物の17％、日本からの輸出自動車の37％がアデン湾を通るとされており、中東がエネルギーにとどまらない物流の要衝であることがわかる。

中東地域の特性として、キリスト教、ユダヤ教、イスラム教という世界の三大宗教の聖地が集まっていることは周知の事実である。しかもこの地域の宗主国だったイギリスやフランスが、現地の実情を考慮せずに国境線を引いたため、国境とは無関係に部族社会が広がる。

このため宗教対立、宗派対立や部族間抗争などが絶えず、テロの温床にもなっている。地域大国であるトルコ、イラン、サウジアラビアなどの主導権争いやイスラエルと周辺国の敵対関係も複雑に重なり、政治的な安定性を維持するのが極めて困難な地域である。

さらに域外の主要国も、さまざまな形で中東に関与してきた。ロシアは、歴史的にはイランやトルコと対立する時期があったが、近年はシリア内戦を通じてアサド政権の崩壊まで両国との関係は良好であった。

一方の米国は、歴史的にサウジアラビアを中心とする湾岸アラブ諸国やエジプトと友好的な関係にあったが、２０１１年のアラブの春以降、エジプトとの関係は険悪化し、湾岸アラブ諸国とも人権問題などを通じて対立する場面が目立つ。これに対して中国は、一帯一路構想をベースに、内政不干渉の原則で投資を拡大させ影響力を強めている。

米国は、イスラエルという中東における最大の同盟国の防衛にコミットしている。また自国でシェールガス、シェールオイル生産が進み中東への石油依存度が低下したことから、同地域への関心が薄れ、全般的にプレゼンスの低下が指摘されている。

一方、地域各国の安全保障上の要求や、裕福な湾岸アラブ諸国が米国製兵器の「お得意様」であることから、米国は現在も多くの兵力をこの地域に駐留させている。21世紀に入ってからはアフガニスタン、イラクやシリアにおけるいわゆる対テロ戦争やソマリアの海賊対策など、グローバルな脅威に対する軍事作戦を展開。中東地域を管轄する米中央軍に加え、米インド太平洋軍の責任範囲にあるディエゴガルシアや、米アフリカ軍傘下のジブチもこの地域に隣接しており、これらを含めれば、米国は他国と比べて圧倒的な兵力を中東に展開させている。

他方でロシアは、中東においては紛争の仲介役という位置づけが定着してきたように思われている。ただ、軍事拠点はシリアにあるフメイミム空軍基地とタルトゥース海軍補給処の２カ所にすぎず、２０２４年12月にアサド政権が崩壊したことでそれらの存続も危ぶまれている。

そのほかには、スーダンの紅海沿いの港ポートスーダンにも基地を建設する計画があるのみと伝えられている。それにもかかわらず、ロシアはシリア内戦への介入以降、中東地域での存在感を増していた。シリア内戦で、劣勢に立たされていたアサド政権をバックアップし、シリア国内のほとんどの領土を同政権が奪還できるまでサポートし続けたことで、「何かあったらロシアが何とかしてくれる」という認識が中東の政治指導者たちの間に浸透したと言われていたのである。

アサド政権の崩壊以降、不透明性は増したものの、米国の位置づけの低下とロシアの位置づけの高まりという傾向に、劇的な変化があったとまでは現時点においては言い切れないであろう。

中国は、サウジアラビアやＵＡＥ（アラブ首長国連邦）といった湾岸アラブの産油国にとって、いまや最大の石油輸出国である。２０２２年1月10日から14日まで、サウジをはじめ湾岸アラブ諸国の外相と湾岸協力会議（ＧＣＣ）事務局長が揃って北京を訪問して話題になったが、中国は中東の産油国にとって極めて重要なプレーヤーになっている。

このアラブ諸国の訪中について、当時、中国共産党の機関紙『人民網』は次のように解説した。中東湾岸諸国は、「自国の発展計画と『一帯一路』イニシアティブとの連携を積極的に図り、中国の投資を呼び込み、自国の経済モデル転換に役立てようとしている。中国と湾岸諸国は、エネルギーの川上・川下産業、製造業、ハイテク、新エネルギーなど新興分野で踏み込んだ協力を実施するとともに、第三国市場協力の検討にも入っている」。

このように中国は、一帯一路構想の下、内政不干渉の原則で投資を拡大し、米国とはまったく異なるアプローチで中東地域での影響力を増大させている。一方で軍事拠点としては、いまのところアフリカのジブチのみである。

■海上自衛隊実任務のすべてが集中する地域

次に日本、とりわけ海上自衛隊の中東での活動を振り返りたい。海上自衛隊の海外の実任務のうち3カ月以上の長期間に及ぶもので、南極観測支援、遠洋練習航海、大規模演習を除くと、次のような作戦が挙げられる。

まず、1991年4月から10月に実施された「湾岸の夜明け作戦」は、湾岸戦争後に遺棄された機雷が航行障害になるということで除去した機雷掃海活動である。

2つ目は、アフガニスタン戦争に関連するテロ特措法に基づき2001年11月から20

07年11月まで実施された活動と、その後の補給支援活動（2008年2月〜10年1月）。これらは米国中心の有志国連合の立場で、作戦に参加する有志国連合軍向けの補給活動であった。

3つ目は、いまも続いている海賊対処行動であり、それ以前の海上警備行動も含めると2009年1月から継続している。海賊対処行動とは、2008年6月の国連安保理決議1816号に基づいて海賊行為あるいは武装強盗に対処するもの。「海賊行為」とは国連海洋法条約では領海外で行なわれる行為であり、国家ではない私的な襲撃行為を指す。一方、領海内で行なわれるものは「武装強盗」、英語では「armed robbery」と呼んで区別している。この海賊対処行動は海上自衛隊が展開してきたなかで、世界の平和と安全への脅威に直接対峙する、すなわち世界の敵と戦う唯一の作戦である。

4つ目の情報収集活動は、米国・イラン間の緊張の高まりから、ペルシャ湾周辺海域の商船に対して爆弾テロなど不審な事案が多発したことから、日本関係船舶の安全確保のために2020年1月以来実施されている。

海上自衛隊が実任務として実施したこれら4つの作戦は、すべて中東地域に集中しており、2001年11月以降、わずかな空白期間を除き、海自はつねにこの地域に兵力を展開してきた。この事実は、いかにさまざまな脅威が中東地域に集中しており、我が国のエネルギー安全保障を脅かしているかを明確に物語るものである。こうした海上自衛隊の活動がメディア等で取り上げられることはほとんどないが、我が国のエネルギー供給の脆弱性や中東の軍事地政学に照らしてそれがどのような意味をもつものかを、あらためて考えていきたい。

■海上自衛隊海賊対処任務の実態

ここからは、筆者が海上自衛隊第四護衛隊司令として、実際に海賊対処任務に従事した経験をもとに、具体的な海賊対処作戦や海自の活動の一端を紹介する。

まず指摘したいのは、「海賊」を見つけることの難しさである。海賊は、現地の言葉で「SKIFF《スキフ》」と呼ばれる小型船舶を利用している。海賊船と思われる特徴として、はしごがあって漁具がないこと。小さな船舶にもかかわらずエンジンが2つあること。こうした条件が整うと、海賊船かもしれないと判断している。

SKIFFの船体の長さは10m程度で、レーダーに映らないことから、独力で不審なSKIFFを発見するのは至難の業《わざ》である。そこで、実際に襲われている船からの報告やその近くを通っている船からの目撃情報などが国際部隊のオペレーションセンターなどに寄せられ、そこから各国の船に警戒情報が発信される、もしくは国際ＶＨＦ無線を通じて救援を求める通報が寄せられる、といった方法で海賊船を見つける例がほとんどである。つまり、国際的なネットワークがなければ、海賊対処任務の遂行は極めて困難である。

海賊と言っても、現地ではさまざまな背景をもつ人たちが資金を出し合ってチームをつくり、資金提供者、襲撃者、交渉人などの役割を担うメンバーで構成される株式会社のような組織だと言われている。収益（身代金）の分配では交渉人が最も多くとるが、リスクが大きいのは襲撃者であるため、仲間割れも多いという。

世界全体で発生している海賊事案は２０１０年の４４５件をピークに減少傾向にあり、２０２０年は１９５件であった。その内ソマリア沖アデン湾周辺では２０２０年以降、２０２１年と２０２３年に各１件発生したのみである。襲撃する側もリスクを冒してまで船には乗り込んでこないため、軍艦に護衛されている船はまず襲われない。このため各国の海軍が海賊対処活動を始めて以降、ソマリア沖アデン湾周辺における海賊事案は激減していったのである。

ただソマリアの政情は依然として不安定であり、各国が海賊対処行動をやめた場合、再び海賊行為が発生する可能性が高いとされているため、活動は継続されている。

海上自衛隊の海賊対処行動部隊は、２０１６年12月以前は護衛艦２隻体制であったが、現在は護衛艦1隻と、8人の海上保安官を含む水上部隊の約200人体制である。そのほか航空隊として、哨戒機「P−3C」1機で約60人と支援隊約130人、合わせて約190人が常時ジブチの拠点にいる（**図1**）。

各国の海軍は、民間船舶を直接護衛する「エスコート」、特定の海域内での警戒監視活動を実施する「ゾーンディフェンス」のいずれかの方式で作戦を実施している。日本や中国、インドはエスコートにより船舶の護衛を行なっていた。

哨戒機で護衛航路等の上空から情報提供などを行なう任務は、これまでは日本も含む多国籍海上部隊「第151合同任務部隊（CTF151）。現在はCTG151）」と「欧州連合部隊（EUNAVFOR）」が実施してきたが、現在はほぼ海上自衛隊が主力である。

作戦全体を調整しているのは、バーレーンに司令部のある連合海上部隊（CMF）である。その司令部は、バーレーンに拠点を置く米海軍第五艦隊の司令部と同じ建物のなかにあり、実際にCMFの兵站支援はすべて米第五艦隊がサポートしている。

実際の護衛は隊列を組んで航行することになるが、陣形は商船の数によって決定される。事前にエスコートに参加する陣形図を商船に渡し「あなたはS−1番」「あなたはN−2番」という具合にそれぞれのポジションに船名を割り当てて航行してもらう。間隔は1海里＝1852m程度で、速力は12ノット（kt）を標準とするが、遅い船が1隻でもあれ

図1 海賊対処行動：全般の活動イメージ

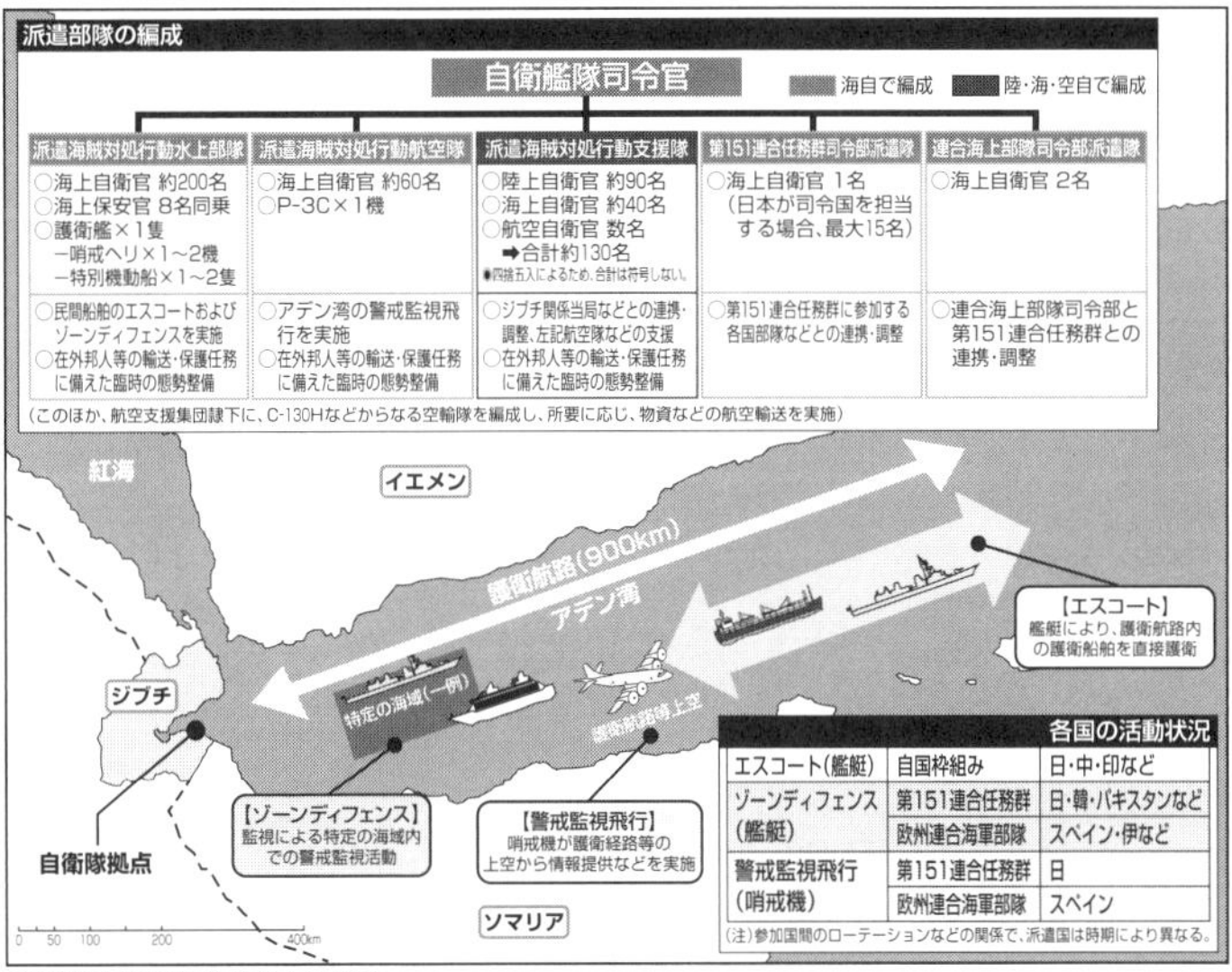

令和6年『防衛白書』をもとに作成

ばそれに合わせることもある。なかには、途中でエンジンが故障するなどして列を離れざるをえなくなる船も出てくる。また遅れて集合時間に到着しない船もあるが、そうした場合でも護衛艦2隻体制のときには1隻は残ってエスコートしていた。

実際に海賊船かもしれない不審な船舶が近づいた際には、**図2**のような対応をとる。これは右前の方向から不審船が襲ってきた場合の対応になるが、全体として左に離れる方向に曲がり、先頭の船（護衛艦）が不審船に対処する。後ろの護衛艦は対処に向かうか、あるいは搭載しているヘリを飛ばして、不審船に対処する。護衛艦には音

図2 護衛要領(イメージ)

不審船舶発見時の対応例

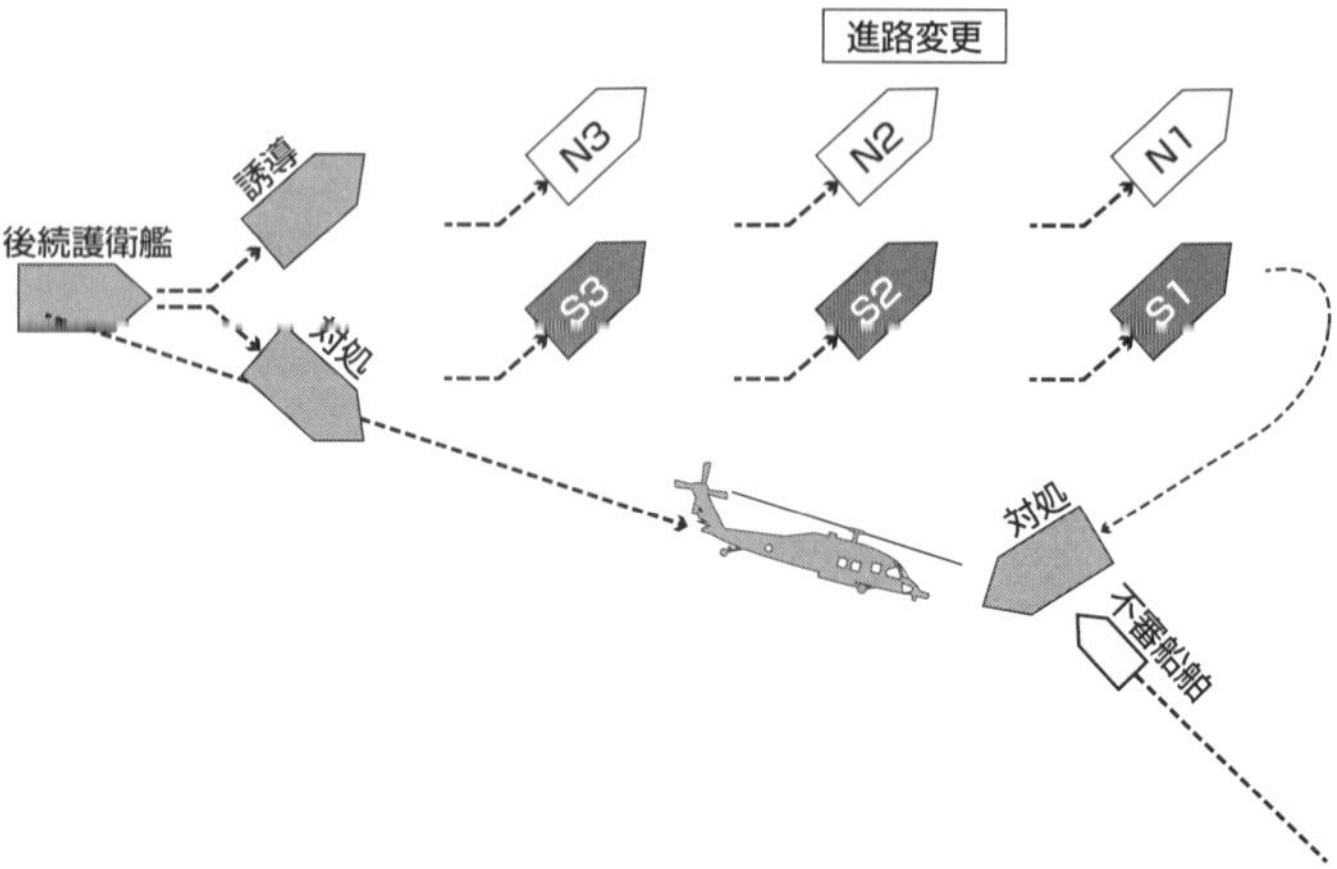

響兵器とも言われる大音量の出るスピーカーが搭載されており、あらかじめプログラムしておいた言語で不審船に警告を発することもできる。

実力で脅威を排除する必要がある場合には、12・7㎜の機関銃やヘリに搭載している7・62㎜の機関銃で対処することになっている。

ただし、海上自衛隊は2024年10月31日時点で累計918回の護衛任務を実施し、4076隻の船舶を護衛したが、一度も武器を使用したことはない。もちろん一度も海賊行為を許すことなく、100％任務を成功させてきたことは、内外から高い評価を得ている。

中東の海洋安全保障を支える基盤

アデン湾での実任務を通じて見えてきた中東の海の顕著な特徴は、欧米の圧倒的とも言えるプレゼンスの大きさである。前述したとおり、米軍は中東各地に空海軍の基地を有し、さまざまな軍事的アセットを運用できる態勢を整えている。海賊対処任務に従事する多国籍海上部隊ＣＴＦ１５１の活動にしても、バーレーンの米海軍第五艦隊のロジスティックス支援なしには成り立たない。

中東地域で米国と対立関係にあるイランは、２００㎞の射程のある対艦ミサイルを保有しており、ホルムズ海峡やバブ・エル・マンデブ海峡などを容易に封鎖することが可能だ。２０１８年７月には紅海でサウジのタンカーが被弾、また２０１９年６月、ホルムズ海峡で日本関係船舶のコクカ・カレイジャスが攻撃を受けた。どちらの攻撃も武器は特定されておらず、対艦ミサイルが使用されたかどうかもわかっていない。こうした攻撃が結果として単発な事象にとどまっているのは、究極的には米国の圧倒的な兵力による抑止効果だと考えられる。

湾岸諸国に駐留している米軍の存在以外にも、ディエゴガルシア島やジブチといった近

商船からのメッセージ：護衛開始

貴隊第4護衛隊の護衛を受けることができ、本船乗組員一同本当に心強い限りです。

ご存知の通り本船はスピードがあまり出ないばかりか、乾舷も低いために正直申しまして海賊に狙われると逃げ切りが難しく、昨日IRTC内での襲撃情報を入手した折りにはここ数日間の不安もピークに達しておりました。しかしながら今朝本船レーダーにて貴艦を確認できた際には、日本に戻ってきたような安心感がわき、乗組員にも笑顔が戻ってきた次第です。

現在フォーメーションに従って西航をはじめましたが、約3海里先をエスコートする「はまぎり」が常に視野にあり、かつ後方からは「たかなみ」が我々を見守りつつ、24時間体制で護衛という重責を遂行されている両艦の方々に頭が下がる思いです。
我々にとって本当に頼もしい限りです。

まもなく日没をむかえますが、今夜は少々枕を高くして休めそうです。

それでは、IRTC通過までの間大変お世話になりますが宜しくお願い申し上げます。

日本関係船舶船長

隣の軍事拠点から、ペルシャ湾まで爆撃機で直接飛んでいくことが可能である。米海軍主導のCMFはこの地域の海洋安全保障に関わる作戦全体を統括し、英海軍傘下の「英国海運貿易オペレーション（UKMTO）」は、民間商船も含めた広範なネットワークを構築して治安情報の収集・分析だけでなく、海洋状況把握（MDA）の一大センターとして機能している。

さらにフランスのブレストに本部を置く「アフリカの角・海事安全保障センター（MSCHOA）」は欧州連合（EU）の海軍部隊をコントロールする司令部の一部機能をもち、これら3つの組織が全体として緊密に連携しながら海上交通の安全確保に多大な貢献をしている。このような欧米勢のイニシアティブと緊密な連携体制が、中東地域の海洋安全保障を支える基盤を形成しているのである。

▒各国が軍事拠点を置くジブチ

また、ジブチの戦略的な重要性についても触れたい。スエズ運河までおよそ２４００㎞、アデン湾東口まで１２００㎞、バブ・エル・マンデブ海峡は、ちょうどイエメンとジブチの国境にある。ジブチはもともとインド洋から地中海に至る要衝に位置し、前述したとおり、同国が接するアデン湾の年間船舶交通量は世界の３分の１に当たる約２万隻で、うち日本関係船舶は約１６００隻だ。建国以前から元宗主国であるフランスの基地があり陸海空軍が駐留していたが、湾岸戦争などで米国が輸送拠点としてジブチの基地を使うようになった。

その後ソマリアの政情不安により海賊事案が多発すると、複数の国が軍事拠点を置き、米国も「連合統合部隊・アフリカの角（ＣＪＴＦ-ＨＯＡ）」を駐留させた。そのほかイタリア、日本、中国がジブチに基地を構えたが、日本と中国はこれが唯一の海外軍事拠点である。

中国海軍は、海賊対処任務に従事している間、アデン湾に設置された国際推奨航路帯（IRTC）の中央付近に補給艦を配置し、この補給艦から補給を受けながら護衛任務に当たっていた。この任務は中国にとって初の海外実任務だったにもかかわらず、ほとんど入港しなかったのは驚愕であった。

海賊船の識別は極めて難しく、24時間気を抜く暇がない。暑さに加えて極度の緊張感の維持と重圧との闘いを余儀なくされる任務を、休みなく継続するのは並大抵の覚悟では行なえない。精神的なタフさという点で言えば、中国海軍は極めて強く、長期戦になった場合、彼らの力を侮ることはできないと認識すべきである。

今後、さらに中国の強さにつながる可能性のある存在が、ジブチにある中国の「保障基地」である。この基地の特徴は、高さ3mの壁と鉄条網で囲われており、ジブチの他国の標準的な基地と比べるとはるかに堅牢なつくりになっている。基地のちょうど真ん中辺りに400mの滑走路があり、同じく400mの桟橋がつくられている。米国の正規空母の全長が330m程度で、中国の遼寧クラスが310mなので、港湾の底面の土砂を取り去る浚渫《しゅんせつ》工事を行なえば、十分に空母を泊められる桟橋である。

さらに地下施設も建設中であると言われており、一帯一路構想の重要拠点として、もしくはアフリカ全体への進出の橋頭堡《きょうとうほ》として、中東地域での長期的なプレゼンスを確保する意図が読み取れる。

▒多国間協力によるシーレーン防衛に寄与せよ

ここまで、海上自衛隊の海賊対処任務を通じて見えてきた、中東における海洋安全保障上の秩序や各国のプレゼンスの現状について詳述した。今後、ウクライナ戦争を契機に変化する米露関係と大国間のパワーバランスの変化が、中東やこの地域の海上交通にどのような影響を与えるのかは、我が国のエネルギー供給にとって極めて重大な問題である。

同地域の安全保障の枠組みに参加し、日本の〝旗を掲げ続ける〟ことでシーレーン防衛に寄与することは、当面不可欠である。また、海賊対処行動で相互に協力できたように、中国との間で協力できる分野を拡大させ、たとえば、捜索救助HA／DR（Humanitarian Assistance and Disaster Relief＝人道支援・災害救援）、災害対処などの分野で協力できる道を模索する努力を続ける必要はあるだろう。

しかし、より根本的には、日本から約1万2000㎞も離れ、さまざまなリスクの混在する不安定な中東に、石油輸入の9割を依存していることの脆弱性についての認識を深め、エネルギー供給の分散・多角化をあらためて検討すべきである。

中東で米国や欧州諸国が実施しているような情報協力、安全保障協力の枠組みは、今後はインド太平洋、南シナ海や東シナ海でも不可欠となると考えられる。各国の軍隊や治安機関だけでなく、商船を含めたさまざまなデータを統合する動きが進むことになろう。

日本はそうした取り組みを積極的に推進するためにも、まず自国内において自衛隊だけでなく商船や民間の情報、海上保安庁のデータベースなどを統合できるような情報共有の枠組みの構築に着手すべきである。

さらに、台湾有事などを踏まえて、シーレーン船団護衛などを考えた際、海上自衛隊がソマリア沖の海賊対策で商船を護衛したような作戦を展開することは、現在の能力では極めて困難である。日本政府として、相当な覚悟をもって新たな予算を投入し、人員の養成から船舶の建造を含めた施策に取り組まなければならない。少なくともそうした議論を始めることが急務である。

第6章

新しい地政学

大国がせめぎ合う「大人の海」

石原敬浩（海上自衛隊幹部学校非常勤講師・退役1等海佐）

２０２２年8月26日に北大西洋条約機構（ＮＡＴＯ）のイェンス・ストルテンベルグ事務総長は、「北極におけるロシアの軍事力増強はＮＡＴＯにとっての戦略的な挑戦だ」と述べて強い警戒感を露わにした。また、ウクライナ戦争以降の新たな地政学的変化の結果、北極においても中国とロシアが戦略的な連携を強化してＮＡＴＯの価値観や利益に挑戦しているとして懸念を示した。米国とカナダは２０２４年新たな北極戦略を公表し、能力強化を訴えた。

かつてイギリスの地政学者ハルフォード・マッキンダーは、ユーラシアの内陸部を「ハートランド」と呼びその重要性を説いたが、彼が当時使った地図で描かれた北極海は、夏でも氷が解けない凍ったままの海だった（図1）。

本稿では、「凍ったままの海」だった北極海が航行可能になることが、軍事地政学的に

図1　北極海の地政学的変化

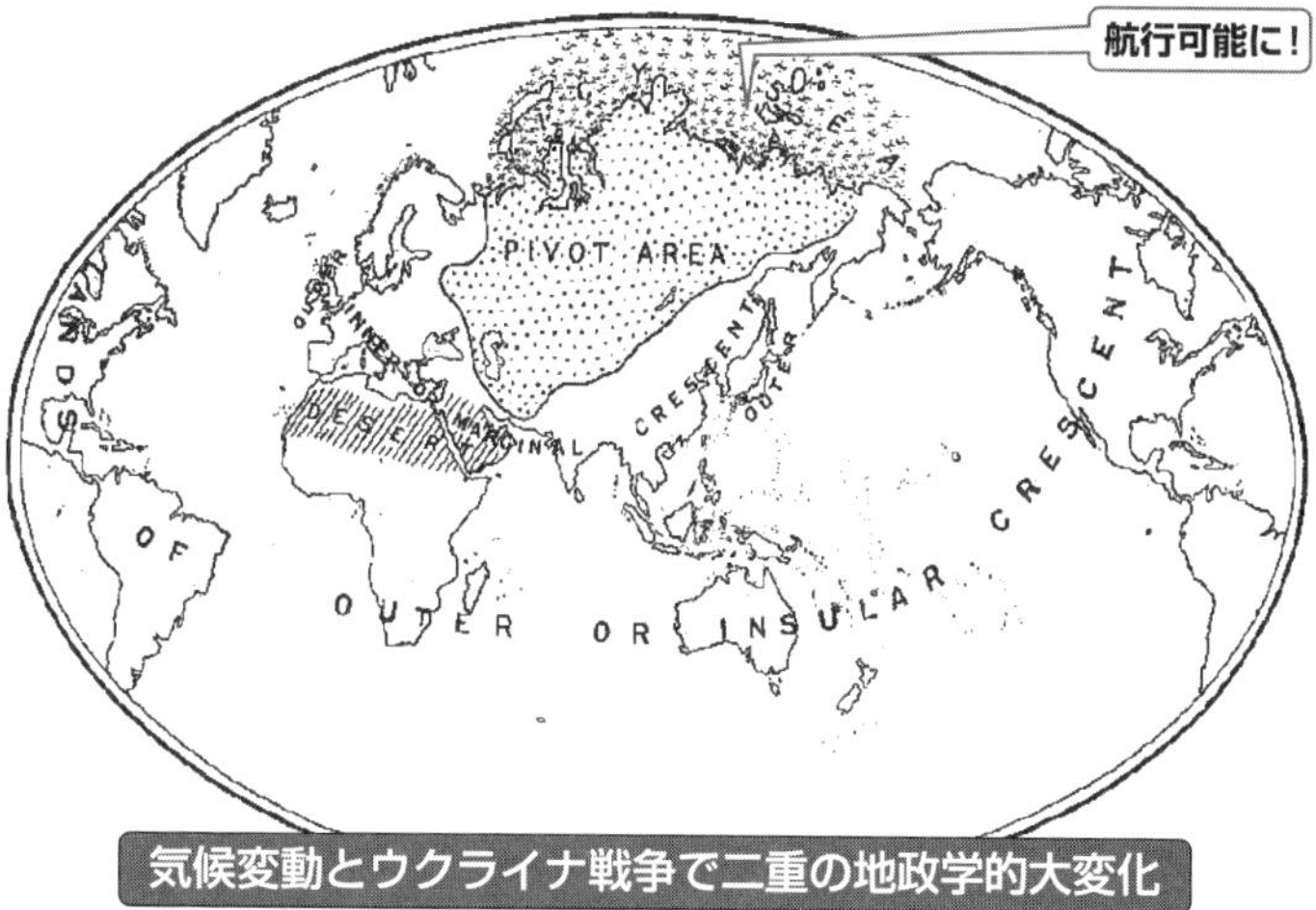

Sir Halford John Mackinder,"The Geographical Pivot of History",*Geographical Journal* 23,no.4,(April 1904)をもとに加筆

どのような意味をもつのかを明らかにする。またストルテンベルグ事務総長が指摘するように、気候変動とウクライナ戦争が、二重の地政学的な大変化を北極海に及ぼしていることを詳述し、北極海をめぐる大国間の知られざる闘争の一端をお伝えしたい。

■他地域の4倍の速さで温暖化が進む北極

2020年10月に木造の帆船が、史上初めてロシアよりの北極海航路でウラジオストクからベーリング海峡を通りムルマンスクまで航行したことがニュースになった。

しかもこの帆船は北極海航路横断の途中、

ほとんど氷を見なかったという。

実際NASAのデータによると、氷の面積が10年毎に13％減っており、単に氷の面積だけでなく多年氷《たねんひょう》が急速に減少している。本来、何年も凍ったままであれば圧縮されて解けにくい氷になるのだが、4年以上の多年氷がほとんどなくなり、密度の薄い1年氷が増えているという。

さらに最新の研究によれば、北極海の温暖化は地球上の他地域より早く進行する。氷雪の融解により太陽光の吸収が一層進むことで、負のスパイラルに陥り、地球全体の温暖化に比べて4倍の速さで北極の温暖化が進むのだ。気候変動と安全保障は現在、世界中のシンクタンクや研究所、公的機関が取り組むテーマだが、1990年に米海軍大学が発表したのがこの種の最初の報告書だったとされている。

なぜ海軍大学だったのか。北極の氷を長年調査していたのが海軍だったからであり、潜水艦の作戦のために氷について知る必要があったからだ。潜水艦は、ミサイルを発射する際には氷を割って水面まで浮上する必要があるため、米海軍はどの辺の氷が薄いのか、厚いのか、時期によってそれがどう変わるのか等、氷の厚さに関するデータを長年収集・蓄積してきた。

その結果、北極の氷が減っていることに気づいたわけだが、これは当然軍事的なトップ・シークレットであり、この種の情報は米海軍と米中央情報局（CIA）が管理していた。それを当時上院議員（のちに副大統領）だったアル・ゴア氏が科学者の研究のために公開させ、そうしたデータを元に2006年に『不都合な真実』として映画化し、反響を呼んだ。

■ロシアとNATOがにらみ合う海

では氷が解けてくると、実際にどのような影響があるのだろうか。主に「資源開発」と「航路開発」、すなわち北極海航路を使った物流や人流が増えることになるため、それを見越して各国の軍事活動が活発になり、利権確保、影響力確保のための国家間競争が熾烈さを増すことになる。

北極海に面しているのはロシア、北欧のスカンジナビア半島でノルウェー、グリーンランドのデンマーク、カナダ、アラスカを領有する米国であり、ロシアとNATOが睨み合う海が北極海である。

米国の地質調査所（USGS）が2008年に行なった発表によると、北極海に、世界の未発見の天然ガスの30％、石油の13％が眠っているという。それ以降、北極の資源が世

図2　2022年夏の北極の海氷面積は過去10番目に小さかった

NASA Video
チャンネル登録者数 86.5万人
https://www.youtube.com/watch?v=YXIBuNymUhk

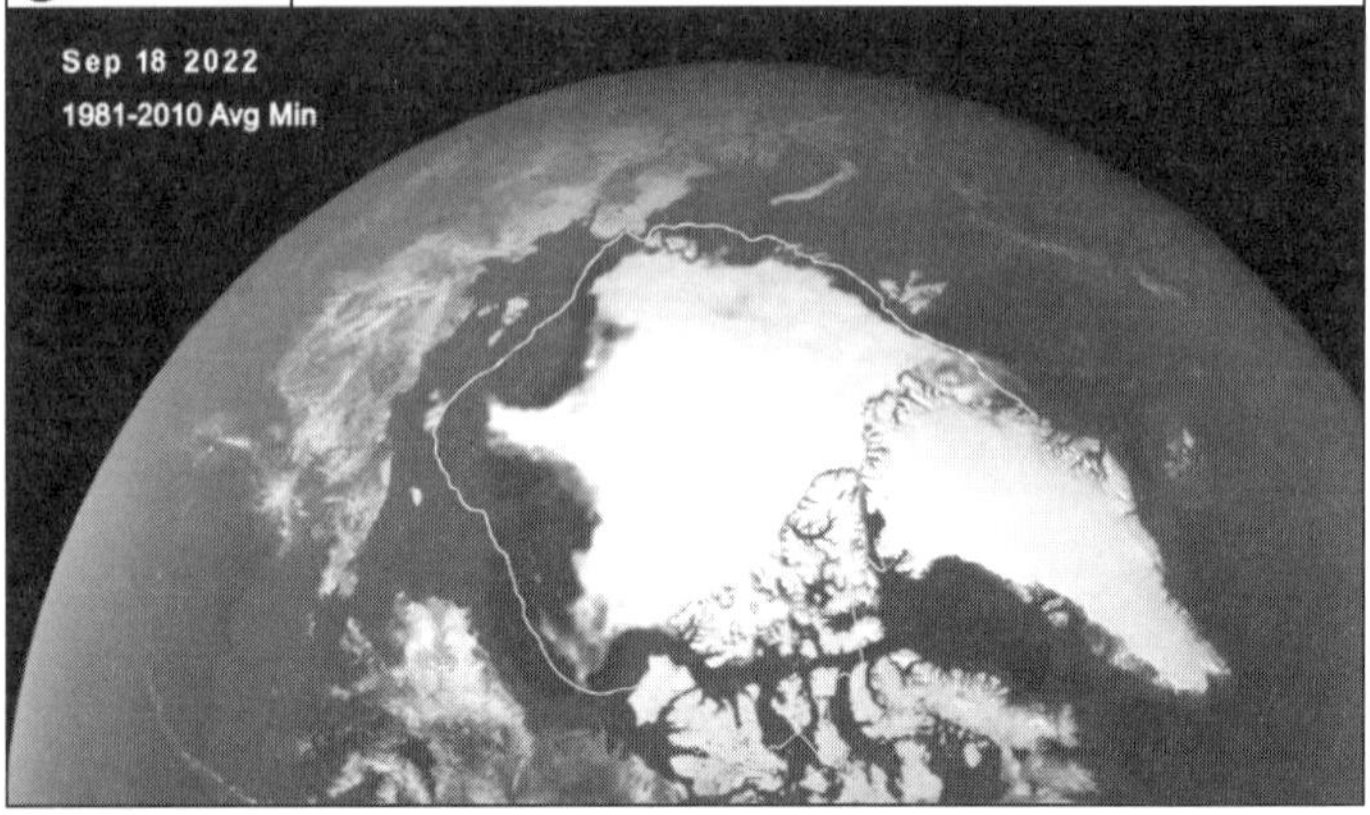

NASA GLOBAL CLIMATE CHANGE Vital Signs of the Planet
https://climate.nasa.gov/news/3213/2022-arctic-summer-sea-ice-tied-for-10th-lowest-on-record/?utm_source=newsletter&utm_medium=email&utm_campaign=monthly+newsletter

界中でブームとなり、話題に上るようになった。

南極は大陸であり、南極条約によりどの国も開発せず、自然環境を保護することが定められているが、北極は海である。そこで、領海、接続水域、排他的経済水域（EEZ）、もしくは大陸棚の権利を主張するなど沿岸国や関係国の思惑がぶつかる。

2008年には、沿岸5カ国が「領土問題や資源開発は沿岸国の問題だ」と主張。海洋については、国連海洋法（条約）〈UNCLOS〉に準ずるべきという宣言（イルリサット宣言）を出した。その後、沿岸国同士の対立だけでなく、中国まで巻き込んだ覇権争いの舞台になっていく。

■北極海航路をめぐる国際政治

次に、北極海航路の概要を見てみよう。横浜港からドイツのハンブルク（港）まで南回りでマラッカ海峡を通りスエズ運河を通っていくと約2万1000㎞になるが、北回り、すなわち北極海航路では約1万3000㎞で約6割の距離に短縮できる。また海賊のリスクも低いことから、コストも安く抑えられる可能性がある。

実際に北極海航路がどの程度使われてきたのか、取引量をヤマル（LNG）プロジェクトで見てみると、2017年時には993万トンだった出荷量が、2020年には3300万トンで過去最高を記録するなど過去数年間は右肩上がりで進んでいた。

このまま順調に伸びていくかと思いきや、2021年の11月に突然の寒波で海が凍りついてしまい、20隻あまりが氷の海に閉じ込められてしまう事態が発生。これに対しロシアが、原子力砕氷船を派遣して船を救出した。この事件は、寒い時期になると急に海が凍りついて身動きが取れなくなるリスクを示した一方で、沿岸国の役割の重要性も認識させることになった。

ベーリング海峡からロシア沿岸を通り欧州に至る北極海航路において、ロシアは沖の島と大陸をつないで直線基線を引き、その内側はロシアの内水だと主張している。また、国連海洋法条約234条には、氷に覆われた半閉鎖海条項があり、沿岸国に一定の管轄権があるとされている。

たとえば氷と衝突して船体に穴があいた場合、油が漏れ甚大な環境汚染が引き起こされる恐れがあるので、特定の規格の二重底船以外の航行を認めない、エスコートを義務づける、などの主張が可能だ。ロシアはこの条項に基づき、ロシアの砕氷船をエスコートとして付けることを義務づけ、その対価まで細かく規定しており、米国の主張する「航行の自由」とは逆行する。

他方、2010年4月にはロシアとノルウェーが、バレンツ海と北極海の境界画定及び二国間協力に関する協定に合意、9月に署名した。

ロシア海域では露ロスネフチ社がライセンスを取得。その後、海域南側の中央バレンツ鉱区でイタリアの国営石油会社エニ社と、北側のペルセエフ鉱区ではノルウェーのスタットオイル社（現エクィノール社）と、それぞれ共同探鉱を進めることで合意した。ロシアは海の境界線で妥協することで、ノルウェーが長年もっていた北海油田や海底油田の開発技術、ノウハウの獲得を狙ったものと思われた。

しかし2014年、ロシアによるウクライナのクリミア半島併合から、西側諸国による対露経済制裁が科されると、ノルウェーとの協力は立ち消えになり、代わりに中国が名乗りを上げた。

中国は２０１３年、露ロスネフチに資金だけでなく、技術やモノを提供して北極海の３つの鉱区の資源開発に参入した。２０１７年12月にはヤマルＬＮＧのアジア向けのタンカーが北極海航路を東に出港して資源輸出が始まった。

■軍事的プレゼンスを示し競い合う沿岸国

ヤマル半島やシベリアから北極海航路を通りアジアに向かう北極海航路沿いには、冷戦期に置かれた旧ソ連の軍事基地が残っており、冷戦後に一時期閉鎖されていたものをロシアは再開して稼働させている。

またロシア軍は２０２１年3月、３隻の原子力潜水艦が厚さ１・５ｍの氷を割って徐々に浮上する様子を公開した。米国や中国などが北極圏の開発に関心を抱くなか、北極圏におけるロシア軍の存在感を示す狙いがあったと見られている。

さらに２０２２年7月31日には、プーチン大統領が新たな海洋戦略を公表。55頁の文書のなかで22頁分を北極に割き、北極海の支配がロシアにとって最も優先順位の高い問題であることを示した。「第一にこれらは私たちの北極海だ。私たちはこの海をあらゆる手段を用いて守ることを確実にする」。

プーチン大統領はこのように述べ、ロシアが北極と世界の海での海軍の戦闘能力を強化するためのさまざまな措置について説明した。

接近を深める中露両国海軍は2023年に合同訓練を実施し、日本海からオホーツク海、ベーリング海経由、米アラスカ州領海へと航海した。海軍間のみならず法執行機関（海上保安機関）同士も連携を深めている。2023年には中露海上安全保障協力協定を締結し、2024年、初めての中国海警艦とロシア国境警備隊艦艇による合同パトロールが北極海で実施された。

これに対して西側諸国も負けていない。カナダは2000年代初頭から税関等政府機関を含む統合演習を実施しており、2007年からは主権を示す目的で「主権誇示(sovereignty operation：SOVOP)」演習を毎年行なっている。2009年に当時のスティーヴン・ハーパー首相は、「我々は北極の主権に関する原則について、行使するか、さもなくば失うかであることを確信している」と発言した。

またカナダ海軍は2022年9月2日、新型哨戒艦「マックス・バーネイズ」が就役したと発表した。同艦は、北極海域におけるカナダ海軍のプレゼンスとグローバルな運航能力を強化する目的で建造された新艦種（ＡＯＰＶ）で、通年にわたって北極海域を航行できるよう、優れた耐氷・砕氷構造を有しているとされた。２０２４年には新たな北極戦略を策定し、氷海下作戦能力をもつ潜水艦12隻の調達計画を公表した。

なぜカナダがこの地域のプレゼンスを主張しているかと言うと、ロシアの脅威は当然であるが、１つにはデンマークとの間でハンス島という島の領有権争いをしていたからである。２００５年にはカナダの国防大臣が同島に上陸、その直後にデンマーク海軍が哨戒艇を派遣するなど緊張が高まった。

その後、両国間で「ウイスキー戦争」と呼ばれる島の領有権をめぐる対立を強めるようになる。互いにＮＡＴＯの同盟国であり、直接的に対峙・衝突することは避け、１カ月交代で同島に部隊を駐屯させるようになった。たとえばカナダ軍が部隊を１カ月駐留させて出ていく際に、意図的に飲み残したウイスキーを置き「ようこそカナダへ」というメッセージを残すと、今度はデンマークの部隊が同様の措置を繰り返したため「ウイスキー戦争」と呼ばれるようになった。

北極海の海底にはロモノソフ海嶺《かいれい》という大陸棚があり、グリーンランドから続いていればデンマークのもの、カナダから続いているとなるとカナダのものであり、ロシアも自国領から続いていると主張している。

■鍵を握るグリーンランド・アイスランド

NATOとロシアがにらみ合う北極海において、安全保障上の鍵を握っているのは、グリーンランド北西部チューレにあるアメリカ空軍基地だ。アメリカ軍は、冷戦期にここに爆撃機や戦闘機を配備し、現在はミサイル防衛のレーダーサイトを置いている。

このグリーンランドとアイスランド、そして英国の3つの陸地の間の海域は「GIUKギャップ」と呼ばれ、冷戦時代にはソ連の潜水艦が大西洋に出ようとする際の唯一の出口となったため、ここを封鎖することが当時の米英海軍の主要な任務の1つだった。

一方、ロシア（当時のソ連）側からは、スヴァールバルというノルウェーの島とスカンジナビアの間の海域を「Bear Gap」として、ここから東側をロシア（ソ連）の原潜の作戦海域として聖域化することが重要だった。北極海域は、ロシア軍がBear Gapを境に米英等NATO陣営の潜水艦の侵入を阻もうとし、両陣営がにらみ合う海なのだ（図3）。

米国防総省は2024年6月、新『北極戦略』を公表した。気候変動と地政学的環境の変化により、北極圏に対する新たな戦略的アプローチの必要性が高まっており、中国の世

図3　鍵を握る、グリーンランド・アイスランド

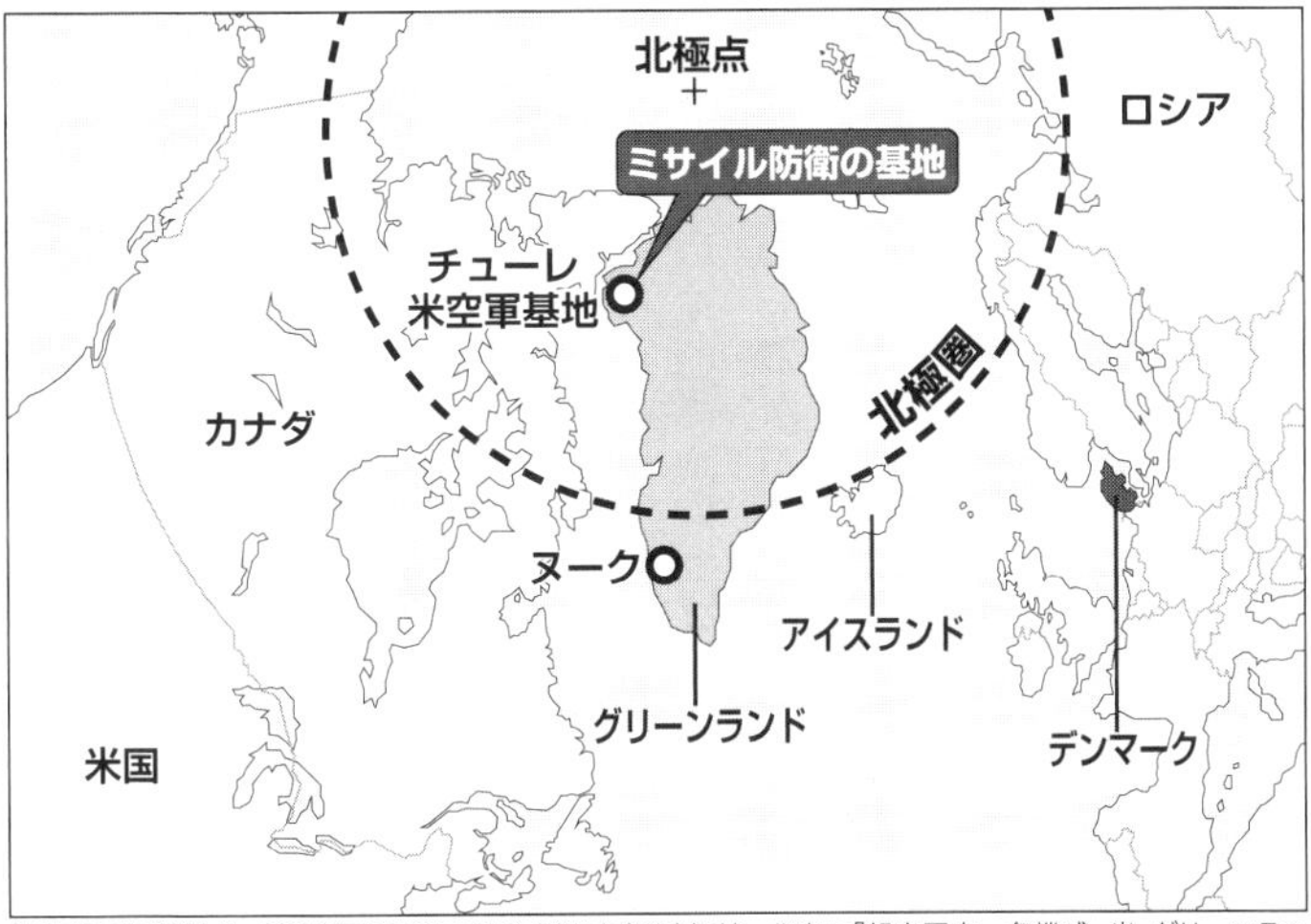

『朝日新聞デジタル』2019年8月26日記事「(米中争覇)極地　北米に『親中国家』、危機感　米、グリーンランド買収構想」をもとに作成

界的な挑戦に対抗するために同盟国、同志国と協力し、能力、活動を強化させることを謳っている。

実際に2018年のNATOの実動演習では、冷戦後初めて米国の空母機動部隊がバレンツ海に入ったことが報じられた。GIUKギャップから入り、ノルウェー沖の北極海で作戦を行なったとされているので、両陣営の潜水艦が海中で緊迫した探り合いを展開したものと思われる。

これに対し、北極海域での活動を活発化させているのが中国である。2015年、米国が北極評議会の議長国だったことから、当時のバラク・オバマ大統領がアラスカを訪問していた際、中国の軍艦

5隻が初めてアリューシャン列島のアラスカ沖を通過した。米国の横面を叩くような挑発的な行動だったが、中国が北極海域に関心のあることを行動で示したのだった。

さらに2018年1月に中国政府は、北極政策に関する初の白書を発表し、巨大経済圏構想「一帯一路」の一環となる「氷上シルクロード」の推進など、積極的な北極開発への関与を打ち出した。海洋強国化を掲げる中国は、南シナ海やインド洋と共に、北極海を経済、安全保障の重点海域に位置づけ、米露など沿岸国主導の開発ルールの策定に異議を唱え、「域外国も活動の権利と自由が尊重されねばならない」と強調したのである。

じつは中国は、これ以前から北極海地域に足場を築き始めていた。2016年にアイスランドにオーロラ観測施設を建設したが、両国の友好関係は2010年にアイスランドが金融危機に陥ったのが始まりだったという。

当時のアイスランドは為替レートの急落や失業率の急上昇によって、国際通貨基金（IMF）と欧州連合（EU）に救援を求めざるをえなくなった。米欧はアイスランドを冷遇したのだが、すかさず支援の手を差し伸べたのが中国だった。両国は2010年に通貨スワップ協定を締結し、2013年には自由貿易協定（FTA）を締結した。あまり知られていないが、これが中国と欧州国家との初のFTAだった。

また2017年5月に中国は、グリーンランドにも人工衛星の地上局を建設している。

中国は、科学的な調査や科学的な協力を前面に押し出してグリーンランドへ進出。さらに２０１９年にはグリーンランドの主要民間空港の拡張工事に中国系企業が参入する計画がもち上がり、さすがにデンマーク政府や米政府が警戒感を示すようになった。

２０１６年８月にはチャイナ・オイルフィールド・サービシズ（ＣＯＳＬ）所有の最新型調査船「ＨＹＳＹ７２０」が１００日に及ぶ北極海域での調査を完了させ、中国史上最北の記録として三次元地震探査データ収集に成功したことが報じられた。また２０２１年には、中国科学院瀋陽自動化研究所が主導して開発した自律型水中ロボット「探索４５０0」が、中国の第12次北極科学観測で活用され、海氷に覆われた高緯度地域での観測任務を無事完了したことが公表された。

潜水艦の活動には、こうした海底のさまざまな科学的調査が不可欠であり、中国は軍事的な作戦の前提となるデータ収集に力を入れているものと思われる。

北極政策を発表し、グリーンランドやアイスランドへの影響力を強め、この海域での活発な調査活動を展開し始めた中国を、米国が警戒するのは当然であろう。２０１８年にはジェット化のための空港拡張工事に中国系企業が参入しようとし、米国が介入・阻止する事態となった。翌年にはトランプ大統領のグリーンランド購入発言で世界の耳目を集めるようになる。第２期トランプ政権誕生直前にも同様の発言を行ない、２０２５年１月には因縁の空港にトランプJr.が大型自家用ジェット機で乗り付け、トランプ大統領のグリーンランドに対する執着を世界にアピールした。

■米国のご都合主義と中国の影響工作

第二次世界大戦期に、米軍はドイツ軍のUボートを攻撃するためにグリーンランドやアイスランドの飛行場から対潜哨戒機を飛ばした歴史がある。また、冷戦時代にはソ連をGIUKギャップで封じ込めるため、グリーンランドは極めて戦略的に重要な場所と見なされていた。

グリーンランドの人びとは、冷戦の最前線にあって米国に協力したが、その過程ではさまざまな〝副作用〟にも悩まされた。たとえば1968年、米軍の爆撃機B－52がグリーンランド上空で火災を起こし、水爆を搭載したまま墜落する事故があった。

当時4発積んでいた水爆のうち1発は未発見のままだと言われ、回収された3発の水爆も三重に設置された安全装置の2つが外れており、1つ間違えれば大惨事になっていた可能性があった。

しかし、冷戦が終結すると米軍はグリーンランドから撤収してしまい、2006年には地元の反対にもかかわらずアイスランドのケフラヴィークの米軍基地も閉鎖された。２００８年から19年までの間、米国との間でハイレベルの閣僚による会合は一切なかったので、米国は最近までこの地域を冷遇していたと見なされても仕方あるまい。

２０１９年5月に第１期トランプ政権のマイク・ポンペオ国務長官が2年に一度開催される北極評議会に参加し、北極海における中国の脅威を強調した。「中国は非軍事の科学的な調査や研究と称して将来潜水艦を送り込み、軍事的なプレゼンスを増強させることを狙っている」「北極海沿岸国をスリランカのような債務の罠にはめようとしている」「皆さんは北極海が南シナ海のようになるのを許すのか」と挑発的に述べて、中国の進出に対する警戒感を露わにした。

続くバイデン政権は、さらに北極重視の姿勢を打ち出し、北極海航路開発やこの地域の資源開発、それに北極海の安全保障に力を入れると宣言。２０２１年5月にはアントニー・ブリンケン国務長官がグリーンランドを訪問した。グリーンランドではデンマークからの独立の議論が盛んだが、独立の可否にかかわらず、米国はグリーンランドとの連携を深めると伝えたという。

こうした米国のご都合主義に対し、グリーンランドやアイスランドが欧米諸国に〝無視されていた〟ときに手を差し伸べた中国がはたしてどの程度の影響力を保持しているのか、今後、この地域をめぐる米中の綱引きの行方は、北極海の安全保障を左右する重大事と言えよう。

ＡＦＰ通信は２０２２年9月、グリーンランドの地元民イヌイット系の女性たちが強制的な避妊手術を受けていたというニュースを発信した。本人の同意もなしに避妊具を強制的に体内に装着された女性が、約４５００人もいたという驚くべき情報である。真偽は不明だが、グリーンランド人の間で、こうした仕打ちをしたデンマーク本国に対する反感が強まるような内容であることは間違いない。

独立後の動静が気にかかるところだが、グリーンランドは２０２４年、初めてとなる外交・防衛・安全保障戦略を公表した。ロシアのウクライナ侵略と北極での軍事力増強によってもたらされた軍拡競争に対する懸念を示し、北米と同様の安全保障環境認識であると述べ、ＮＡＴＯ、ＥＵ、北極評議会など、西側および汎北極圏の同盟や国際制度へのグリーンランドの長年の関与を強調した。

また、域外国の軍事的関与、北極における軍事力増強には反対であり、ＧＩＵＫギャップにおける海洋観測への貢献は継続するものの、地域の緊張緩和を希望すると述べている。特筆すべきは平和国家日本への期待と戦後日本の歩みに対する学びの姿勢である。冒険家の植村直己《なおみ》さんや、北極で50年以上を過ごす大島育雄さんらの長年にわたる日本人の関与が奏功しているのであろうか。

英ロイター通信は、ロシアや中国が、デンマーク本国や米国とグリーンランドの対立を煽るような誘導工作を仕掛けていると報じていたが、この強制避妊手術の情報がそうした工作活動の結果なのかどうかはわからない。ただ、北極海をめぐる安全保障上の対立激化に伴い、そうした中露の情報戦も今後エスカレートすることが予想される。

アイスランドの人口は38万人程度、グリーンランドの人口は約5万7000人にすぎない。そんな小さな地域を、米国や中国のような大国が自陣営に取り込もうと激しい影響力をめぐる戦争を展開しているのだ。

日本は非軍事分野で関与せよ

最後に、ウクライナ戦争が北極海をめぐる安全保障情勢にどのような影響を与え、また、我が国にどのようなインパクトを与えているのかについて見ていきたい。

1つポジティブな影響として、22年6月、ウイスキー戦争でいがみ合っていたカナダとデンマークが、領有権をめぐって争っていたハンス島を分割して領有することで合意した。ウクライナ戦争を受けて、「領土問題は話し合いにより平和的に解決できる」ことを、民主主義国であるカナダとデンマークが示したという意味で、日本でもっと注目されても良い事例だろう。

ネガティブな影響としては、欧米諸国とロシアのいわゆる「新冷戦」が北極海にも及び、各国がこの地域における軍事的な関与を増大させ緊張が高まっていることである。

イギリスは2022年3月29日に新たな『北極軍事戦略』を発表、4月にはフランスも『気候変動と国防戦略』を公開、EUも3月21日に『安全保障戦略指針』を出してウクライナ戦争で厳しい情勢下にあっても、気候変動や北極の安全保障に関与する姿勢を明確にした。

日本に対する影響も小さくない。ロシアが発表している北極海航路の実績データによれば、ヤマル半島を出航する船は、日本周辺の宗谷海峡や津軽海峡を通行しており、この海域の通行量が増加している。

それに伴い、ロシア軍や中国軍が連携してこの海域での活動を活発化させている。2022年7月4日には中国とロシアの海軍艦艇が沖縄県の尖閣諸島沖の接続水域を相次いで航行。中露の海軍艦艇は同年6月以降、同じようなルートで日本列島を周回する動きも見せた。

ウクライナ戦争の影響でロシア軍の軍事演習「ボストーク 2022」における露軍の

兵力は6分の1の規模に縮小したが、極東や北方領土を舞台にした演習では露軍のプレゼンスは減っていない。ロシアは、アジアではオホーツク海を戦略潜水艦の作戦区域に設定しているが、北方領土のすぐ北の松輪島の軍事基地の再開発を計画したり、国後・択捉の軍事力増強のためにミサイルを配備したりするなど、この地域の軍事的な影響力をむしろ増大させる傾向にある。

こうした状況で、日本が北極海における軍事的なプレゼンス確保に動くことは現実的ではない。北極海はあくまで強力な軍事力を有する大国がせめぎ合う「大人の海」であり、日本は非軍事分野での関与にとどめるべきであろう。

日本は長年、北極のスヴァールバル諸島に観測所を設置し、同地域における観測を継続してきた。我が国はこうした科学調査の実績や貢献を前面に打ち出し、国際協調の枠組みを活用すべきではないか。もちろん、ベーリング海に至るまでの千島列島周辺あるいは我が国周辺海域での中露の軍事活動増加に対する警戒・監視は強化する必要がある。

今後、米国は北極海航路等における「航行の自由（Freedom of Navigation）」を主張すると思われるが、現在ロシア政府の方針に従って同国のエスコートを受け入れている日本の商船会社の事業にも影響が及ぶと予想される。そうした事態も考慮して、日本政府としての方針をいまから検討しておくべきである。

さらに日本がこれまで民間ベースで築いてきたグリーンランドやアイスランドとの関係を活用して、少しでも中国の影響工作に対抗することはできないか。ウクライナ戦争と気候変動で激しさを増す北極海をめぐる覇権争いに日本としてどう関わるのか、現実を見据えた議論を早急に始めなければならない。

核問題

日本の核武装はありうるか

尾上定正（笹川平和財団上席フェロー／元空将）

２０２２年４月27日、ロシアのプーチン大統領は議会演説で、当時のウクライナ情勢を受け、「外部から干渉する者は我々の反撃が稲妻のように速いものになることを知るべきだ……、必要があれば我々は他国のもたない手段を使うまでだ」と明言した。

これは核の使用をほのめかした恫喝、もしくは、最初に核兵器を限定的に使用することで相手を怯《ひる》ませて行動を抑制させることを狙ういわゆる「エスカレーション抑止」戦略の発露だと考えられている。ロシアが核の使用を前提とした「エスカレーション抑止」戦略を実践しているのだとすれば、これは、１９６２年10月のキューバ危機以来、世界が最も核戦争に近づいた緊迫した状況にあることを意味している。

プーチン大統領の核兵器による恫喝に対して米国のバイデン大統領は、ロシアとの直接対決を回避し、米国が軍事介入しないことを早々に明言。また「第三次世界大戦か経済制裁かの選択だ」と述べて経済制裁を選択したこと自体、ロシアのエスカレーション抑止の効果であると受け止められている。現在、核兵器の「使用」を前提とした「抑止」と核恫喝への「対処」が要求される大きなパラダイムシフトが起きている。

本稿では、今般のウクライナ戦争で顕在化した核使用の脅威が、核をめぐる世界の地政学的状況をどのように変え、今後の日本を取り巻く安全保障環境にどのようなインパクトを与えるのかを考察する。そのうえで日本に対する核兵器の脅威をいかに低減し、抑止し、対処するべきかについて真正面から論じていく。

■核能力を着実に向上させる北朝鮮

まず、日本に対する核の脅威について具体的に見ていこう。

図1を見れば、日本が敵対的な核保有国、すなわちロシア、中国、北朝鮮に隣接している一方、遠く離れた米国の「拡大抑止」に依存している様子が一目瞭然であろう。拡大抑止とは、自国だけでなく同盟国が攻撃を受けた際にも報復する意図を明らかにすることで、同盟国への攻撃を抑止させることである。日本を攻撃した場合、米国からの報復攻撃があるかもしれないと相手に思わせることで、日本に対する攻撃を思いとどまらせる、と

図1　日本が直面する核の脅威の評価

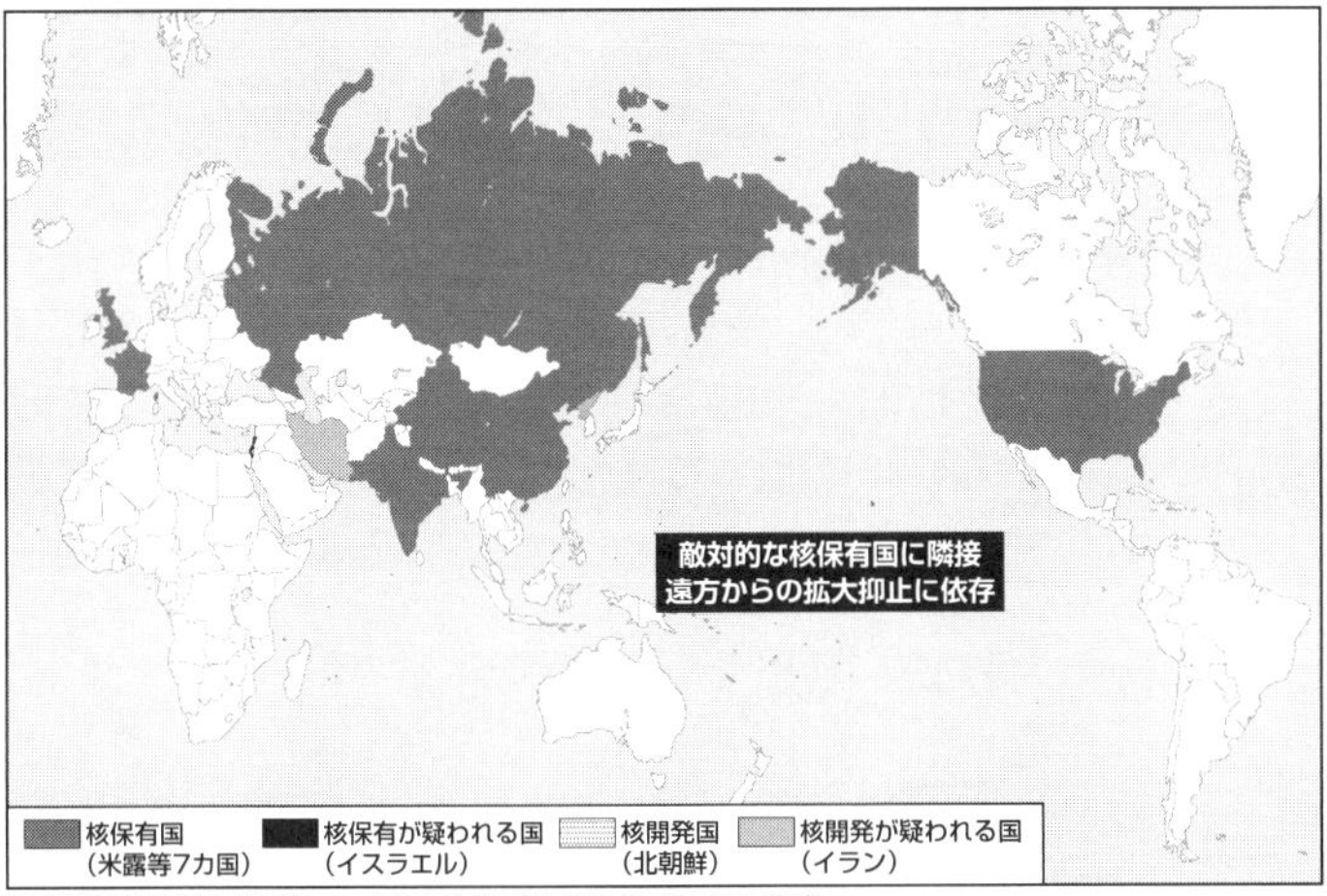

CNN記事「世界の核兵器――保有国は？保有数は？」をもとに作成

いう意味である。

しかし、ロシアや中国、あるいは北朝鮮から飛んでくる短・中距離の核ミサイルが日本に着弾する時間と、米国がそれに対する報復として長距離のミサイルや戦略爆撃機を使って相手を攻撃するまでの時間は、この地理的状況を見るだけで極めて非対称であることが理解できるだろう。日米はこの状況下で「抑止」を確実に機能させる必要がある。

ロシア、中国、北朝鮮は、隣接する敵対的核保有国であり、日本に対する直接的な脅威だと位置づけられる。また、韓国や台湾の核ドミノ、核テロや核拡散、あるいは偶発的な事故や米国の拡大抑止の信頼性低下などは、直接的な脅威というよりは、日本に対する脅威が間接的に高まる事態と捉えることができる。

　では、日本に対する直接的な脅威、間接的な脅威について順を追って見ていきたい。まず、北朝鮮の核の脅威とはどのようなものか。北朝鮮は、2006年10月に初の地下核実験を実施して以来、着々と実験を重ねて弾頭の小型化、軽量化に成功し、並行してミサイル発射を繰り返して射程も伸ばしてきた。2017年9月には6回目の核実験を実施し、「大陸間弾道ミサイル（ICBM）搭載用の水爆実験に成功した」と発表した。

　このように北朝鮮は核能力を着実に向上させているが、その目的は、元防衛研究所研究部長の小川伸一氏が指摘しているように、おそらく「体制の生存」である。したがって、万が一使ってしまうと、逆に報復されて体制の生存が危うくなってしまうため、核使用の可能性は低いと考えられている。

■中国が台湾有事で核の恫喝を行なう危険

　次に中国を見ていきたい。中国の核戦力は日本にとって最も深刻かつ実存的な脅威であり、日本の「核脅威低減」策の主たる対象国と言って間違いない。

　2024年12月18日に公表された米国防総省の『中国の軍事力に関する年次報告書（2

024年版)』によると、中国は2024年時点で600発以上の運用可能な核弾頭を保有している。昨年の報告書は500発以上と見積もっており、100発以上の上方修正だ。中国の核保有は急速に進んでおり、同報告書が見積もる「2030年までに少なくとも1000発の核弾頭を保有する」のは確実であろう。また同報告書は、中国が核の三本柱、すなわち潜水艦発射弾道ミサイル(SLBM)、ICBM、空中発射の巡航ミサイルを構築した可能性も指摘している。

中国は従来、核の使用に関して「最小限抑止」、すなわち「核攻撃を受けた場合に、相手国の都市などの少数の目標に対して、核による報復攻撃を行なえる能力を維持することにより、自国への攻撃を抑止する(令和4年度版『防衛白書』)」という政策を採用していた。そのうえで敵の核攻撃を受けない限り、核兵器を使用しないとするいわゆる「核の先行不使用」政策を、米露英仏中の五大核保有国で唯一、宣言政策としてとっていた。

しかし、弾頭保有数を急速に増やす中国が、こうした従来の政策を変えてくるのではないかと懸念されている。また、核弾頭と通常弾頭を同じ基地の同じ部隊が運用している可能性が指摘されており、「核常兼備」と言われているが、そうした核戦力や核の運用体制が不透明な点も、懸念材料の1つである。

さらに今般のウクライナ戦争を詳細に分析して、台湾侵攻の際にエスカレーション抑止戦略を実行する可能性が危惧されている。とりわけ米国との戦略核戦力が概ね均衡し、相互確証破壊（ＭＡＤ）が機能するとされる２０３０年以降、中国が、エスカレーション抑止を使えば米軍介入を阻止できると判断する可能性がある。

またそれ以前であっても、万が一台湾侵攻を決意した際には、中国がエスカレーション抑止を実行する可能性は否定できない。さらに日本の介入や日米同盟での自衛隊による米軍支援を阻止する目的で、さまざまな核の恫喝が行なわれることも想定される。

実際に２０２１年7月11日、「六軍韜略」という中国の民間軍事グループがインターネット上にある動画を投稿した。そこには「日本がもし軍事的に我が国の台湾統一問題に干渉してきたら、我が国は必ず〝核攻撃日本例外論〟を打ち出すべき」との長文タイトルがついている。日本の中国に対する過去の侵略行為や政治指導者のさまざまな反中発言を5分以上取り上げ、中国は「核の先行不使用」政策を採用しているが、〝日本だけは例外だ。徹底的に核攻撃で立ち直れなくすべきだ〟といった過激な主張が展開されていた。

これは、日本の国民やメディア、政治指導者の判断に影響を与えることを狙ったいわゆる「認知戦」の1つであろう。平時から恒常的に仕掛けられるさまざまな情報戦に対して、日本として有効な対策をとっていかなければ、一方的に影響を被りかねない。

中国は現在もＳＬＢＭや戦略ミサイル原子力潜水艦（ＳＳＢＮ）を強化しているとされ、

図2　中国周辺海域の水深

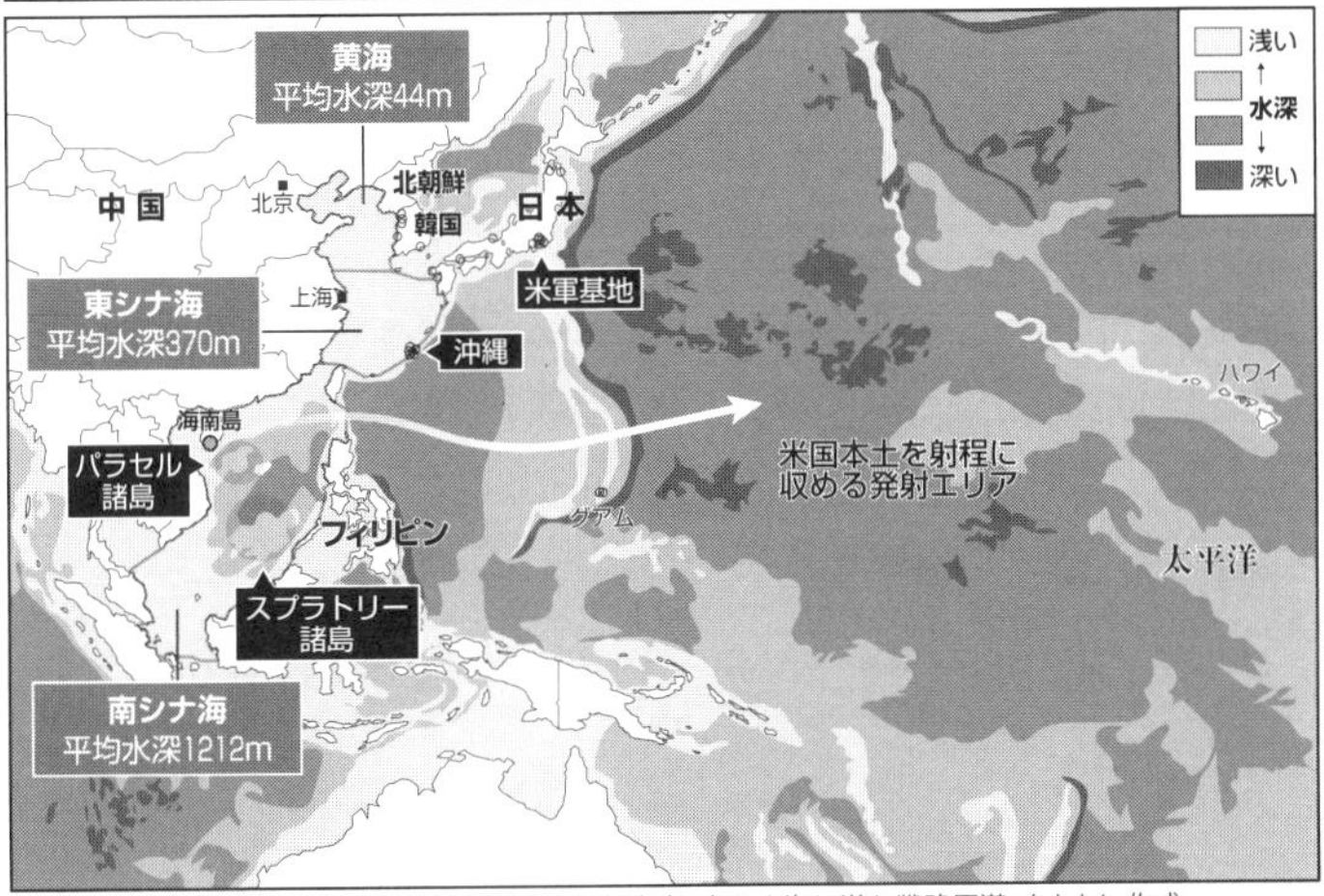

ロイター、2019年5月4日記事「中国が高める核報復力、南シナ海に潜む戦略原潜」をもとに作成

海南島が戦略原潜の基地として使用されている。九段線で囲まれている南シナ海は、東シナ海に比べると海が深いため、原潜の作戦に適しており、海南島の軍事化が進められている。

また中国は、第一列島線を越えて西太平洋へ進出する活動を活発化させている。接近阻止・領域拒否（A2／AD）戦略により、このエリアを中国のコントロール可能な地域にしていくことも、核の第二報復能力を確保するための戦略の一環だろう。

第一列島線内で水深の深い海峡はそれほど多くないため、南シナ海からバシー海峡をコントロールすることが極めて重要な意味をもつ（**図2**）。現在の中国のSLBM（JL－2）の射程からすれば、第二列島線

図3 中国人民解放軍対日攻撃概念図

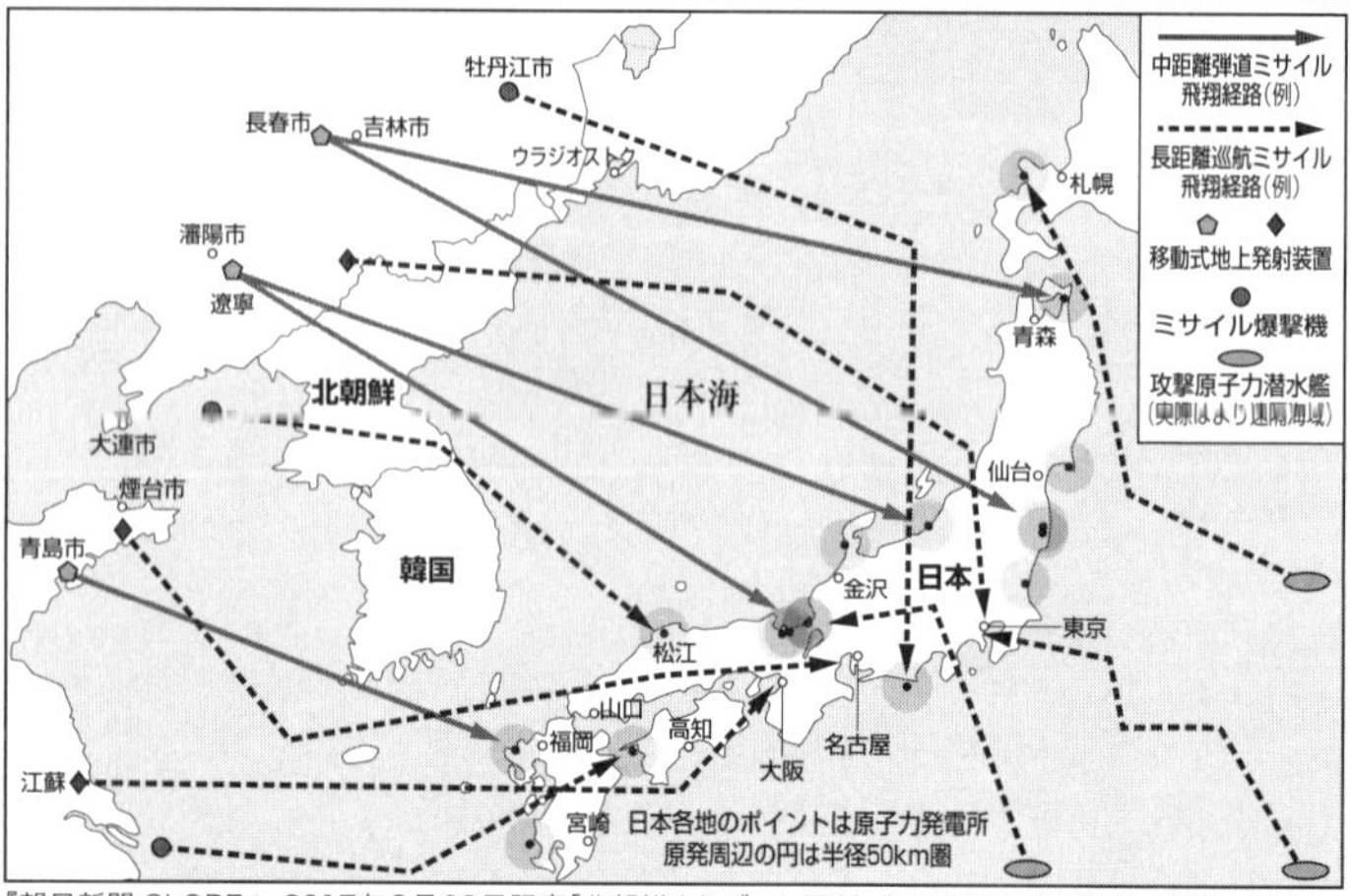

『朝日新聞 GLOBE+』2017年8月23日記事「北朝鮮よりずっと深刻、中国のミサイル脅威に直面する日本」をもとに作成 ©Centre for Navalist Studies

を越えなければ、米国本土を射程に収める発射エリアには到達できないからだ。このため、より射程距離が長く中国近海からでも米国本土を攻撃可能なJL−3を配備し始めているとの分析もある。

また**図3**は、中国のさまざまな射程の弾道ミサイルや巡航ミサイル、さらに爆撃機による攻撃が、仮に日本の原子力発電所を狙ったとすると、どの基地からどのような形で攻撃可能かを示したものである。中国のミサイルは核弾頭と通常弾頭の両方の可能性がある。ウクライナ戦争の緒戦の状況を見ても、中国はミサイル飽和攻撃で一斉に重要目標を攻撃してくる可能性が考えられる。

日本としては、こうした攻撃をいかに凌

げるかが極めて重要な意味をもつ。たとえば核弾頭搭載可能な中国の準中距離弾道ミサイル「東風-21（ＤＦ-21）」の場合、１８００〜２１００㎞ほどの射程をもち、平均誤差半径（ＣＥＰ）は50ｍ以下。つまり狙った標的には極めて正確に大きな被害を与えることが可能だとされている。また空中発射巡航ミサイルのＣＪ-10についても、中国はすでに５００発以上を保有しているとされる。こうしたミサイル脅威を抑止し対処できるかが、日本の核抑止の中心的な課題である。

■ウクライナ戦争の帰趨とロシア核使用の可能性

ロシアは前述のように、すでにウクライナにおいてエスカレーション抑止を実行している。２０２０年６月２日に公表した「核抑止の分野におけるロシア連邦国家政策の基礎」という文書で、核の使用に関する基準を明確にしている。同文書では、核抑止の目的は「国家の主権及び領土的一体性、ロシア連邦及び（又は）その同盟国に対する仮想敵の侵略の抑止、軍事紛争が発生した場合の軍事活動のエスカレーション阻止並びにロシア連邦及び（又は）その同盟国に受入可能な条件での停止を保障する」こととされており、かなり広範な目的のために核を使用する可能性がある。

また、ロシアが核兵器を使用する場合について、「①ロシア連邦及び（又は）その同盟国の領域を攻撃する弾道ミサイルの発射に関して信頼の置ける情報を得たとき」「②ロシア連邦及び（又は）その同盟国の領域に対して敵が核兵器又はその他の大量破壊兵器を使用したとき」「③機能不全に陥ると核戦力の報復活動に障害をもたらす死活的に重要なロシア連邦の政府施設又は軍事施設に対して敵が干渉を行ったとき」「④通常兵器を用いたロシア連邦への侵略によって国家が存立の危機に瀕したとき」（２０２０年6月22日、東京大学先端科学技術研究センター准教授の小泉悠氏が全訳）とされている。

現在のウクライナ戦争のなかで、この条件に合致するような事態が生起する可能性は依然として否定できない。今後ウクライナ戦争がどのような形で決着するかという問題は、核兵器をめぐる世界の動向にも大きな影響を及ぼすのである。

また、ウクライナ戦争の決着にかかわらず、ロシアは国家生存のために今後さらに核戦力への比重を増やしていくことが予想される。すでにロシア軍は、通常戦力を相当消耗させており、制裁下に置かれていることから、通常戦力の回復に相当の時間を要する可能性があるからだ。

抑止力強化と同時に求められる軍備管理・軍縮

ここで、日本に対する間接的な核の脅威についても触れていきたい。韓国は、核兵器に対する政治、世論の姿勢が非常に積極的な国である。「南北が統一すれば（韓国は）核保有国になり、同盟が不要になる」などという発言が文在寅前政権の高官から出たこともあった。韓国・統一省傘下のシンクタンク・統一研究院が２０２４年４月に実施した「統一意識調査」では、「韓国の核保有に賛成する」回答者が66・０％となり、前回の60・２％から増えている。また、使用済み核燃料の再処理を可能とするため、米韓協定の改正を視野に入れていると言われており、北朝鮮はもちろんのこと、韓国の動きにも注意を払っておく必要がある。

台湾は、以前は核保有に興味を示していた時期もあったが、現在の頼清徳政権は前蔡英文政権の脱原発路線を基本的に踏襲しており、核保有については当面心配する必要はないだろう。

核テロや核拡散については、北朝鮮が外貨獲得目的であらゆる物資を販売している可能性が指摘されており、オープンソースインテリジェンス（ＯＳＩＮＴ）を含めて、各国連携による監視体制を強化して、万が一その兆候があった場合には間髪をいれずに介入できる体制を構築するべきである。

偶発的な事故や誤判断による発射リスクも、間接的な脅威である。とりわけ米国とロシアがとっている「警報即発射（ＬＯＷ：Launch on Warning）」という警戒態勢が誤発射の可能性やリスクを高めている。ＬＯＷの態勢を解除して可能な限り即応態勢を下げていくための働きかけが必要である。

また核の指揮統制システム、衛星を含むセンサー等に対するサイバー攻撃、あるいはレーザーや電磁波攻撃が通常戦の一環として行なわれた場合、意図せず相手の核システムに対する攻撃と捉えられる可能性も排除できない。とりわけ中国のように、核と通常弾頭の両方を運用している基地に対する攻撃には大きなリスクがつきまとう。したがって、こうした懸念に対する信頼醸成措置や軍備管理・軍縮を進めていくことも重要であろう。

■日本の核兵器保有はありうるか

こうした脅威の状況を踏まえて、日本がとりうる選択肢を考えてみよう。その際に①日本に対する核攻撃の脅威を低減させること、②技術、資源、政策の面から見て実行可能であること、そして③政策自体が受け入れ可能であること、の3つを評価基準とする。

具体的な選択肢は、以下の8つである。①核兵器の保有、②核兵器製造能力の維持・強化、③核シェアリング、④拡大抑止の信頼性回復・強化、⑤通常戦力の強化、⑥国民保護・被害局限措置の強化、⑦認知領域の能力向上、⑧軍備管理・軍縮の推進。

まず①核兵器の保有について考えてみたい。いわゆる「懲罰的抑止力」を保有することで日本に対する核攻撃の脅威を低減させる取り組みである。懲罰的抑止とは、相手にとって受け入れがたい報復能力を相手に認識させることで攻撃を思いとどまらせることである。日本が独自に核兵器を保有すれば、拡大抑止のジレンマ（東京を守るためにロサンゼルスを差し出せるのか）を解消し、自らの核抑止力で日本に対する核攻撃の脅威に対抗することができる。ただし、脅威を低減できるかどうかは、保有する核兵器の種類や規模、核攻撃に対する耐性や運用ドクトリンなど、より精緻な分析が必要だ。

日本の核保有は技術的には不可能ではないものの、ハードルは極めて高い。日本の再処理工場で分離されるプルトニウム239を兵器級のプルトニウムの純度に高めるためには、専用の濃縮施設や、そのためのノウハウも技術者も必要だ。

仮に保有するとしても、米軍がよく使うDOTMLPF（ドクトリン、組織、訓練、装備、リーダーシップ、教育、人材と施設）を具体的に考慮すれば、容易ではないことがわかる。運搬手段をどうするか、運用ドクトリンとしてどこを目標として攻撃するのか、あるいは配備する基地や核の指揮命令系統は別につくるのかどうか、核を扱う部隊の安全性に求められる専門技術者をいかに育成、確保するのかなど、簡単には越えられない課題が山のようにある。

1980年に米空軍のジョン・エンディコット大佐が「日本の核オプション」という論文を発表した。冷戦時代のソ連の主要都市を標的として弾道ミサイル搭載潜水艦（SSB）を7〜9隻ほど、常時4隻配備することで、日本独自の抑止力がもてるという内容だった。その構想をベースに、仮に中国の主要都市3カ所ほどを攻撃する能力をもつために原子力潜水艦を保有するというオプションがないわけではないが、莫大な経費と時間を要するだろう。

こうした議論を始めることは、日米同盟のなかで日本の核保有をどう位置づけるか、日米同盟と両立可能かという問題が生じうる。当然、米側の意向もあるため、日米間の交渉は慎重に進めなければならないが、少なくとも日本側で核保有に関する国民的議論を急ぐ必要がある。

再登板するトランプ大統領は同盟国の核保有を容認する発言をしたことがあり、第1期政権では日本の核保有を肯定する見方があった。同盟国に対し一層の防衛負担を求める第

２期トランプ政権への対応は待ったなしである。一方で、日本原水爆被害者団体協議会のノーベル平和賞受賞によって、核兵器廃絶を要求する声は一層大きくなった。独自保有への道は、このジレンマの克服がまず必要である。

②核兵器製造能力の維持・強化は、核兵器を保有するのではなく「製造能力」を保有することで、「潜在的な核兵器保有国」のイメージを強化し、抑止力を高めるというアプローチである。しかし福島第一原発事故以来、日本政府は原発依存度を可能な限り低減する政策を進めてきた。第６次エネルギー基本計画（２０２1年10月22日閣議決定）でもその方針は変わらず、現在運転中の原発は8発電所12基に止まっている（２０２4年12月23日）。現在また、将来の核政策が固まっていないため、技術者の維持・育成が困難になっている。現に、東海大学原子力工学科は２０２２年度を最後に募集が停止された。

核の問題は安全保障面に限らず、エネルギー問題としての原発の将来についても、カーボンニュートラルの要請などからすでに複雑化している。政府は、科学的な事故のリスク評価を踏まえ、安全保障上およびグリーンエコノミーの達成には原子力が必要不可欠であることを国民にしっかりと説明すべきである。第7次エネルギー基本計画の策定はその良い機会であり、この点でも安全保障とエネルギーを包括した日本の核政策に関する国民的な議論が求められている。

③核シェアリングは、ここではNATO型の核シェアリングを念頭に置く。NATO加盟国の一部に米国が管理する非戦略核兵器（B61核爆弾）を平時から前方配備しておき、有事の際に、事前に策定した共同作戦計画に基づき、米国大統領の許可の下で核爆弾を供与。そして同盟国の核・非核両用機（DCA：Dual Capable Aircraft）がそれを搭載して核攻撃を実施するというメカニズムのことである。

ハドソン研究所上席研究員の村野将《まさし》氏は、NATO型をベースに考えるのであれば、2010年から始まった日米拡大抑止協議（EDD）を格上げし、共同核作戦計画を策定することを提案。そのうえで在日米軍基地のいずれかに米軍が管理するB61用の貯蔵庫を設置し、有事の際に日本に提供するよう要請、「それを『米国大統領が許可すれば』、最終的に航空自衛隊のF-35Aが核攻撃を行うという形式」が最も現実的としている（2022年3月11日『Foresight《フォーサイト》』）。

ただし、これは中国や北朝鮮側から見れば、「先制核攻撃の準備」と映りかねず、逆に先制核攻撃を誘引するリスクがあることも想定しなければならない、と村野氏は指摘する。核シェアリングによって日本に対する核攻撃の脅威が高まる恐れがあるのであれば、適切な選択肢とは言い難いだろう。

防衛費を大幅に増額せよ

④拡大抑止の信頼性回復・強化ができれば当然、日本への核攻撃の脅威は低減することになる。韓国は、米国と外交・国防当局の次官級による拡大抑止戦略協議体（ＥＤＳＣＧ）を開催しているが、これを参考に日米間でもＥＤＤの拡充が図られつつある。２０２４年7月28日に開催された日米安全保障協議委員会（「２＋２」）では、初の拡大抑止に関する閣僚会合が実施され、これを受けて12月には3日間に及ぶＥＤＤを開催。その成果として、日米政府間の拡大抑止に関するガイドラインの作成が公表された（12月27日）。ガイドラインの内容は非公表だが、両国の間で、能力、責任、意思決定、計画や資源について、ＥＤＤを定期的に開催し、その結果を踏まえて首脳級の協議によって合意内容を確認していくプロセスが有効であろう。

今後、自衛隊がどのように反撃能力を運用することになるかは不明だが、それに応じて日米の役割、任務や能力の役割分担も見直す必要が出てくるだろう。そのシナリオも踏まえた日米共同作戦計画の深化、場合によれば米国の核戦略に関与していくことも可能になろう。その意味でも自衛官の核兵器に関する理解の向上は不可欠であり、米戦略軍等核兵器を運用する現場部隊へ派遣し、経験を積ませる必要がある。

また米国は、「トライデント」と呼ばれる低出力の核弾頭を搭載できるＳＬＢＭを運用している。こうした低出力ＳＬＢＭ搭載原潜の日本領内への「持ち込み」を認めることで、即時反撃能力を担保すると同時に、同原潜がどこで活動しているかを暗示することにより抑止効果を高めることも検討すべきであろう。
⑤通常戦力の強化は、「拒否的抑止力」のなかの積極防御（Active Defense）を強化する策だ。拒否的抑止力とは、相手の攻撃を物理的に阻止できる防衛力をもつことで、相手に目標達成困難だと認識させて行動を思いとどまらせる力のことである。プーチンの核の脅しに対しＮＡＴＯが大規模通常戦力の反撃での対抗を明示していることがこの策の実例であり、我が国の防衛力の抜本的強化もこの考えに基づく。同盟国等との連携によって抑止効果を一層高めることが重要だ。
とりわけ、日米韓３カ国の統合ミサイル防空の体制を強化することが挙げられる。２０２３年８月18日の日米韓首脳会談（キャンプデービッドで開催）以来３カ国は共同対処体制の強化を進め、２０２４年11月には２回目の日米韓共同訓練「フリーダム・エッジ」が実施された。残念ながら韓国の国内政治の混乱のため今後の展開は不透明だが、それであればなおのこと日本は、防衛費の大幅増額を継続し、２０２２年に策定した防衛力整備計画

を着実に実現することで、通常戦力による独自の拒否的抑止力の強化を図らなければならない。

■最も重要なのは戦い続ける意志と能力

⑥国民保護・被害局限措置の強化は、拒否的抑止力の「受動防御（Passive Defense）」の強化策になる。日本には核シェルターの数が圧倒的に少なく、人口の０・02％分と言われている。たとえば国土強靭化計画のなかにシェルターの設置を織り込み、主幹官庁を明示して、核シェルターを拡充していくことも選択肢として検討すべきである。また最近聞かれなくなったが、Ｊアラートを活用して国民保護・避難訓練を定期的に実施することなども有効であろう。

⑦認知領域の能力向上は、今後ますます重要になる分野だと考えられる。核は心理戦に依存するところが非常に大きいからだ。また中国は世論戦に長《た》けている。日本国民の核アレルギーなどを考慮すれば、中国からのプロパガンダに対する耐性の強化が急務だと言えよう。核の脅威低減や拡大抑止の信頼性向上に関する国民的な議論を深めるため、抑止の重要性や限界について国民の幅広い層の理解度を引き上げる「抑止教育」を広く行ない、

国民のリテラシーを向上させる必要がある。

最後の⑧軍備管理・軍縮の推進は、核拡散防止条約（NPT）体制をいかに補強していくかがカギになる。また核廃絶論者にとっても核抑止論者にとっても、リスク削減は共通の課題である。日本は、2023年5月の「核軍縮に関するG7首脳広島ビジョン」に基づきイニシアティブをとることが必要だ。さらに中国の核戦略や核の体制に関する透明性を高めるための信頼醸成措置や事故防止の取り決めなどに、日本も積極的に関わるべきではないか。

以上8つの選択肢から、あえて優先順位をつけるとすれば、まず⑤通常戦力の強化が筆頭になるだろう。日本が通常戦力による反撃能力を有することにより、④拡大抑止の信頼性回復・強化のための米国との協議もより具体的なものとなり、⑥国民保護・被害局限措置の強化の効果も高まることが期待できる。また⑦認知領域の能力向上のため、国民の核や抑止に関する知的なベースを上げることも急務だと言える。

いずれにせよ、エスカレーション・リスクを過度に恐れることなく、万が一核攻撃を受けたとしても最後まで屈せずに戦い続ける意志と能力を日本政府、国民が共にもつことが、核の脅威を抑止し、対抗するうえで最も重要な要素であることを強調したい。

サイバー

兵器・領域・ルールなき戦場

田中達浩（サイバー安全保障研究所代表／第三十三代陸上自衛隊通信学校長）

２０２２年２月以降続いているロシア・ウクライナ戦争では、サイバー空間を使った情報戦が激しく展開され、「デジタル戦争」などと呼ばれている。ロシアは開戦当初、「ゼレンスキー大統領が逃亡した」とするフェイクニュースを流してウクライナ国民の士気低下を画策。これに対してゼレンスキー氏は、首都キーウで自撮りした動画をＳＮＳで発信してフェイクニュースを否定した。

開戦後にウクライナはＩＴ軍を組織。世界中から「サイバー義勇兵」を募り、ロシアの政府や民間企業のウェブサイトに攻撃を加え、ＳＮＳで西側企業にアクセスし、ロシアからの撤退を促した。

国家の軍隊同士が物理的に衝突する古典的な戦争が行なわれているのと並行して、サイバー空間というまったく異次元の空間で、従来の「戦争」の概念にはない新しい戦いが展開されている。そこには、法律などの明確なルールも規範も存在しない。

本稿では、情報化時代の新しい戦略環境で起きているサイバー戦争の本質や、情報領域と物理領域、そして認知領域が相互に依存し合う世界における安全保障上の課題について考えてみたい。

■ルールと規範のない戦いに突入する世界

2022年2月27日、ウクライナのミハイロ・フョードロフ副首相兼デジタル改革担当相は、IT軍の設立を表明し、加入者を募ると投稿した。通信アプリ「テレグラム」の専用チャンネル「IT Army of Ukraine」には、25万人以上のサイバー義勇兵が登録。米『ウォール ストリート・ジャーナル』紙によれば、IT軍はロシアの外務省や証券取引所、国有銀行のウェブサイトを攻撃して、機能を一時停止させたという。

IT軍にはウクライナ人だけではなく、国籍にかかわらず、誰でも「入隊」が可能だとされた。しかし、物理的な戦争と異なるとはいえ、外国の市民を巻き込んでロシアに対して仕掛けたサイバー攻撃で、ロシア側に人的・物的な損害が発生した場合、誰がその責任をとるのか、そもそもこの行為は戦争に該当するのかなど、次々に湧く疑問に対して既存

図1　通常兵器の交戦とサイバー領域における交戦

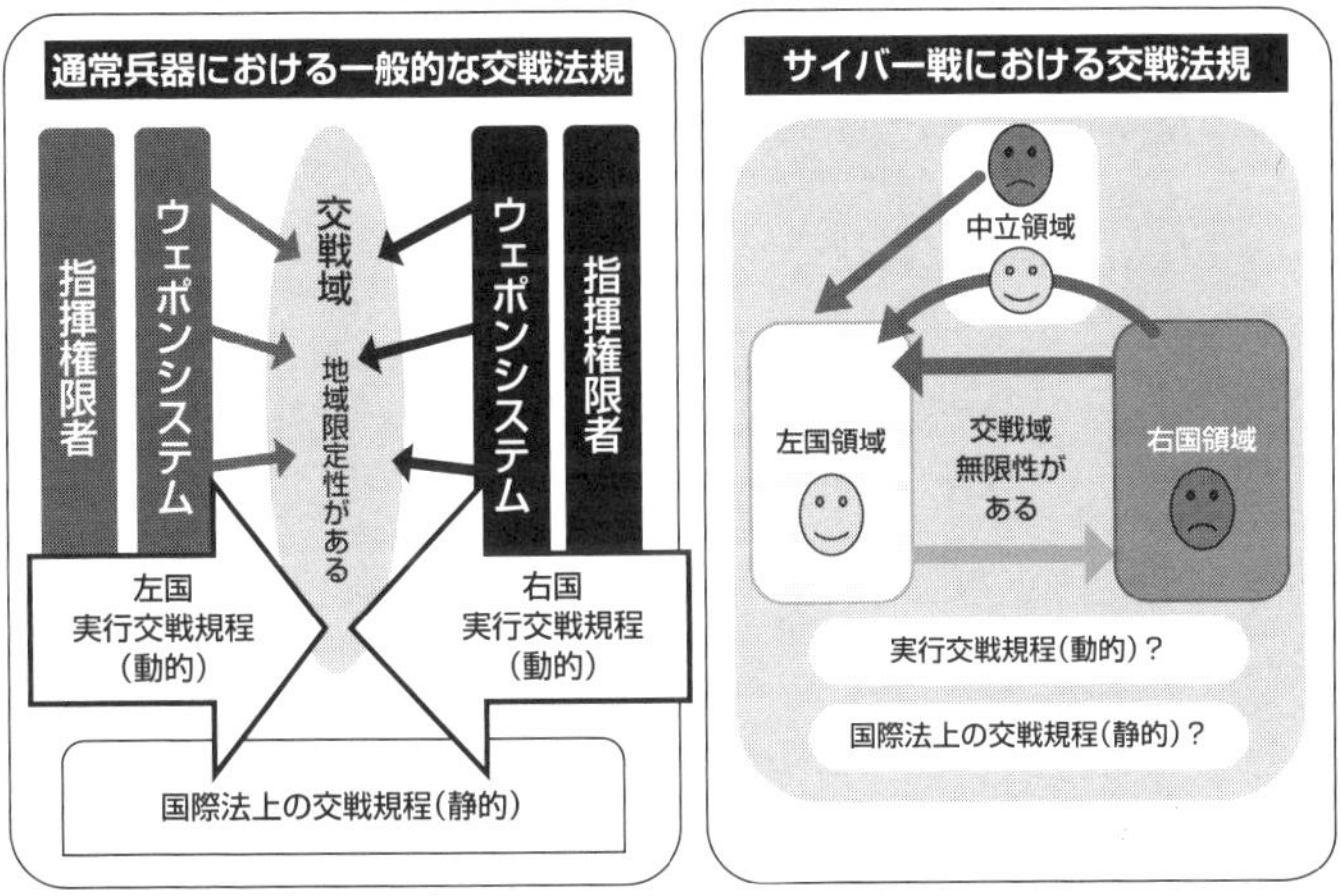

各種資料をもとに作成（図3まで同）

の国際法に答えはない。

「通常兵器における一般的な交戦法規」が前提としているのは、物理領域で展開される従来の軍事組織同士の戦争である。そこには物理的な交戦域が存在し、指揮官の指示や命令に基づいて兵器システムが使われ、交戦がなされることが想定されている。

また、戦争当事者は、「公然と制服を着用する」「指揮官が存在して統率している」といった基準によって識別が可能であり、それゆえ「非軍事目標の攻撃を禁止」にすることや、中立の規定などもつくることができ、一定の規範が存在する。

しかし、サイバー戦争の場合、特定の交戦域は存在せず、どこで交戦が行なわれてもいい〝無限性〟がある。つまり自由空間で戦闘が行なわれ、しかも「中立領域」を通って交戦がなされる。従来の交戦法規の基準は当てはまらない（図1）。

たとえば日本人がウクライナのIT軍に参加して、日本にいながらクリック1つでロシアにサイバー攻撃をした場合、ロシアから見て「中立条項違反」には当たらないかもしれないが、日本は少なくとも領域から攻撃が行なわれたという管轄権上の責任を問われる可能性はある。日本政府は、ロシアを攻撃しないというサイバー空間上の管理責任を問われ、その攻撃によって生じた損害に対する賠償責任の可能性も生じ、また被害の程度によっては報復攻撃を受ける危険もある。

米オバマ政権でサイバーセキュリティコーディネーターを務めたマイケル・ダニエル氏は、「物理的な世界には、サイバースペースにはまだない非常に明確なルールがある」と述べている。では明確なルールと規範がないサイバー空間を利用する戦いにどう対応するのか、我々にとって喫緊の課題になっている。

■「情報領域」「物理領域」「認知領域」

サイバーインフラは、オープン及びクローズドの物理通信層、ハードやソフトで構成さ

図2　そして、すべての活動が戦いの場

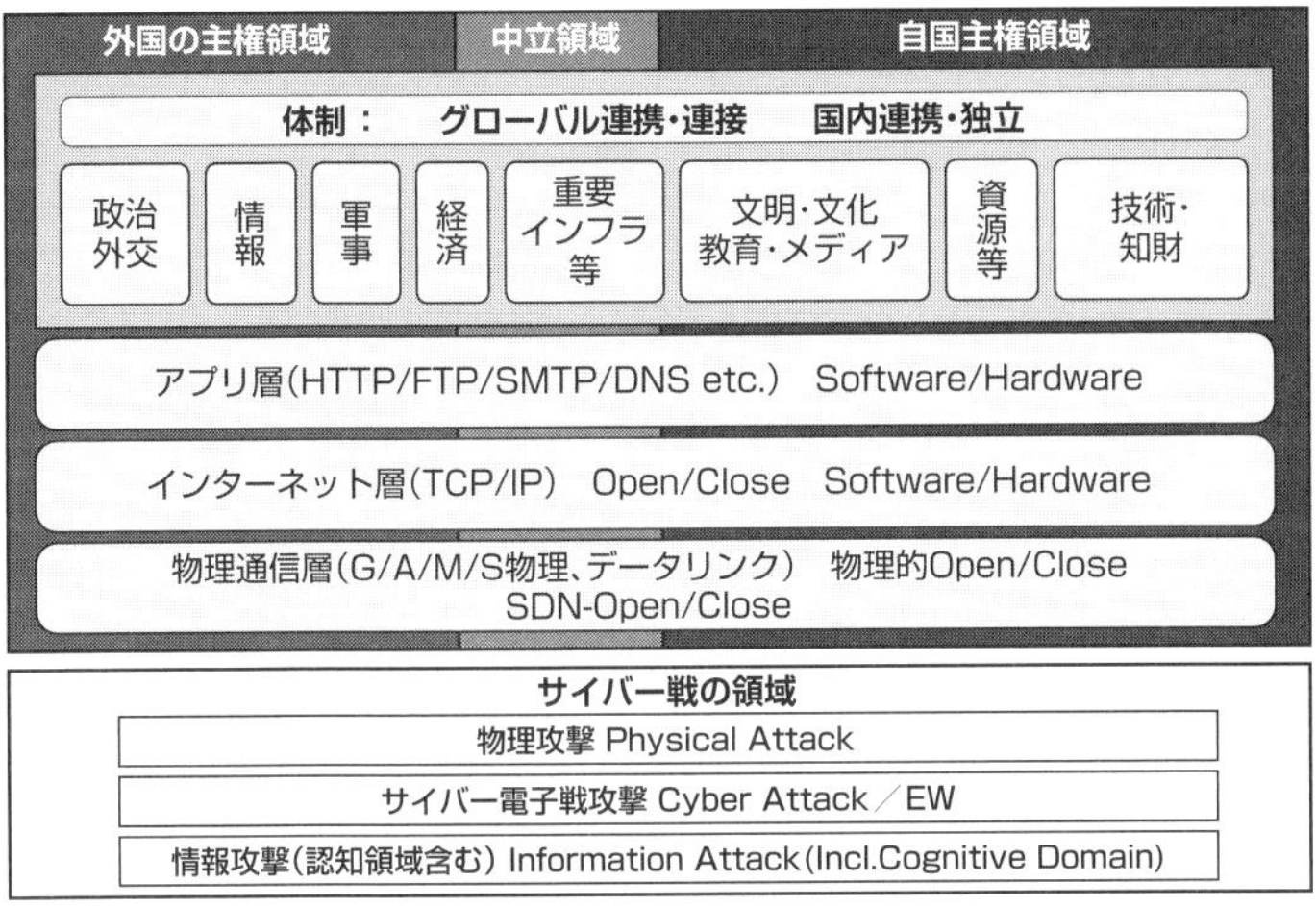

れるインターネット層、そしてアプリ層で成り立っており、その上に政治外交、情報、軍事、経済、重要インフラ、文明・文化、教育・メディア、資源や技術・知財などあらゆる活動が展開されている（**図2**）。

　こうしたサイバーインフラとその上で繰り広げられる各種活動は、自国の主権領域、外国の主権領域と中立領域でそれぞれ展開されているが、それらの活動を支えるサイバーインフラは領域横断的につながっており、サイバー戦はこれらすべての領域で行なわれる。

　より詳しく見てみると、サイバーインフラは、情報領域（Information domain）、物理領域（Physical domain）、認知領域（Cognitive domain）の3つの領域で構成されている。情報化社会の現代において、これら3つの領域は別々に存在するのではなく、領域間の相互作用がますます進み、それが異次元の価値を生み出す原動力になっている。

地理的に異なる地点間の移動について考えてみよう。この場合、物理領域においては、物の移動には時間と質量移動のためのエネルギーが必要であり、加工は困難という特性がある。一方、情報領域においては、サイバーインフラさえ存在すれば、データの移動時間と質量はほぼゼロであり、加工も容易である。

このことは、物理領域における規範や基準、すなわち価値観は、情報領域では通用しないことを意味する。前述したウクライナのサイバー戦の事例で見たように、情報領域では物理領域とはまったく次元の異なる秩序に依存した価値が生み出されるからである。

戦争が、情報領域、物理領域、認知領域にどのように作用するのか、換言すれば、それぞれの領域を使って攻撃主体がどのように戦争目的を達成しようとするのか、ウクライナ戦争を例にして考えてみたい。

ここでは「攻撃主体」はロシアだと想定し、彼らが戦争を通じて達成しようとしている政治目標が「ウクライナに北大西洋条約機構（NATO）との緩衝地帯（バッファーゾーン）をつくること」だと仮定して話を進めよう。

図3の上部「軍事的手段による直接的アプローチ＝直接的な効果」の部分は、物理的な

図3　戦争目的達成のアプローチ　軍事と非軍事が不可分に

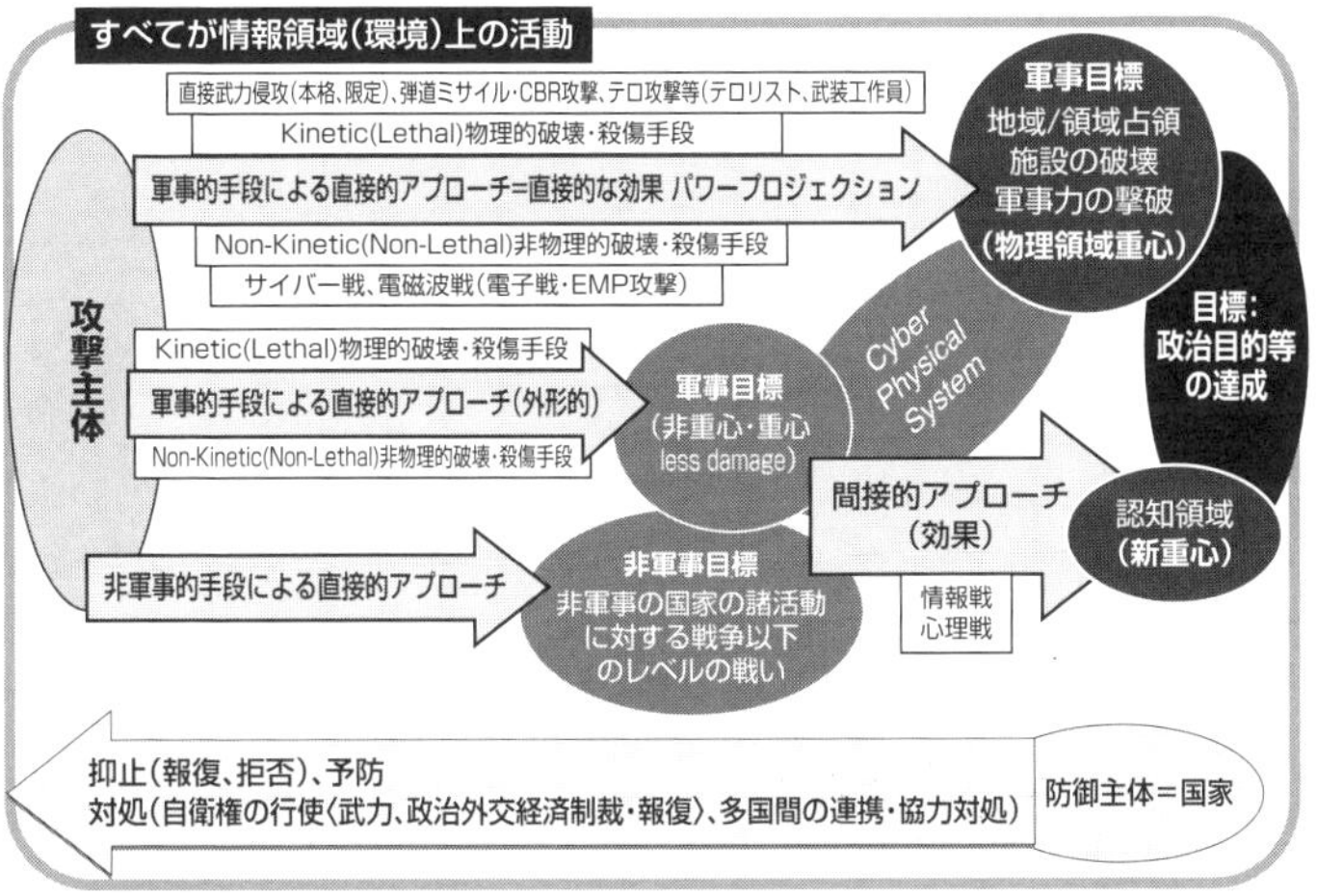

軍事力という手段を使い、領域を占領したり、施設を破壊したり、敵（ウクライナ軍）の軍事力を撃破するといった軍事目標の達成を通じて「物理領域の重心」を攻め、「緩衝地帯をつくる」という政治目標を達成するアプローチを表現したものである。

もう1つ、一見同じような「軍事的手段による直接的アプローチ（外形的）」の手法の場合、戦闘形態としては非常に似たようなアプローチをとるものの、攻撃する軍事目標は物理領域における重心である必要はない。ここを攻撃することで得られた効果を使って情報戦や心理戦を有利に展開し、政治的な意思強要の対象となる相手国家の意思、すなわち「認知領域の重心」に作用させる間接的アプローチとなる。

サイバー空間の戦場化に伴って、政治目標を達成する方法が、従来の軍事的手段によって直接的に物理領域の重心を抑えるやり方から、情報戦・心理戦などの非軍事的手段によって間接的に認知領域を抑えるやり方（新重心）へと変わってきているのである。

ウクライナでは、緩衝地帯を設けるという政治目標に対して、ウクライナ東部や首都キーウの物理的占領やウクライナ軍の撃破という物理的重心への攻撃だけでなく、ウクライナの意思を砕《くだ》く認知領域への攻撃が並行して行なわれた。ロシアは「ゼレンスキーが国外逃亡した」等の情報戦を仕掛けたが、ウクライナが「生の情報」を含むＳＮＳでの情報戦を展開した結果、認知領域の新重心を確保することができなかった。

図３中央下の「非軍事的手段による直接的アプローチ」は、非軍事的な手段による相手の政治、経済、外交、文化等の非軍事的な目標に働きかける活動と駆け引きを通じて、情報面・心理面での効果を認知領域の重心に与え、国家の意思決定に作用させるというものである。

かつて孫子が「不戦による勝利は最善の方法である」と述べ、敵対者の意思が重心だと指摘したのは、非軍事的手段によるアプローチの重要性を強調したものと捉えることができるだろう。

現代戦においては、非軍事的手段によるアプローチが極めて重要だが、ロシアはそこで躓《つまず》いてしまったためコストの高い戦争に陥った。

逆にウクライナ側は、ゼレンスキー大統領がＳＮＳに動画やメッセージを投稿して世界中に情報を発信し、ロシアの残虐性、非道性を訴えて支持を集めた。またウクライナの一般市民も現状をＳＮＳなどで発信することで、世界の人びとと情報を共有する状況を創出し、国際社会の「認知領域」における戦いを有利に展開している。

こうした活動を支えるうえで、物理的なサイバーインフラが破壊されずに残っている点は極めて重要である。ロシアは開戦当初からウクライナの電力インフラを物理的に攻撃したり、施設を占領。放送タワーなども早い段階でミサイル攻撃して破壊しているが、ウクライナ側はすぐに復旧させている。

またウクライナの国営通信事業者Ｕｋｒｔｅｌｅｃｏｍへのサイバー攻撃も発生し、一時ネットワーク接続度が13％まで低下したことがあるが、これも早期に復旧させた。ロシアは、ネットワークに過剰な負荷をかけてサービスを妨害するＤＤｏＳ攻撃だけではなく、完全データ破壊型のＷｉｐｅｒ攻撃を使ってウクライナのサイバーインフラの破壊を試みたと伝えられているが、結局これも失敗に終わっている。

米国家安全保障局（ＮＳＡ）の長官であり米軍サイバー軍の司令官であったポール・ナカソネ陸軍大将は、「（ロシアによるウクライナ）侵攻の前、実際は２０２１年の夏頃から米NSAや米軍サイバー司令部、さらにいろいろな省庁や民間セクターのパートナーによって、ウクライナのインフラを強化するために膨大な作業をしてきた」と証言している。

詳細は不明だが、ロシアによる軍事侵攻を想定して、ウクライナの物理領域にあるサイバーインフラや電力インフラの防御体制を米国が強化し、復元力を高める支援をしたことが、情報領域、認知領域におけるウクライナの戦いを可能にしていると見られる。現代戦において、サイバーインフラや電力インフラの確保が、紛争の抑止や対処にいかに重要であるかを物語っている。

さらに、サイバー空間を利用する情報活動にも変化が表れている。ウクライナが歴史・民族・宗教的にロシアの一部であるかのような理屈を展開するナラティブ戦、偽情報拡散や世論誘導型メディア戦による影響工作などが周到な準備のもとに展開され、これを阻止する戦いが熾烈となっている。

戦争が長期化するなか、水中ドローンなどを使った海底ケーブルの切断、もしくは衛星を攻撃するといったサイバーインフラに対する物理的な攻撃も考えられるだろう。現に2024年末以降、バルト海での海底ケーブル破損が相次いでいる。

2022年8月初旬、ウクライナ東部の都市ポパスナにあるワグネルの軍事施設が、ワグネルが通信アプリ「テレグラム」に投稿した写真をきっかけに商用衛星画像等の情報を利用して特定され、砲撃によって瓦礫《がれき》の山と化したとウクライナ側が発表した。

このように、サイバー空間におけるＳＮＳ等が発信する画像のメタデータ（撮影日時、条件、ＧＰＳ情報等）、商用衛星画像情報、公的機関・報道機関が発する情報、兵士が私的に発信してしまうメール情報等を利用するＯＳＩＮＴ（オープン・ソース・インテリジェンス）が、優れた画像認識技術や情報融合技術によって、従来の機密性の高い情報活動に比肩する質の高いインテリジェンス活動へと進化している。

この傾向は軍事作戦に限らず、ＡＩ（人工知能）の活用によって、多くの分野において見られる。

■現代の情報化がつくり出す戦略環境

情報化時代になり、すべてがつながる「連結する世界（connected world）」が出現したことによって、世界の戦略環境は大きく変化した。

工業化時代で、しかも冷戦が終結して米国一極時代が続くと思われた時代は、物理領域中心の世界であり、そこでは米国主導の秩序が築かれてきた。ニューヨークの国連本部とウォール街、それにワシントンＤ.Ｃ.の米政府機関、外国大使館、主要防衛産業、情報機関、法律事務所やロビー会社などを含めたいわゆる「ベルトウェイ」が、米国主導の秩序を象徴していた。

しかし、現代の情報化時代では、米国の力の相対的な低下に加え、革新的な技術の発達、仮想空間や仮想技術を通じて巨大IT企業がボーダーレスな国際公共財を提供し、新しい情報領域において、これまでにない新たな価値観や秩序が生まれ始めている。物理領域中心の米国一極時代から、情報領域と物理領域が相互に依存する無極時代へと戦略環境が大きく変わるなかで、米国と中国の大国間の覇権闘争が激しさを増している。

米中はサイバーインフラの支配をめぐって熾烈な争いを展開しているが、その主要プレーヤーである米国の巨大IT企業群GAFAM（グーグル、アップル、フェイスブック＝メタ、アマゾン、マイクロソフト）は、物理領域の価値観や秩序で動く米政府と異なり、国境を越えるグローバルな情報領域において、巨大な影響力や情報力をもつ。GAFAMは自由競争の原理で動きながらも、国家の要請に時折は応じる。

一方で中国のGAFAM的存在であるBATH（バイドゥ、アリババ、テンセント、ファーウェイ）は、中国という国家の支援と支配の下で活動しているように見える。

自由競争圏では、米国という国家とグローバルな巨大IT企業は、別々の領域で主導権をもち、異なる価値観をもって秩序を形成。米政府は物理領域の規範や秩序を情報領域に適用して巨大ＩＴ企業の規制を試みるが、そもそも価値観、秩序観の異なる空間のコントロールは困難であり、情報領域はカオス状態である。

中国主導の権威主義国家は、この状態をうまく利用し、情報領域における優位を確立して、認知領域における新たな秩序形成を仕掛けようとしているようだ。中国が進めるシルクロード経済圏構想「一帯一路」は、サイバーインフラ網をつくり、安くて高性能なサイバーデバイスを提供し、さらに新ＩＰシステムを推進することで世界中のデータの囲い込みを進めていると考えることができる。

また、仮想経済における主導権を握るため、デジタル人民元を推進している。一帯一路でつくったインフラ網にＢＡＴＨがさまざまなアプリまで含めたサービスを提供し、デジタル通貨で世界をリードしようと目論んでいるのだ。

さらに中国は、物理領域における自国の米国への劣勢は当面続くと認識しているのだろう。そこで物理領域の劣勢を補完するため、〝非対称・ハイブリッド型〟の情報領域、認知領域を主戦場とする戦いに注力していくものと思われる。

そして２０４９年の建国１００周年までに、他国からの干渉や政治的な意思の強要を受けなくて済むような自律性と不可欠性を担保する長期的な戦略を進めているのであろう。

ロシア軍の戦略家で、ハイブリッド戦争を定義したいわゆる「ゲラシモフ・ドクトリン」の提唱者ワレリー・ゲラシモフ参謀総長は、「いまの規範や秩序は欧米を縛るツール」であり、「非対称・ハイブリッド戦でその適用ができないようにして勝利・支配する」と明確に述べたことがある。これは、中国の超限戦（従来の境界線と限度を超えた戦争）や三戦（輿論戦・心理戦・法律戦）のなかで出てくる思想と共通している。つまり、中国をはじめとする権威主義国家群は、既存の「秩序と規範の破壊者」の思想をもっていると考えることができる。

現状の国際規範や枠組みは、ほぼ物理領域の規範と秩序であるため、サイバーや宇宙などボーダーレスの領域の戦いへの適用は極めて困難である。権威主義国家群は、現行国際法の想定する平時や有事といったパラダイムが合理性を失う時代に移行している状況を巧みに利用して、情報領域や認知領域を使ったハイブリッド型戦争で国際法の適用を回避する紛争を仕掛けていると考えるべきだろう。

■DXの推進が突破口に

情報化時代がもたらした変革によって、世界はますますつながり、すべての活動がその恩恵を受けることになる。しかし一方で、すべての活動が情報環境上に連動して相互に依存するという関係は変わっていない。

しかも、技術の急速な進化に伴い、サイバー戦にしても情報戦にしても、手段の多様化や低烈度（致死性や破壊度が低い）であることによる使用の機会と果たす役割は加速度的に増大しており、情報領域のカオス化とグレーゾーンの常態化の深刻度は増している。

さらに、既存秩序の限界が改善されない限り、無極状態は継続し、変化の激しい激動の時代に入っていく。物理領域と情報領域が相互に依存し、すべてが「連結する世界」にあって、冷戦型の対抗的（敵対的）な抑止戦略は機能しない可能性が高い。冷戦期とは異なる経済的な相互依存の要素は無視できず、冷戦期の東西ブロックとは異なる国家間の多様な利害や絆といった結びつきが生まれているからである。

このような時代にあって戦略的な主導性を確保するためには、情報と意思決定の優越が最大のポイントになるが、その大前提としてサイバーインフラの抗堪性を高めることが不可欠である。

ウクライナ戦争の事例でも明らかなように、サイバーインフラと電力インフラの強靱性がなければ、あらゆる活動が止まる恐れがある。この観点から言えば、エネルギー供給元として中東に過度に依存している日本の状況はきわめて憂慮すべきである。安全保障的な観点から電力自給率の向上や調達先の分散を進めることが不可欠であり、原発の利用も含めて日本の電力について抜本的な見直しが必要だと言える。

そのうえで機能横断的な総合戦略思考が必須になるだろう。世界の複雑な相互依存の関係を考慮すれば、対立構造だけでものを見る冷戦型の思考では対応できず、対立構造と協調構造のバランスを取りながら戦略を構築する必要がある。

明治時代以降、連綿と続く日本の縦割りの仕組みのなかで、機能横断的な組織をつくり、総合的な戦略思考のできる人材を育成するのは容易ではないが、昨今推進されているＤＸ（デジタル・トランスフォーメーション）が１つの突破口になる可能性はある。これは本来、組織の水平化を推進するものであり、縦割りでつくられてきた日本の組織の仕組みを大きく変革する潜在性を有するからである。国家自体もサイバーインフラの上に載って水平構造化しない限り、今後非常に効率の悪い活動しかできなくなるはずである。こうした大きな構造変革としてＤＸの活用を検討すべきだ。

■新しい安保戦略を思考できる人材育成を

また、意思決定の優越を支えるうえで教育の抜本的な見直しも不可欠であろう。従来の日本の教育では、既存のルールを大前提に、提示された課題に対応する、上からの指示に従って行動することが中心に据えられてきた。

しかし、これからの変化の激しい時代においては、国益などのために条件を作為して能動的に仕掛ける、あるいは他者と協調して新たなルールをつくる能力のある人材の育成を目標にした教育に変えていく必要があるだろう。

ＩＴ人材の育成については、イスラエルや韓国のやり方が参考になる。両国では、さまざまなバックグラウンドをもつ人材のなかからセンスのある人物を選抜してＩＴ人材として鍛えていく仕組みがある。とりわけ若い起業家への支援を通じて、幅広いサイバー人材を育成している。日本ではベンチャー企業が育ちにくい土壌があるが、こうした戦略的な視点からＩＴ人材の裾野を広げる取り組みを進めるべきであろう。

日本の情報コミュニティを見ると、衛星や通信傍受など伝統的な分野での情報活動が多く、サイバー空間における情報活動はいまだ貧弱である。サイバー分野における情報活動を国家レベルで展開しない限り、高い能力を獲得するのは難しい。自衛隊のサイバー防衛隊の機能強化は不可欠である。

またサイバーインフラや電力の確保、平時・グレーゾーン・有事を通じたあらゆる分野におけるサイバー戦への備えを考えるのであれば、デジタル庁とは別に、サイバーセキュリティ、サイバーインフラ全体の保安やインテリジェンス機能までを含めたサイバー省のような存在が必要であろう。

情報化がもたらした大きな変革という時代認識と新たなパワーバランスの思考をもち、新しい戦略環境で生き残るための安全保障戦略を考えることのできる人材と仕組みを早急に整備しなくてはならない。

宇宙

安全保障の命運を握る異空間

片岡晴彦（日本宇宙安全保障研究所副理事長／第三十二代航空幕僚長）

ロシア・ウクライナ戦争において、ロシアはウクライナ軍の予想外の反撃に苦戦し、首都キーウ制圧という当初の目標を達成できず、ウクライナ東部を重視する作戦に切り替えたとされている。侵攻当初、戦力で圧倒的に劣ると見られていたウクライナ軍がロシア軍を苦しめた要因の1つは、米国や北大西洋条約機構（NATO）諸国が、宇宙からウクライナを支援していることであろう。市場調査会社Quilty Spaceの報告書によると、2027年までウクライナ軍にスターリンクのサービスの一部を提供するため、5億3700万ドルの契約を米国防総省が結んだとのことである。

現代において、通信や偵察・監視に限らず、作戦行動から情報戦に至るまで、戦争のあらゆる局面が宇宙システムに依存し、宇宙システムは作戦を遂行する前提条件になりつつあり、宇宙は安全保障の命運を握る領域になった。

本稿では、軍事・地政学的な観点から宇宙の重要性を考察し、主要国の宇宙開発の狙いや取り組みの現状を解説したうえで、宇宙覇権をめぐる大国間の知られざる競争の実態に光を当てたい。

■宇宙への依存を強める世界

そもそも、どこまでが空でどこからが宇宙なのだろうか。国際的に明確な定義が存在するわけではないが、「国際宇宙航行連盟」は、海抜高度100㎞（カーマン・ライン）までを「大気圏」、それ以遠を「宇宙」と定義しており、これが目安になっている。100㎞以下は「領空」に当たるため、ここを主権国の許可なく飛んでくる航空機は領空侵犯になるが、宇宙の場合は宇宙条約第2条により領有権の主張ができず、原則自由に飛行が可能である。

宇宙は地球軌道の「低軌道」「中軌道」「静止軌道」と「それ以遠」に区分される。地上から高度2000㎞までが低軌道、2000㎞から3万6000㎞までが中軌道、静止軌道は3万6000㎞前後である（図1）。静止軌道に衛星を置くと、地球の自転と同じように周るため静止したように見える。ちなみに、南北両極の上空を通る人工衛星の軌道を

図1 地球軌道と配備されている衛星

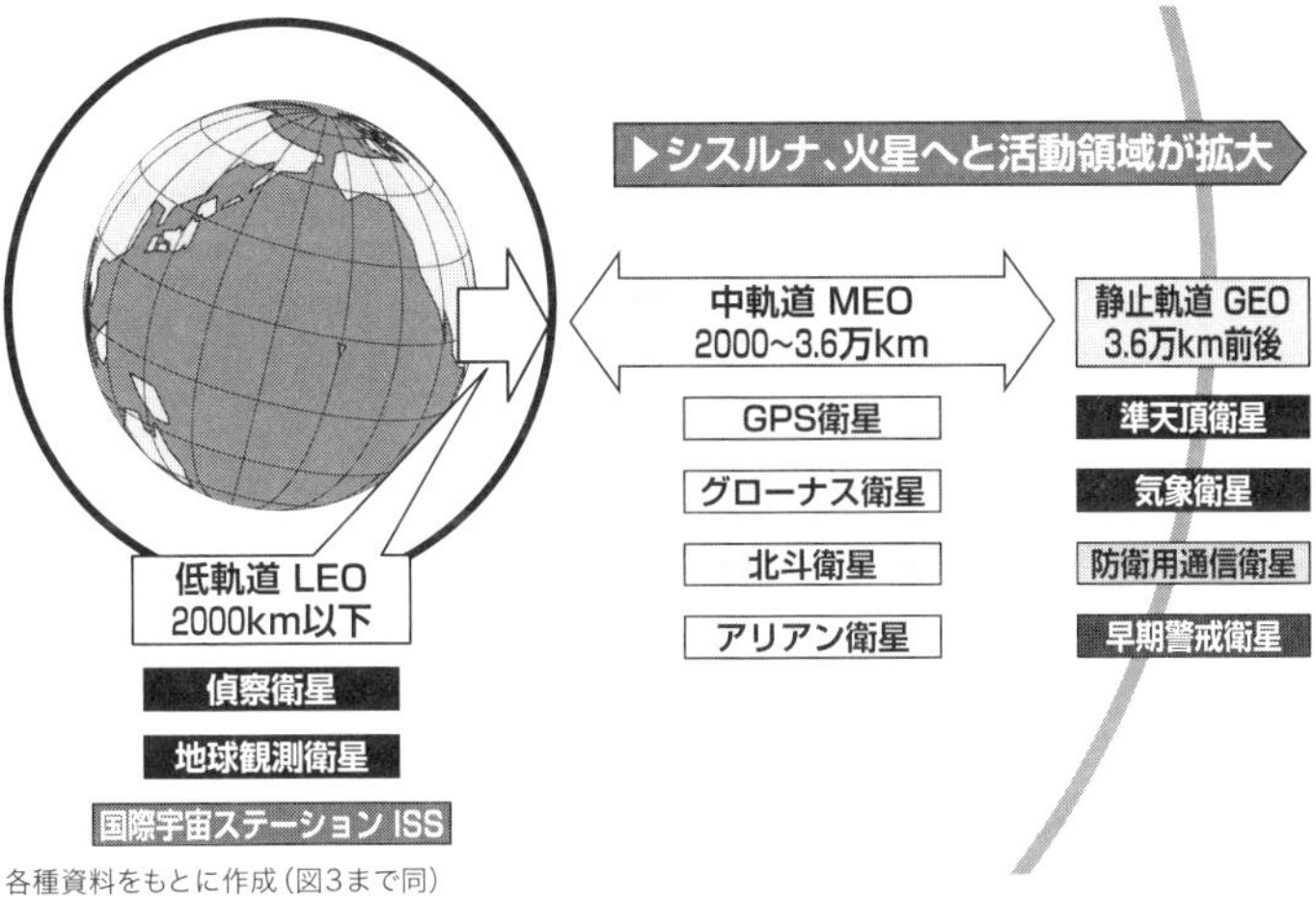

各種資料をもとに作成（図3まで同）

「極軌道」という。

ここからさらに月、火星へと人類の活動範囲は広がっており、月までの宇宙空間（シスルナ領域）は、後述するとおり戦略的な観点からも重要性が増している。

低軌道といってもその空間に均等に衛星が打ち上げられているわけではなく、４００〜１０００kmの範囲に多くの衛星が広がっている。偵察衛星や地球観測衛星、国際宇宙ステーション（ＩＳＳ）も低軌道にある。

中軌道には、いわゆる測位衛星と呼ばれる全地球測位システム（ＧＰＳ）や中国の北斗といった衛星が飛んでいる。また静止軌道には、気象衛星、通信衛星やミサイル防衛に使われる早期警戒衛星や日本版ＧＰＳの準天頂衛星などが配備されている。

民生、安全保障分野ともに、宇宙への依存は拡大の一途を辿っている。民生分野では、とくにGPSの位置情報、時刻情報に多くの社会システムが依存しており、航空機の管制、銀行のATM、金融取引のタイムスタンプから電力網のスマートグリッドまで、いまや宇宙からの時刻同期（タイミング）情報や位置情報が不可欠である。

安全保障分野における宇宙への依存の深化も顕著だ。以前は「あればいい」程度だった宇宙からの支援が、いまでは宇宙なくして高度な作戦運用ができない状況になっている。人道支援、対テロ作戦、武力紛争、通常型戦争から核戦争まで、あらゆる軍事活動分野で宇宙への依存を強めているのが現状である。

■現代の軍事作戦と宇宙

ISRT（情報、監視、偵察、ターゲティング）任務、GPSを使った精密誘導攻撃、ミサイル防衛や衛星通信といった分野において、宇宙システムが作戦運用に不可欠になっている状況を具体的に見ていきたい。

冒頭で触れたとおり、今回のウクライナ戦争でも、宇宙からの支援が戦況に大きな影響を与えている。米国は衛星を通じた戦術情報をリアルタイムでウクライナに提供しており、カナダ政府も民間の衛星会社に資金を提供し、ウクライナに画像を提供していると伝えられている。

またイーロン・マスク氏の米宇宙企業ＳｐａｃｅＸが、ウクライナ軍の指揮通信ネットワーク（通信衛星「ＫＡ‐ＳＡＴ」を利用）がロシアによる衛星地上局に対するサイバー攻撃で大きく機能低下するなか、低軌道衛星インターネット接続サービス「スターリンク」をウクライナに提供し、専用の送受信機５０００台を送って支援したことで、ウクライナ軍は安定的な通信を確保できた。同軍は無人機部隊と砲兵部隊をスターリンクでつなぎ、無人機等で収集したロシア軍の位置情報に基づいて砲兵部隊等が砲撃するといった簡単なターゲティング・システムＧＩＳ〝ＡＲＴＡ〟を構築し、ロシア軍を効果的に攻撃したとされる。ウクライナは２０２２年5月8日、ロシア軍の〝ドネツ川渡河作戦〟で、ＧＩＳ〝ＡＲＴＡ〟を利用して攻撃、ロシアは73台の戦車と装甲車、１０００～１５００人の兵力を一挙に失ったと推定されている。

ウクライナ戦争では、ＳｐａｃｅＸに代表される民間の商用小型衛星の能力の高さが際立っている。米Ｃａｐｅｌｌａ Ｓｐａｃｅ社のレーダー衛星の画像には、ウクライナのドネツ川にロシア軍が設置した軍事用の浮き橋が鮮明に写されていた。ウクライナ軍は、ロシア軍の侵攻を阻むために事前にすべての橋を破壊しており、これに対してロシア軍は軍事用の浮き橋をかけた。

Ｃａｐｅｌｌａ Ｓｐａｃｅのレーダー衛星は、この橋を渡ったロシア軍の車両が停滞している状況を捉えており、それらの車両が大型か小型かまで識別が可能だ。ロシア軍がどのルートを通りどれくらいの規模で進軍してくるかという機密情報が、民間の小型衛星でここまではっきりとわかってしまうことに驚かされる。ウクライナ戦争は、商用宇宙能力が重要な役割を果たした初めての戦争だと言われている。

米国家偵察局ＮＲＯ（National Reconnaissance Office）は２０２４年中に約１００機の低軌道観測衛星を打ち上げ、小型観測衛星のコンステレーション（多数の人工衛星を協調して動作させる方式）を構築した。これによりＮＲＯは、再訪問率（一定期間にわたって特定の場所の画像を繰り返し撮影する能力）を高め、その情報を直接作戦部隊へ提供できることを強調し、つねにユーザーが必要としている情報を届けるとしている。

我が国においても、防衛省が目標の探知・追尾能力の獲得を目的とした低軌道衛星コンステレーションを２０２７年までに構築することをめざし、約３０００億円の概算要求を行なった。このコンステレーションを情報機関に限定することなく、自衛隊のあらゆる作戦部隊を支援するものとして、日米共同作戦能力の向上へもつなげなければならない。

ＧＰＳは、我々が日常的にスマートフォンやカーナビで利用しているため、すでによく知られたシステムだが、当初の目的は純粋に軍事利用であり、現在でも米国の宇宙軍が衛星を運用している。１９９３年から民生用としてのサービスの提供が始まり、とりわけ測位、航行、タイミングの民間利用が拡大することで、大きく方向性が変化した。ＧＰＳはいまや、軍のみならず民間の商業活動においても不可欠な衛星システムになっている。わずか15分間のＧＰＳ中断で、米国経済に約１５００億円の損失を与えると予測されるまでになっている。

ＧＰＳは、軍事分野においては精密誘導攻撃に頻繁に用いられている。統合直接攻撃弾（ＪＤＡＭ）というＧＰＳ精密誘導弾があり、その利用は年々拡大している。

従来の慣性誘導装置による命中精度が30ｍだったものが、ＧＰＳ利用によって５ｍにまで達した。レーザー誘導と併用すると１ｍにまで改善され、文字どおりピンポイントでの攻撃が可能になった。きわめて正確に攻撃できるようになったため、市民や非戦闘員の犠牲を最小限に抑えることができるようになっただけでなく、使用弾薬量を削減する効果も高まった。

ただし、ＧＰＳの受信電波は遥か2万㎞の彼方から到来するため、地上における受信電波が弱く、地上からの妨害に弱い。電波妨害装置などによる妨害が容易なため、ＧＰＳが利用不能になった事案が多数発生している。さらに、中露は、ＧＰＳを無力化する攻撃的兵器の開発を進めている。

このため、万が一GPSが使用できなくなったときの代替システムとして、日本では準天頂衛星という日本版GPSを整備中である。現在は4機体制だが、2026年からの7機体制へ向けて整備を着実に進めている。

また、より抗堪性を強化するため、2030年代の11機体制に向けての検討にも着手した。なお、準天頂衛星6及び7号機には、抗堪性の強化にもつながるホステッド・ペイロード（相乗り）として、米国の宇宙状況監視（SSA）センサーが搭載される。

また、ミサイル防衛システムも、宇宙からの監視がなければ機能しない。米国は、早期警戒衛星プログラムであるSBIRS（Space-Based Infrared System）により、早期警戒衛星を静止軌道に6機、極軌道に4機を配備して24時間、地球上のどこからミサイルを撃たれても初度探知できる体制をとっている。

現在のミサイル防衛システムは、宇宙から衛星で監視して、オーストラリアと米国とドイツに設置されている地上局と連携して機能する仕組みになっている（**図2**）。たとえば北朝鮮が弾道ミサイルを発射すると、衛星が初度探知し、オーストラリアの地上局にダウンリンク（衛星から地上の受信者に向けて電波が通信される経路）し、米国デンバー近くにある運用センターから日本へミサイル警戒情報が瞬時に伝えられる。

図2 早期警戒衛星システムの重要な地上局

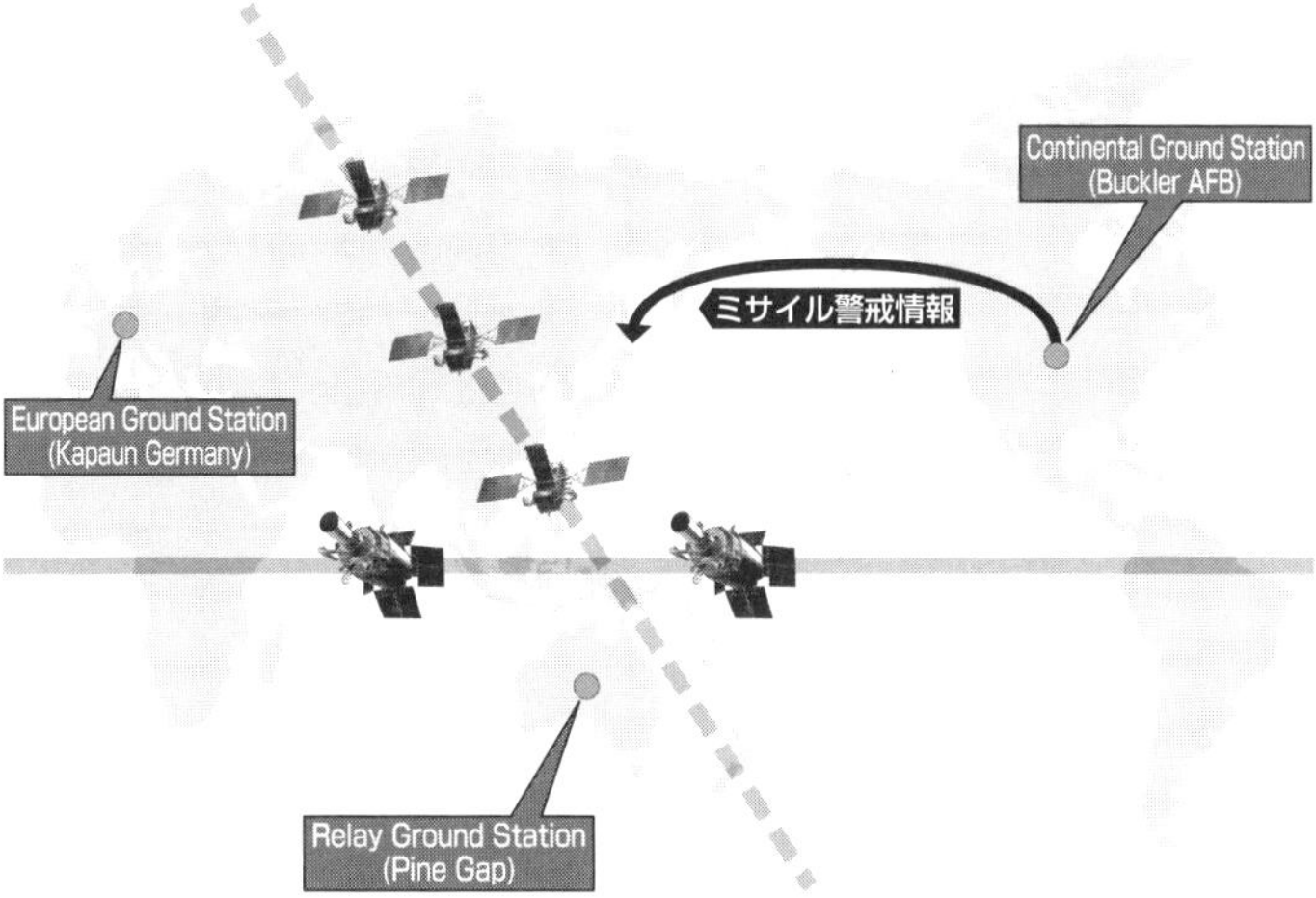

しかし、近年では弾道ミサイルではなく、いわゆる極超音速兵器が登場しており、従来のミサイル防衛システムでの対応が困難になっている。発射直後のミサイル探知には衛星を使用するが、迎撃する際には地上のレーダーで追尾する。通常の弾道ミサイルは放物線を描いて飛行するため、遠方で探知することが可能で対処する時間的余裕がある。

ところが、極超音速ミサイルは非常に低高度を飛ぶため、着弾する直前にしか地上レーダーで探知することができず、対処が著しく困難だ。このため米国は、最初の探知から最後まですべて低軌道の衛星コンステレーションで追尾できるような宇宙アーキテクチャＰＷＳＡ（Proliferated Warfighter Space Architecture）の構築を進めている。ＰＷＳ

Aは7つのレイヤーで構成、ミサイル防衛以外の用途にも利用され、最終的には1000機程度のコンステレーションになるものと考えられている。

さらに、衛星通信システムの分野でも宇宙が利用されている。最近では、「マルチドメイン」と言われる海上、陸上、航空、サイバー空間、宇宙空間の5つの領域を統合する衛星通信システムの構築をめぐって各国が競い合うとともに、同盟国間で通信帯域を共有する枠組みの構築も進められている。

言うまでもなくデータの通信速度も劇的に向上している。1991年の湾岸戦争の頃には、わずか0・1Gbps程度だったのが、2003年のイラク戦争の頃には約40倍に増え、さらに2020年になると約1万倍の通信速度となっている。リアルタイムに画像や映像を取得することに対するニーズの高まりや、無人機の運用の増加などを受けて、膨大な通信量と通信速度が求められており、これが宇宙の衛星通信への依存度を高めている。

このように軍事分野では、宇宙システムへの依存度が高まっており、宇宙システムはいまや作戦運用の優位性の基盤だ。逆に宇宙システムが失われた場合は脆弱性につながり、その弱点をどのようにカバーしていくかが大きな課題になっている。

戦闘領域に変化する宇宙空間

米国の軍事作戦能力は宇宙における優位性に依存していると言っても過言ではない。世界規模の戦力投射、俊敏な危機への対応、精密な攻撃、そして複数戦域での秘匿性の高い指揮・統制・通信能力など、優位性の根源となる能力はすべて宇宙を必要としている。この優位性に対して中国とロシアが挑戦しており、とりわけ両国ともに、米国を中心とする宇宙システムの脆弱性を突く能力を強化している。このため米国は、21世紀の宇宙を「戦闘領域」だと見なしている。

米国は、第1期トランプ政権時代につくられた『国防宇宙戦略』のなかで、「宇宙は米国の国家安全保障、繁栄、科学にとって死活的に重要」だと指摘。「国際規範の作成などで有利な戦略的環境の醸成」に努め、「同盟国、友好国、産業界、他の米国の政府機関との協力」の下で「宇宙における包括的な軍事的優位の構築」をめざすとしている。

また、米国は中露の挑戦に対して『国家宇宙政策』で初めて宇宙抑止の原則を明確化した。それによると「米国または同盟国の宇宙システムに対する意図的な干渉または攻撃に対して、選択した時間、場所、方法、領域で熟慮した対応をとる」と述べ、確実な報復とマルチドメインにおける対応を示唆している。宇宙での攻撃に対して宇宙で対応するのではなく、地上での反撃も十分にありうること、それを決めるのは米国自身との方針を明らかにした。

一方、中国の宇宙戦略は「宇宙戦力が情報化された戦争を可能にするうえでの中核」との認識のうえにつくられている。また、敵対国、とくに米国の宇宙利用を拒否する能力を強化するため、衛星破壊能力に力を入れている。中国は「宇宙強国」というスローガンを掲げ、各種衛星を次々と打ち上げている。

米宇宙軍トップのチャンス・サルツマン大将は2023年3月、議会の公聴会で、中国の700機を超える運用中の衛星のうち347機は中国人民解放軍が運用する軍事衛星だと証言した。この数字は、2021年末の260機から大幅に増加している。軍事衛星の主力は「遥感」という小型衛星で、具体的には光学衛星やレーダー衛星、また電波収集のELINT衛星だ。

これらの衛星が急速に整備され、2024年4月時点で、147機が地球上を周回し、米空母群の動きを追尾していると考えられている。この遥感コンステレーションと対艦弾道ミサイルDF-21を組み合わせ、対艦弾道弾攻撃能力、いわゆる空母キラー能力を構築しようとしていると指摘されている。

ロシアも宇宙戦略の基本は中国と同じようなトーンであり、とにかく米国の宇宙領域の優位性を少しでも阻むことに主眼を置く。ロシアは米国の宇宙への依存性をアキレス腱だと見なし、この脆弱性を突くために、攻撃的な宇宙兵器の開発を進めている。

２０２１年11月、ロシアがツェリーナＤ衛星を目標に対衛星ミサイル破壊実験を行ない、約１５００の宇宙ゴミを生んだ。今回の新しい対衛星破壊技術で、32機ＧＰＳ衛星を破壊することが可能だとロシア国内で報道されている。

また、新たな脅威の指摘もある。ロシアの衛星コスモス２５５３が、２０２２年から通常とは異なる軌道（２０００㎞）で地球を周回し、核兵器を搭載するための衛星部品等のテストを行なっているのではないかとの指摘である。低軌道で、核爆発による電磁パルス（ＥＭＰ）等を発生させ、低軌道の多数の衛星を一挙に一掃する狙いではないかと考えられている。米下院情報委員会のマイク・ターナー委員長（共和党）は、この事態を宇宙における「キューバ危機」との表現を使用している。

宇宙におけるパラダイムシフト

そんな宇宙の領域において現在、「パラダイムシフト」が起きている。「ニュースペース」を提唱するイーロン・マスク氏がつくったＳｐａｃｅＸの登場で、ロケットの第1段目の再使用が可能になったこと、打ち上げ回数の増加などを背景に、打ち上げコストは劇的に削減。宇宙へのアクセスコストは過去10年で10分の1まで激減しており、今後もさらなる削減が期待されている。また、衛星の小型化及び衛星の量産化も進み、衛星自体も非常に安価になった。

コストが低くなった結果、衛星を大量に打ち上げられるようになり、１０００機、２０００機から３０００機の衛星コンステレーションが実現しつつある。それにより高頻度でリアルタイムの衛星情報の利用が可能になり、ビッグデータが津波のように押し寄せてくる時代に突入した。当然、これを有効に活用するためにデータプラットフォームやクラウド、ＡＩ（人工知能）などの整備が死活的に重要になっている。

こうした状況を受けて、安全保障の分野でも商業部門を積極的に活用する動きが出ている。米国のＰｌａｎｅｔ Ｌａｂｓ社の小型光学衛星Ｄｏｖｅは重量わずか5kgだが、中国の空母群が南シナ海を航行している様子を鮮明に写している。Ｄｏｖｅは、すでに約２００機の衛星コンステレーションを構築している。また、フィンランドのＩＣＥＹＥという会社が開発したレーダー衛星は、夜間や天候不良でも撮影できる能力を有する。

大型衛星は広域の画像を一度に撮影することが可能で多機能・高性能だが、１機当たりの価格が高価なため、敵対勢力から格好の攻撃目標になる。その点、1機や2機破壊されてもそれほど影響のない多数の小型衛星のコンステレーションを組むほうが、セキュリティ面からも利点が多いとされる。ただし、今後は商用衛星も攻撃の標的になる可能性は十分にあると考えられる。

衛星通信ネットワークの大きなトレンドとして、低軌道の衛星を通じてスマートフォンにもつながるようなブロードバンドの計画が進められている。スターリンクはこれまでに6000機以上が打ち上げられており、メガ衛星コンステレーション化が進行中で、スターリンクによる通信ネットワークの能力及び抗堪性は飛躍的に高まっている。

こうした低軌道衛星ブロードバンドの分野には、衛星会社だけでなく、Ａｍａｚｏｎ社、英国のＯｎｅＷｅｂ社、カナダ、中国、スペインや韓国の企業まで参入を計画しており、今後さらに、最大で2万5000機以上の低軌道衛星が増える計画だ。

そもそも海底ケーブルは、物理的にきわめて脆弱だ。東日本大震災のときには茨城沖のケーブルが断線し、通信速度が遅くなる被害が発生した。2024年12月25日には、フィンランドとエストニアを結ぶバルト海の海底に設置された電力ケーブルと3本の通信ケーブルが損傷しているのが確認され、ロシアの原油を積んだタンカーがケーブルを損傷させた疑いがあるとして捜査している。いずれにせよこのような脆弱性に直面していることは事実だ。台湾有事などの事態を考えると、海底ケーブルに支障が発生した場合の代替策をもっておく必要があり、その1つとして衛星通信の重要性が注目されている。

■宇宙活動領域の拡大と宇宙覇権をめぐる競争

現在、地球軌道で、低軌道や静止軌道の混雑化が深刻化しており、早期の対応が求められている。宇宙空間の安定を確保するためには、宇宙物体を正確に把握する必要があるため、「宇宙領域認識（SDA）」能力の重要性が増している。

大規模でグローバルなSDA能力を保有しているのは米国である。米国は、全世界に約30のセンサー（光学望遠鏡とレーダー）を地上に配置し、宇宙にもGSSAP（Geosynchronous Space Situational Awareness Program）衛星6機を配備し、SSN＝Space Surveillance Networkというシステムを構築して宇宙を監視。具体的には、10㎝以上の宇宙ゴミを含む宇宙物体が現在約2万7000個あるが、これを常時追尾し、衛星間の衝突や不審な動きをしている衛星などを監視している。

それでも南半球と極東地域、そして静止軌道での能力が不足しているため、日本もSDA能力向上のための取り組みに力を入れている。

図3　拡大する宇宙活動領域

■ そんなに遠い将来ではない拡大する宇宙活動領域にいかに対応するか？

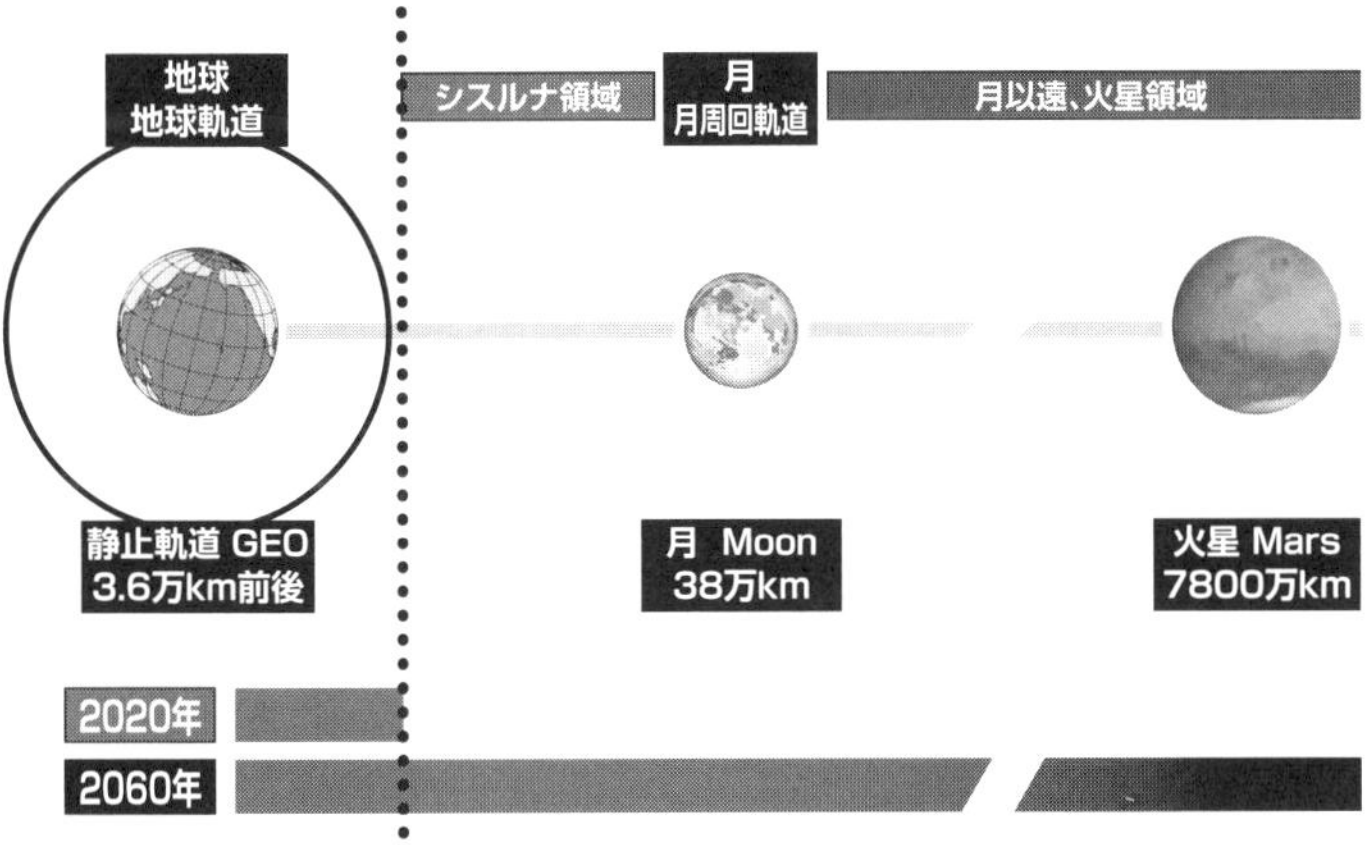

■ 宇宙空間にも「戦略的な要衝」が存在し、宇宙安全保障にとり重要な空間が存在

山口県にはディープスペースレーダーという宇宙監視のレーダー設備を、東京都の府中には運用システムを整備した。さらに2026年を目処に、静止軌道のSDA能力を保有するため、SDA衛星という宇宙設置型の光学望遠鏡を打ち上げる予定だ。このほか、JAXA（宇宙航空研究開発機構）の光学望遠鏡やレーダーなども利用して、米国と共にSDAの能力を向上させる試みを進めている。

今後、人類の活動範囲が月や火星にも拡大することに伴い、2050年の宇宙市場規模は劇的に拡大すると見積もられており、いずれは宇宙が国力のメジャーエンジンになると言われている（図3）。米国はアルテミス計画を通じて、当初の計画より遅れ気味だが2026年9月までに有人月面着陸を成功させようとしている。この計画はあくまでも事前のステップであり、目標は有人の火星探査を進めることである。

一方で中国も、国家的なプロジェクトを着実に進めている。2033年には月面に恒久的な研究基地を建設する予定だ。ここでも中国とロシアの連合が構築されており、2021年3月に両国は、国際月研究基地構築に関する了解覚書を締結している。

中国は2019年1月、世界で初めて無人探査機の月の裏側への軟着陸を成功させ、月の裏側に通信衛星を置いた。2021年5月には火星にも無人探査機を着陸させており、2030年以降は火星の探査が急速に進むのではないかと言われている。

これまでは低軌道と静止軌道の間が主な活動領域だったが、今後は地球と月の間の「シスルナ領域」と呼ばれる空間の重要性が増すと考えられている。月の周回軌道や月面を含めて、この領域には軍事的にも非常に重要なエリアが存在するため、宇宙安全保障にとって大事な空間である。米国はシスルナ領域の宇宙状況認識を行なうためのプログラム(Oracle spacecraft program、以前はCislunar Highway Patrol System（CHPS）と呼ばれていた）を進めており、実証衛星（オラクル衛星）を2025年後半に打ち上げる計画だ。

また月の楕円軌道は地球との通信が可能であるため、月の軌道を押さえることが今後非常に重要になる。

さらに「ラグランジュポイント」と呼ばれる天体と天体の重力の均衡がとれるポイントがある。たとえば地球と月の間にＬ１、Ｌ２、Ｌ３、Ｌ４、Ｌ５という「ラグランジュポイント」があり、ここは重力的に均衡が取れている。あまりエネルギーを使わないで留まっていられる領域のため、通信中継衛星などを投入するのに最適の場所だという。

こうした軍事的に重要な領域をどのように確保していくかが、これからの戦略的競争のポイントになる。中国はすでにＬ２に通信中継衛星を置いており、前述のオラクル衛星はＬ１近傍で運用される。米国はＬ４とＬ５のポイントも戦略的に重要だと考えている。今後は宇宙ステーションなどの配備も関わってくるとされており、こうした領域の争奪戦が激しさを増し、これらの領域の監視も重要になってくる。

■『宇宙安全保障構想』策定と残された課題

宇宙をめぐるパラダイムシフトが起き、宇宙覇権をめぐり米国を中心とする民主主義勢力と中露連合の間の熾烈な競争が激化しているが、日本は何をどこまでどのように進めていくのかなどの戦略の策定が遅れていた。

こうしたなか、２０２２年12月に『国家安全保障戦略』『国家防衛戦略』及び『中期防衛力整備計画』、いわゆる、安保関連三文書が策定された。『国家安全保障戦略』では、我が国を全方位でシームレスに守るための取り組みの1つとして、宇宙安全保障の分野での対応能力の強化が示されている。

これを受け『国家防衛戦略』では、衛星コンステレーション等によるニアリアルタイムの情報収集能力の整備を含め、情報収集、通信、測位等の機能の強化などが盛り込まれ、より具体的には『中期防衛力整備計画』に記載されている。また国家防衛戦略の中では「宇宙作戦能力を強化し、宇宙利用の優位性を確保し得る体制を整備するため、航空自衛隊を航空宇宙自衛隊とする」と記載されている。

さらに2023年6月には、我が国の宇宙安全保障にとって画期的な『宇宙安全保障構想』（宇宙開発戦略本部決定）が策定された。この構想では、「同盟国・同志国等とともに、宇宙空間の安定的利用と宇宙空間への自由なアクセスを維持すること」を目標として、この目標を達成するため、3つのアプローチが示されている。

安全保障のための宇宙システム利用の抜本的拡大（第1のアプローチ）及び宇宙空間の安全かつ安定的な利用の確保（第2のアプローチ）が示され、今後追求すべき「安全保障のための宇宙アーキテクチャ」が示されている。そして、第3のアプローチである安全保障と宇宙産業の発展の好循環の実現を図り、示されたアーキテクチャの早期実装を実現するとしている。

ただ、『宇宙安全保障構想』などでは示されていない課題もある。具体的には、宇宙戦略策定の基本に関わるもので、宇宙領域における自衛権及び集団的自衛権などの取り扱い、宇宙領域における攻撃に対してどこまで自衛権の行使として可能か（ＡＳＡＴミサイル攻撃に対する策源地攻撃は可能か）、どの程度の攻撃的な対応能力を保有するのか、宇宙領域における運用・行動規範の策定、グレーゾーン・オペレーションへの対応などが考えられる。このためには、宇宙安全保障戦略または宇宙防衛戦略を策定し、そのなかで宇宙戦略の基本を示す必要がある。これが定まっていないと、やはり宇宙安全保障能力の整備、多国間協力や多国間共同への参画などに影響が出る。

『宇宙安全保障構想』では、さまざまな分野での日米連携や協力の強化が示されている。２０２４年４月の日米首脳会談においても、宇宙についての意見交換が実施された。日米首脳共同声明では、「日米両国は、将来的な地球低軌道（ＬＥＯ）の極超音速滑空体（ＨＧＶ）探知・追尾のコンステレーションに関する協力の意図を発表した。この協力には、実証協力、二国間分析、情報共有及び米国の産業基盤との協力の可能性が含まれる」と表明され、具体的な日米宇宙協力の進展が期待された。

しかし、優れた政策的な方向性は示されているが、具体的な対応やプロジェクトなどがいまだ不明確なままで推移している。日米の産業界などの予見性を高めるためにも、具体的な方向、長期計画などを明示する必要がある。

宇宙領域認識（SDA）能力の重要性が増しているなか、多国間協力も進展している。2014年には、SDAを強化するため観測データの共有等を推進するための国際協力の枠組みCSpOイニシアチブが4カ国（米、英、豪、加）でスタートし、その後ニュージーランド、独、仏が加わった。我が国はようやく2023年12月に参画し、イタリアとノルウェーを加え10カ国の枠組みとなった。

ただ、この国際協力もさらに進展しており、宇宙領域における運用をシームレスに統合し、確実かつ迅速に共同対処が行なえる枠組みOperation Olympic Defender（5アイズ及び独、仏）へと進化している。参加国間で共有される情報等から取り残されないためにも、我が国の早急な参画が望まれる。

また、急速に進展している宇宙関連技術に対応するため、同盟国間の重複を避けて研究開発を推進し、迅速に共同宇宙能力の構築をめざす取り組みRCS（Responsive Space Capabilities）が2010年から進められている。現在、9カ国（5アイズ及びドイツ、イタリア、オランダ、ノルウェー）が参加しているが、スペイン、スウェーデン、デンマーク、ポーランドも参加が招聘《しょうへい》されている。小型衛星の軍事的有用性の検証、打ち上げコストの削減や軍事衛星打ち上げの即応性などの検討が進められており、日本も参加すべきだ。活動する領域が拡大し続けている宇宙領域における監視、対処を1カ国単独で行なうことはできない。宇宙領域においては多国間協力や多国間共同が基本であり、我が国も遅れることなく、多国間協力等の枠組みに参加していく道しか残されていない。

宇宙の活動領域がシスルナ領域、月、火星へと拡大するなか、軍事・地政学的な観点からも宇宙の重要性が増している。いまや宇宙システムは作戦を遂行する前提条件になりつつあり、宇宙は安全保障の命運を握る領域になった。そして、この領域で宇宙覇権をめぐり、いまもまさに大国間で鎬《しのぎ》を削っているのである。

謝辞

まず、本書の出版に当たり多くの関係者の方々に心から感謝申し上げたい。

本書は、２０２１年４月に鹿島平和研究所と政策シンクタンクＰＨＰ総研が共同して立ち上げた「地政学的要衝研究会」の最終的な成果である。

研究会のメンバーは、大澤淳（中曽根康弘世界平和研究所主任研究員／鹿島平和研究所理事）、金子将史（ＰＨＰ総研代表・研究主幹）、菅原出（グローバルリスク・アドバイザリー代表／ＰＨＰ総研特任フェロー）、高見澤將林（第二十三代防衛研究所長／元国家安全保障局次長）、平泉信之（鹿島平和研究所会長）、そして筆者である。各分野での豊富な経験と知見をおもちの皆様には、毎回の研究会で大変刺激的な議論を展開していただいた。

もちろん、研究会のゲスト報告者として現役時代の職務を通しての経験、そして退官後も地道に専門的研鑽《けんさん》を重ねている陸・海・空自衛隊の現役・ＯＢの皆さんや元防衛研究所研究幹事、そして菅原氏のご協力と優れた報告内容なしでは、今回取りまとめたような素晴らしい成果を得ることはできなかった。研究会は新型コロナウイルスが流行している時期と重なったため、すべてオンラインで実施し、毎回の報告者とそのテーマの内容をもとに議論させてもらった。報告内容については、お願いする地域や機能については事前に指定させていただいたが、とりまとめの視点や内容の細部についてはご本人にお任せした。その結果、より独自性のある多角的な視点から貴重な示唆を得ることができた。

研究会後、メンバーの菅原氏をはじめ、月刊誌『Ｖｏｉｃｅ』編集長の水島隆介氏、当時同編集部で連載を担当した中西史也氏（現ビジネス・教養出版部）などの多大な編集協力を得て、『Ｖｏｉｃｅ』２０２１年12月号から２０２３年７月号までの間、計16回にわたり掲載していただいた。

またこの間から現在まで、とくに国際情勢の変化が大きく、このたびの本書の出版に当たり、ゲスト報告者に必要な加筆・修正をお願いした。時間的に余裕のないなかで真摯に対応していただいたことに心から感謝申し上げたい。

最後に、「地政学的要衝研究会」を立ち上げていただいた鹿島平和研究所の平泉会長と政策シンクタンクＰＨＰ総研の金子代表にあらためて感謝するとともに、本書の出版に当たり企画を精力的にとりまとめいただいた中西氏、そしてＰＨＰ総研の大久拡氏や鹿島平和研究所の望月紀公子氏をはじめスタッフの方々に心から御礼申し上げたい。とくに中西氏の熱意あふれるご尽力がなければこの企画はなかったことを付記しておきたい。

２０２５年１月

折木良一

主要参考文献一覧

[序章] 防衛省・自衛隊が実践する地政学

ロバート・D・カプラン『地政学の逆襲 「影のCIA」が予測する覇権の世界地図』(朝日新書、2024年)

[第1章] 東アジアの地政学

【南西諸島】

荒木淳一「南西地域における現状等について」(『エア・パワー研究』第3号、2016年)

秋元一峰「南シナ海の航行が脅かされる事態における経済的損失——“Offshore Control” 戦略の再考察とシーレーン安全保障への提言—」(海洋政策研究財団、2014年)

武居智久、尾上定正ほか『自衛隊最高幹部が語る　令和の国防』(新潮新書、2021年)

【中国】

喬良、王湘穂『超限戦　21世紀の「新しい戦争」』(坂井臣之助監修・劉琦訳、角川新書、2020年)

【台湾】

渡部悦和、尾上定正、小野田治ほか『台湾有事と日本の安全保障　日本と台湾は運命共同体だ』(ワニブックスPLUS新書、2020年)

峯村健司『台湾有事と日本の危機　習近平の「新型統一戦争」シナリオ』(PHP新書、2024年)

Col. Grant Newsham, *When China Attacks：A Warning to America*, Regnery Publishing, 2023.

Joel Wuthnow, Derek Grossman, et al. Yang, *Crossing The Strait：China's Military Prepares for War with Taiwan*, National Defense University Press, 2022.

Eric Edelman, Christopher Bassler, Toshi Yoshihara, Tyler Hacker, *Rings of Fire: A Conventional Missile Strategy for a Post-INF Treaty World*, Center for Strategic Budgetary Assessments, 2022.

【朝鮮半島】

礒﨑敦仁、澤田克己『LIVE講義　北朝鮮入門』（東洋経済新報社、2010年）

庄司潤一郎、石津朋之編著『地政学原論』（日本経済新聞出版、2020年）

クラウス・ドッズ『新しい国境 新しい地政学』（町田敦夫訳、東洋経済新報社、2021年）

イアン・ブレマー著『危機の地政学　感染爆発、気候変動、テクノロジーの脅威』（稲田誠士監訳、ユーラシア・グループ日本・新田享子訳、日本経済新聞出版、2022年）

鈴来洋志、関口高史ほか『現代戦研究2023』（Amazon、2023年）

鈴来洋志、関口高史ほか『現代戦研究2024』（Amazon、2024年）

鈴来洋志「核の引き金『国家核兵器総合管理体系』」（『軍事研究』2024年4月号）

［第2章］インド太平洋の地政学

【東南アジア・南シナ海】

海軍歴史保存会「對米英蘭戦争帝国海軍作戦計畫　昭和16年11月5日」『日本海軍史　第8巻』（第一法規出版、1995年）

防衛庁防衛研修所戦史室『戦史叢書3巻 蘭印攻略作戦』（朝雲新聞社、1967年）

Nicholas J. Spykman, *America's Strategy in World Politics*, Harcourt, Brace, 1942.

Nicholas J. Spykman, *The Geography of Peace*, Harcourt, Brace, 1944.

Devin Thorne&Ben Spevack, *Harbored Ambitions:How China's Port Investments are Strategically Reshaping the Indo-Pacific*, C4ADS, 2018.

【インド】

ロバート・D・カプラン『インド洋圏が、世界を動かす：モンスーンが結ぶ躍進国家群はどこへ向かうのか』（インターシフト、2012年）

Alok Bansal&Aayushi ketkar, *Geopolitics of Himalayan Region: Cultural Political and Strategic Dimensions*, Pentagon Press, 2019.

George Friedman, *THE GEOPOLITICS OF INDIA:A Shifting, Self-Contained World*, STRATFOR, 2008.

【南太平洋】

防衛庁防衛研修所戦史室『戦史叢書　南太平洋陸軍作戦〈1〉―ポートモレスビー・ガ島初期作戦―』（朝雲新聞社、1968年）

防衛庁防衛研修所戦史室『戦史叢書　南方方面海軍作戦〈1〉―ガ島奪回作戦開始まで―』（朝雲新聞社、1971年）

森本忠夫『ガダルカナル　勝者と敗者の研究』（潮書房光人新社、2002年）

ＮＨＫ取材班編『太平洋戦争 日本の敗因2　ガダルカナル　学ばざる軍隊』（角川文庫、1995年）

小川和美「RAMSI展開以後のソロモン諸島の政局―対オーストラリア関係を中心に―」『パシフィックウェイ』129号（一般社団法人太平洋協会、2007年）

片岡真輝「激変する太平洋地域の安全保障環境と太平洋島嶼国――パシフィック・ウェイに基づく協調行動は可能か」（アジア経済研究所、2022年）

黒崎岳大「太平洋島嶼国からみた中国の太平洋進出」（一般社団法人太平洋協会、2012年）

楊鈞池「中国主導の『一帯一路』がアジア太平洋地域にもたらした衝撃についての分析」『日本戦略研究フォーラム季報』（2018年10月号）

［第3章］米国の地政学

ハル・ブランズ、マイケル・ベックリー『デンジャー・ゾーン　迫る中国との衝突』（飛鳥新社、2023年）

マイケル・ピルズベリー『China 2049　秘密裏に遂行される「世界覇権100年戦略」』（日経BP、2015年）

森聡「ワシントンによる対中競争路線への転換―その要因と諸相」（日本国際政治学会・部会「東アジア国際関係の新展開」、2019年）

［第4章］欧州の地政学

【NATO1】

福島康仁『宇宙と安全保障　軍事利用の潮流とガバナンスの模索』（千倉書房、2020年）

森本敏、秋田浩之編著『ウクライナ戦争と激変する国際秩序』（並木書房、2022年）

渡部恒雄、長島純ほか『デジタル国家ウクライナはロシアに勝利するか？』（日経BP、2022年）

鈴木一人、西脇修編著『経済安全保障と技術優位』(勁草書房、2023年)

Carl von Clausewitz, *On War*, ed. and trans. Michael Howard and Peter Paret, Princeton University Press, 1989.

Charles W. Freeman Jr., *The Diplomat's Dictionary*, United States Institute of Peace Press, 1997.

Lasse Rouhiainen, *Artificial Intelligence: 101 Things You Must Know Today About Our Future*, CreateSpace Independent Publishing Platform, 2018.

【NATO2】

鶴岡路人『欧州戦争としてのウクライナ侵攻』(新潮選書、2023年)

広瀬佳一編著『NATO(北大西洋条約機構)を知るための71章』(明石書店、2023年)

篠田英朗『戦争の地政学』(講談社現代新書、2023年)

Hideaki Shinoda and Pavlo Fedorchenko- Kutuyev,eds., *The Impacts of the Russo-Ukrainian War: Theoretical and Practical Explorations of Policy Agendas for Peace in Ukraine*, Springer, March 2025.

【ロシア】

乾一宇『力の信奉者ロシア　その思想と戦略』(JCA出版、2011年)

奥山真司『地政学　アメリカの世界戦略地図』(五月書房、2004年)

小泉悠『「帝国」ロシアの地政学 「勢力圏」で読むユーラシア戦略』(東京堂出版、2019年)

佐々木孝博『近未来戦の核心サイバー戦　情報大国ロシアの全貌』(育鵬社、2021年)

廣岡正久『ロシアを読み解く』(講談社現代新書、1995年)

ヴァレリー・ゲラシモフ『先見の明における軍事学の価値(いわゆる「ゲラシモフ・ドクトリン」)』(軍事産業クーリエ、2013年、ロシア語)

[第5章] 中東の地政学

【イスラエル】

ダニエル・ソカッチ『イスラエル　人類史上最もやっかいな問題』(鬼澤忍訳、NHK出版、2023年)

ユージン・ローガン『アラブ500年史(下) オスマン帝国支配から「アラブ革命」まで』(白須英子訳、白水社、2013年)

菅原出「『イスラエル・ハマス戦争』の行方と余波」（『Voice』2023年12月号）
菅原出『米国とイランはなぜ戦うのか？』（並木書房、2020年）
菅原出「トランプ再登板で中東に何が起きるのか？」（『Global Vision』2025年1月号）
CBS, “Former agents from Israel's Mossad detail how they built and sold explosive pagers to Hezbollah terrorists”, December 22, 2024.

【海賊対策】
・増野伊登「米中・米露対立の狭間で揺れる中東の未来」（三井物産戦略研究所、2020年）
・日本海事広報協会『日本の海運 SHIPPING NOW 2024-2025』
・経済産業省『令和５年度エネルギーに関する年次報告』
※論考内、船長のメッセージについては、筆者が指揮官として海賊対処行動に従事した際に直接メールにていただいたもの

［第6章］新しい地政学

【北極海】
石原敬浩『北極海　世界争奪戦が始まった』（PHP新書、2023年）

【核問題】
秋山信将、高橋杉雄編『「核の忘却」の終わり　核兵器復権の時代」（勁草書房、2019年）

【サイバー】
田中達浩「サイバー戦概論―サイバー戦が創る戦略環境の変化の視点―」（防衛法研究第45号、2021年）
笹川平和財団「サイバー空間の防衛力強化プロジェクト　政策提言“日本にサイバーセキュリティ庁の創設を！”」（2018年）
石津朋之『戦争学原論』（筑摩選書、2013年）
桑田悦『攻防の論理　孫子から現代にいたる戦略思想の解明』（原書房、1991年）
野中郁次郎編著『戦略論の名著　孫子、マキアヴェリから現代まで』（中公新書、2013年）
浅野祐吾『軍事思想史入門　近代西洋と中国』（原書房、1979年）

マーチン・ファン・クレフェルト『戦争の変遷』（石津朋之監訳、原書房、2011年）
マイケル・ハンデル『戦争の達人たち　孫子・クラウゼヴィッツ・ジョミニ』（防衛研究所翻訳グループ訳、原書房、1994年）
デービッド・サンガー『世界の覇権が一気に変わる　サイバー完全兵器』（高取芳彦訳、朝日新聞出版、2019年）
田中達浩「サイバー攻撃の変遷(1)～(8)」（『治安フォーラム』2019年3月～11月［7月欠］）
喬良、王湘穂『超限戦　21世紀の「新しい戦争」』（坂井臣之助監修・劉琦訳、角川新書、2020年）
中谷和弘、河野桂子、黒﨑将広『サイバー攻撃の国際法　タリン・マニュアル2.0の解説』（信山社、2018年）

【宇宙】
片岡晴彦「先端宇宙技術の実装化のスピードとデータの有効利用の重要性を論ず。」（『TARON』第1号、2022年）
福島康仁『宇宙と安全保障　軍事利用の潮流とガバナンスの模索』（千倉書房、2020年）
片岡晴彦「安全保障分野における『宇宙空間』」（『軍事研究』2018年3月号）
青木節子『日本の宇宙戦略』（慶應義塾大学出版会、2006年）

※全体にわたり、その他各国の政府文書や公開資料、報道資料等を多数参照。

初出一覧

［序章］防衛省・自衛隊が実践する地政学
書き下ろし

［第1章］東アジアの地政学
南西諸島：『Voice』2021年12月号
中国：『Voice』2023年6月号
台湾：『Voice』2022年2月号
朝鮮半島：『Voice』2022年5月号

［第2章］インド太平洋の地政学
東南アジア・南シナ海：『Voice』2022年1月号
インド：『Voice』2023年1月号
南太平洋：『Voice』2023年3月号

［第3章］米国の地政学
『Voice』2023年7月号

［第4章］欧州の地政学
NATO１：『Voice』2022年11月号
NATO２：『Voice』2023年5月号
ロシア『Voice』2022年4月号

［第5章］中東の地政学
イスラエル：書き下ろし
海賊対策：『Voice』2022年9月号

［第6章］新しい地政学
北極海：『Voice』2023年2月号
核問題：『Voice』2022年10月号
サイバー：『Voice』2022年8月号
宇宙：『Voice』2022年7月号

編著者・執筆者、担当章一覧

折木良一［おりき りょういち］

序章：防衛省・自衛隊が実践する地政学

自衛隊第三代統合幕僚長。1950年、熊本県生まれ。72年、防衛大学校を卒業後（第16期）、陸上自衛隊に入隊。陸上幕僚長、統合幕僚長など要職を歴任し、2012年に退官。防衛省顧問、防衛大臣補佐官、防衛大臣政策参与も務めた。著書に『国を守る責任 自衛隊元最高幹部は語る』（PHP新書）など。

住田和明［すみだ かずあき］

第1章：東アジアの地政学【南西諸島】

第二代陸上総隊司令官／元陸将。1961年、山口県生まれ。防衛大学校を卒業後（第28期）、陸上自衛隊に入隊。第1高射特科団長、中部方面総監部幕僚副長、陸上幕僚監部防衛部長、第２師団長、統合幕僚副長、東部方面総監、陸上総隊司令官などを歴任し、2019年に退官（陸将）。

渡部悦和［わたなべ よしかず］

第1章：東アジアの地政学【中国】

渡部安全保障研究所所長／元陸上自衛隊東部方面総監。1955年、愛媛県生まれ。東京大学を卒業後、陸上自衛隊に入隊。陸上幕僚副長、東部方面総監などを歴任し、2013年に退官。著書に『米中戦争 そのとき日本は』（講談社現代新書）、『宇宙安全保障』（育鵬社）など多数。

小野田 治［おのだ おさむ］

第1章：東アジアの地政学【台湾】

日本安全保障戦略研究所上席研究員／元空将。1954年、神奈川県生まれ。防衛大学校を卒業後（第21期）、航空自衛隊に入隊。西部航空方面隊司令官、航空教育集団司令官（最終補職）などを歴任し、2012年に退官。ハーバード大学アジアセンターのシニア・フェロー も務める。

磯部晃一［いそべ こういち］

第1章：東アジアの地政学【朝鮮半島】

磯部戦略研究所代表／元東部方面総監・陸将。1958年、徳島県生まれ。防衛大学校を卒業後（第24期）、陸上自衛隊に入隊。統合幕僚副長、東部方面総

監などを歴任し、2015年に退官。ハーバード大学アジアセンター上席研究員を務めた。著書に『トモダチ作戦の最前線』(彩流社)など。

鈴来洋志［すずき ひろし］

第1章：東アジアの地政学【朝鮮半島】

陸修偕行社現代戦研究会座長／元韓国防衛駐在官・陸将補。1962年、熊本県生まれ。防衛大学校を卒業後(第28期)、陸上自衛隊に入隊。幹部学校戦略教官室長、第6師団幕僚長などを歴任し、2017年に退官。OASIS講師、日本安全保障戦略研究所研究員。共著に『現代戦研究2024』など。

武居智久［たけい ともひさ］

第2章：インド太平洋の地政学【東南アジア・南シナ海】

第三十二代海上幕僚長。1957年、長野県生まれ。防衛大学校を卒業後(第23期)、海上自衛隊に入隊。横須賀地方総監、海上幕僚長などを歴任し、2016年に退官。同年、レジオンドヌール勲章オフィシエを受章。著書(共著)に『自衛隊最高幹部が語る令和の国防』(新潮新書)など。

中村幹生［なかむら みきお］

第2章：インド太平洋の地政学【インド】

陸修偕行社安全保障研究委員会研究員／元パキスタン防衛駐在官。1950年、山口県生まれ。防衛大学校を卒業後(第17期)、陸上自衛隊に入隊。パキスタン防衛駐在官、情報本部情報官、情報保全隊長、第10師団長などを歴任し、2008年に退官。

関口高史［せきぐち たかし］

第2章：インド太平洋の地政学【南太平洋】

元防衛大学校准教授／予備1等陸佐。東京都生まれ。防衛大学校人文社会学部国際関係学科卒業。安全保障学修士。陸上自衛隊に入隊後、第1空挺団普通科群、陸上幕僚監部調査部、防衛大学校防衛学教育学群戦略教育室などで勤務。著書に『戦争という選択』(作品社)など。

吉田正紀［よしだ まさのり］

第3章：米国の地政学

双日米国副社長／元海上自衛隊佐世保地方総監。1957年、神奈川県生まれ。防衛大学校を卒業後(第23期)、海上自衛隊に入隊。在米日本大使館防衛駐

在官、海上自衛隊幹部学校長などを歴任し、2014年に退官。慶應義塾大学特別招聘教授、防衛大臣政策参与などを務めた。

長島 純［ながしま じゅん］

第4章：欧州の地政学【NATO 1】

中曽根康弘世界平和研究所研究顧問／元空将。1960年、東京都生まれ。防衛大学校を卒業後（第29期）、航空自衛隊に入隊。筑波大学大学院修士課程修了。ベルギー防衛駐在官、国家安全保障局・危機管理担当審議官などを歴任し、2019年に退官。著書に『新・宇宙戦争』（PHP新書）がある。

吉崎知典［よしざき とものり］

第4章：欧州の地政学【NATO 2】

東京外国語大学大学院総合国際学研究院特任教授。1962年、神奈川県生まれ。慶應義塾大学大学院法学研究科修士課程修了。防衛省防衛研究所特別研究官・研究幹事などを経て、2023年より現職。政策研究大学院大学客員教授も務める。共著に『冷戦後のNATO』（ミネルヴァ書房）など。

佐々木孝博［ささき たかひろ］

第4章：欧州の地政学【ロシア】

広島大学法学部客員教授／元ロシア防衛駐在官・元海将補。1962年、東京都生まれ。86年、防衛大学校卒業（第30期）。博士（学術）。海上自衛隊入隊後、豪海軍大学留学、護衛艦ゆうべつ艦長、第8護衛隊司令などを歴任し、2018年に退官。著書に『近未来戦の核心 サイバー戦』（育鵬社）など多数。

菅原 出［すがわら いずる］

第5章：中東の地政学【イスラエル】

グローバルリスク・アドバイザリー代表／PHP総研特任フェロー。1969年、東京都生まれ。アムステルダム大学政治社会学部国際関係学科卒業。国際関係学修士。東京財団リサーチフェロー、英国系危機管理会社などを経て現職。著書に『民間軍事会社』（平凡社新書）など。

中畑康樹［なかはた やすき］

第5章：中東の地政学【海賊対策】

元海上自衛隊補給本部長／元海将。1963年、愛媛県生まれ。防衛大学校を卒業後（第30期）、海上自衛隊に入隊。筑波大学大学院修士課程修了。護衛艦

せとゆき艦長、第4護衛隊司令、第3次ソマリア沖派遣海賊対処水上部隊指揮官、統合幕僚監部運用部長などを歴任し、2021年に退官。

石原敬浩［いしはら たかひろ］

第6章：新しい地政学【北極海】

海上自衛隊幹部学校非常勤講師／退役1等海佐。1959年、大阪府生まれ。防衛大学校（機械工学）卒業。米海軍大学幕僚課程、青山学院大学大学院修士課程修了（国際政治学）。練習艦あおくも艦長などを歴任。慶應義塾大学非常勤講師。著書に『北極海 世界争奪戦が始まった』（PHP新書）がある。

尾上定正［おうえ さだまさ］

第6章：新しい地政学【核問題】

笹川平和財団上席フェロー／元空将。1959年、奈良県生まれ。防衛大学校を卒業後（第26期）、航空自衛隊に入隊。ハーバード大学ケネディ行政大学院修士。北部航空方面隊司令官、航空自衛隊補給本部長などを歴任し、2017年に退官。共著に『国力研究』（産経新聞出版）など多数。

田中達浩［たなか たつひろ］

第6章：新しい地政学【サイバー】

サイバー安全保障研究所代表／第三十三代陸上自衛隊通信学校長。1952年、福岡県生まれ。防衛大学校を卒業後（第19期）、陸上自衛隊に入隊。通信学校長などを歴任し、2009年に退官。ハーバード大学アジアセンター上席客員研究員も務めた。著書に『不確実性時代の安全保障戦略論（第一部～第五部）』（電子出版）がある。

片岡晴彦［かたおか はるひこ］

第6章：新しい地政学【宇宙】

日本宇宙安全保障研究所副理事長／第三十二代航空幕僚長。1952年、北海道生まれ。防衛大学校を卒業後（第20期）、航空自衛隊に入隊。航空総隊司令官、航空幕僚長などを歴任し、2013年に退官。防衛大臣政策参与などを務め、現在、内閣府宇宙政策委員会委員など。22年、瑞宝重光章を受章。

自衛隊最高幹部が明かす

国防の地政学

2025年3月12日　第1版第1刷発行

編著者　折木良一
発行者　永田貴之
発行所　株式会社ＰＨＰ研究所
東京本部　〒135-8137　江東区豊洲5-6-52
ビジネス・教養出版部　☎03-3520-9615(編集)
普及部　☎03-3520-9630(販売)
京都本部　〒601-8411　京都市南区西九条北ノ内町11
PHP INTERFACE　https://www.php.co.jp/

組版　有限会社メディアネット
図版　宇梶勇気
装幀者　斉藤よしのぶ
印刷所　大日本印刷株式会社
製本所　東京美術紙工協業組合

ISBN978-4-569-85880-7

PHP新書

国を守る責任

自衛隊元最高幹部は語る

折木良一 著

警察予備隊とともに生まれた自衛隊の元最高幹部は、いまの中国、世界情勢をどうみているのか。その口から初めて明かされる数々の真実。

PHP新書

北極海

世界争奪戦が始まった

石原敬浩 著

ロシア、中国が狙う新たな地政学的ポイント「北極海」。日本のエネルギー資源、安全保障を脅かす争いを海上自衛隊の専門家が解説。

PHP新書

新・宇宙戦争

ミサイル迎撃から人工衛星攻撃まで

長島 純 著

サイバー攻撃、人工衛星への攻撃、極超音速ミサイルへの迎撃、無人化する戦争……。宇宙空間における戦争の現在と未来を知る。